国家中职改革发展示范校建设成果
中职电子技术应用专业系列教材
丛书主编：周彬

音视频设备应用与维修

林安全　杨清德　主　编
周　彬　陈　镇　副主编
辜小兵　官　伦　参　编
陈　东　张　川

中国铁道出版社
CHINA RAILWAY PUBLISHING HOUSE

内容简介

本书依据教育部颁布的中等职业教育电子电器应用与维修专业、电子技术应用专业教学指导方案，参考国家职业技能鉴定考核标准编写，是基于技能导向、任务引领的项目式教材。全书分为6个项目（共含19个任务），主要内容包括：参观家电商场、赏析视频设备、知晓节目源设备、解剖音频放大器、揣摩音箱、玩转KTV设备。

本书语言流畅，图（表）文并茂，内容丰富，详细介绍了近年来家用及商用的主流音频、视频设备的应用与维修技术，每个任务中均安排了系列实践活动，以实现知识与技能的有机结合。

本书适合作为中职学校电子电器应用与维修、电子技术应用专业的专业方向教材，也可作为家电维修培训教材，还可供家电维修从业人员及电子技术初学者阅读和参考。

图书在版编目（CIP）数据

音视频设备应用与维修/林安全，杨清德主编．—北京：中国铁道出版社，2014.5（2017.1重印）

国家中职改革发展示范校建设成果　中职电子技术应用专业系列教材

ISBN 978-7-113-18300-4

Ⅰ.①音…　Ⅱ.①林…②杨…　Ⅲ.①音频设备－中等专业学校－教材②视频设备－中等专业学校－教材　Ⅳ.①TN912.2 ②TN948.57

中国版本图书馆CIP数据核字（2014）第067280号

书　　名：音视频设备应用与维修

作　　者：林安全　杨清德　主编

策　　划：陈　文　蔡家伦

责任编辑：李中宝　徐盼欣

封面设计：白　雪

责任校对：汤淑梅

责任印制：李　佳

出版发行：中国铁道出版社（100054，北京市西城区右安门西街8号）

网　　址：http://www.51eds.com

印　　刷：虎彩印艺股份有限公司

版　　次：2014年5月第1版　　2017年1月第2次印刷

开　　本：787 mm×1 092 mm　1/16　　**印张**：16.5　**字数**：393千

书　　号：ISBN 978-7-113-18300-4

定　　价：32.00元

国家中职改革发展示范校建设成果
中职电子技术应用专业系列教材

编审委员会

序

PREFACE

为促进学校发展，争创国家改革发展示范校，充分发挥电子技术应用专业的引领、骨干和示范作用，更好地服务区域经济，根据教育部、人力资源社会保障部、财政部《关于实施国家中等职业教育改革发展示范学校建设计划的意见》（教职成〔2010〕9号）和教育部办公厅、人力资源社会保障部办公厅、财政部办公厅《关于公布“国家中等职业教育改革发展示范学校建设计划”第二批立项建设学校名单的通知》教职成厅函〔2011〕4号精神，结合专业实际，开发了本套教材。

为落实国家中等职业教育改革发展示范校人才培养和课程改革，本套教材严格按照“专业人才需求调研→典型岗位分析→职业能力分析→建构课程体系→制定专业教学标准和课程标准→开发学材资源”的策略编写而成。专业项目组统一规划、研讨，组织了一批经验丰富的教学一线骨干教师、电子行业企业骨干技术人员和教材编写指导专家一起编写了《电工技术基础与技能》《电子技术基础与技能》《电动机与控制技术》《电路板设计与制作》《音视频设备应用与维修》5种电子专业核心教材。

本套教材具有以下特点：

（1）吸收了德国“双元制”“行动导向”理论，与我国实际情况相结合来组织编写。

（2）以岗位需求和职业能力分析为依据，突出“双基”的原则，培养学生基本知识和基本技能，强调学生的职业综合素质与能力的提升，为学生职业生涯的发展奠定基础。

（3）坚持“浅、用、新”的原则，充分考虑中职学生的实际和接受能力，突出“实用、够用”，兼顾新知识、新技术、新工艺、新方法的原则。

（4）采用项目任务式进行编写，便于在学习中开展项目教学、任务驱动教学，让学生在学习中动起来，提高学生学习的兴趣和效果。

（5）采用理实一体编写方式，让理论学习和实践学习有机融合，实现“做中学、学中做”“学做一体化”。

（6）采用了全国教育科学“十一五”规划教育部重点课题《中职学校学生学业评价方法及机制研究》（课题编号GJA080021）的研究成果之一《学生专业课学习评价工具》，使评价科学合理，能够发挥学业评价激励和导向作用。

（7）在内容呈现上，采用了大量的图形、表格，图文并茂、语言简洁流畅，增强了教材的趣味性和启发性，使学生愿读易懂。

（8）配有教学资源包，有电子教学大纲和课件，为教师教学带来方便。

本套教材的开发，是在《国家中等职业教育改革发展示范学校建设计划》的大背景下，在国家新一轮课程改革的大框架下进行的，教材建设征求了同行和专家的意见。限于我们的能力，敬请同行在使用中提出宝贵意见。

周　彬

2014年3月

前　言

FOREWORD

本书是依据教育部颁布的中等职业教育电子电器应用与维修专业、电子技术应用专业教学指导方案，参考国家职业技能鉴定考核标准，结合有关企业职业技能规范及中职学生的学习能力水平与岗位职业能力要求，遵循就业导向、能力本位、学以致用的原则而编写的。

本书是国家中职示范学校建设成果，经过了广泛的市场需求调研，在较大范围内征求了企业专家和职业院校同行的意见，由职业院校一线骨干教师和川仪速达有限公司、庆佳电子有限公司、横河川仪有限公司、川仪6厂等企业的工程师共同编写，符合工作过程导向，能满足岗位能力要求。

本书分为6个项目，共含19个任务。内容涉及音视频设备选购与销售常识，液晶电视、投影机等视频显示设备的选用、安装与调试、维修，传声器、DVD、MP3/MP4、音乐U盘、计算机声卡、数码摄像机等节目源设备的使用维护与检修，高保真音频功率放大器及AV功率放大器的原理、应用与维修，无源音箱、有源音箱、多媒体音箱、插卡音箱等设备的应用与维修，KTV点歌机、调音台等设备的应用与维修。

本书是基于技能导向、任务引领的项目式教材。每个项目中设计有项目描述、知识目标、技能目标、安全目标、情感目标；每个任务中设计有任务描述、相关知识、任务实施、任务评价。教、学、做融为一体，教师好教，学生好学。

本书内容安排突出了“新、浅、精”的特点，尽量把概念、原理、流程等知识融入实践操作中，可方便地实施理论与实践一体化教学，以培养学生对常用音视频设备进行熟练操作、简单安装、调试和维修。

本书突出现代职教的新理念，注重人文教育、知识教育和技能教育。书中安排的系列实践活动都在真实的氛围中进行，有利于学生综合能力及素质的提高。同时，注重学生学习的迁移性，为学生进入高职院校深造搭建了一个可持续发展的平台。

本书内容丰富，涵盖了目前家庭、娱乐、办公等场所主流的音视频设备及技术；着眼未来，对今后几年有可能流行的音视频设备及技术也进行了深入浅出的介绍，充分体现了本书的先进性和实用性。

本书是中职学校电子电器应用与维修专业、电子技术应用专业的教材，可安排在二年级学习，所需教学时间为186学时（包括机动时间6学时），其学时安排建议见下页中的表。考虑到各地区、学校及学制的差异性，标题前面标注有“#”的为选学内容，教师可根据实际情况进行整合或补充其他内容。

学时安排建议表

序　　号	项　　目	任　　务	建 议 学 时
1	参观家电商场	浏览网上家电商城	10
		步入实体家电商场	
2	赏析视频设备	认识和使用液晶电视	50
		认识液晶电视各功能电路板	
		液晶电视元件识别与检测	
		液晶电视典型故障的判断与维修	
		认识与使用投影机	
3	知晓节目源设备	动圈式传声器的使用与维修	35
		无线传声器的使用与维修	
		MP3/MP4 的应用与维修	
		DVD 机的应用与维修	
		认识其他节目源设备	
4	解剖音频放大器	认识常用音频放大器	48
		高保真放大器的应用与维修	
		AV 功放的应用与维修	
5	揣摩音箱	无源音箱的应用与维修	17
		有源音箱的应用与维修	
6	玩转 KTV 设备	学用点歌设备	20
		学用调音设备	
7	机动学时		6

本书由林安全（中专研究员）、杨清德（高级讲师、特级教师）担任主编，由周彬、陈镇担任副主编，全书由林安全统稿。其中，项目 1 由陈镇编写，项目 2、项目 3 由杨清德编写，项目 4、项目 5 由林安全编写，项目 6 由周彬编写。参加编写的人员还有辜小兵、官伦、陈东、张川等。

本书在编写过程中，得到重庆市教育科学研究院院长助理姜伯成、重庆市教育科学研究院职成教研究所所长向才毅研究员、副所长谭绍华研究员、重庆市渝北区教师进修学院聂广林研究员、重庆市北碚职教中心丁建庆校长等专家的精心指导和帮助，还得到重庆市九龙坡区教师进修学院教研员陈东、四川仪表工业学校高级讲师官伦和重庆市北碚区职教中心电子专业全体教师的鼎力协助，在此一并感谢。

由于编者水平有限，加之时间仓促，书中难免存在不足和疏漏之处，敬请各位读者批评指正。

编　者

2013 年 12 月

目 录

CONTENTS

项目一 参观家电商场 …… 1

任务一 浏览网上家电商城 …… 2

任务二 步入实体家电商场 …… 10

项目二 赏析视频设备 …… 19

任务一 认识和使用液晶电视 …… 20

任务二 认识液晶电视各功能电路板 …… 32

任务三 液晶电视元器件识别与检测 …… 43

任务四 液晶电视典型故障的判断与维修 …… 58

#任务五 认识与使用投影机 …… 73

项目三 知晓节目源设备 …… 79

任务一 动圈式传声器的使用与维修 …… 80

任务二 无线传声器的使用与维修 …… 89

任务三 MP3/MP4 的应用与维修 …… 95

任务四 DVD 机的应用与维修 …… 111

#任务五 认识其他节目源设备 …… 127

项目四 解剖音频放大器 …… 136

任务一 认识常用音频放大器 …… 137

任务二 高保真放大器的应用与维修 …… 147

任务三 AV 功放的应用与维修 …… 162

项目五 揣摩音箱 …… 180

任务一 无源音箱的应用与维修 …… 181

任务二 有源音箱的应用与维修 …… 203

项目六 玩转 KTV 设备 …… 214

#任务一 学用点歌设备 …… 215

任务二 学用调音设备 …… 233

参考文献 …… 252

项目一 参观家电商场

班上张同学家中有一套建筑面积为120 m^2的新房，下个月准备装修，老师让全班同学都来给他家购买家庭音频、视频设备出谋划策，初步拟定一套配置方案。

开学第一天，专业课老师给同学们布置的任务是调查如何科学、合理而又经济地配置一套家庭影院，要求各个小组利用两个星期的时间写出模拟配置方案，在方案中要有高、中、低三个档次的配置计划供选择。老师要求同学们首先在互联网上搜索浏览各个网站的家庭用音视频设备的性能参数、价格、售后服务，综合考虑其性价比，然后实地去几个家电商场看一看、比一比，最终形成模拟配置方案。同学们兴趣很高，制订行动计划后，大家开始行动了。

知识目标

△ 初步了解常用音频、视频设备的基本功能。

△ 初步了解影音系统的基本组成，以及各个组成模块的作用。

△ 初步了解几个主流生产厂家的音视频设备的市场销售概况。

△ 了解家电销售的一些常识。

技能目标

△ 能识别常用音视频设备外形。

△ 知道常用品牌音视频设备的型号、功能、性价比。

△ 初步学会合理配置家庭影音系统的设备。

△ 懂得上网查询资料的基本方法，懂得与商场销售人员沟通、交流的基本方法。

安全目标

△ 去商场的往返途中注意交通安全。

△ 爱护商场的各种电器设备，未经销售人员同意不能随意触摸和通电使用。

△ 不得有人为故意损坏商场各种设备、设施的行为发生。

情感目标

△ 各个小组在小组长的组织下，团队分工协作，努力完成任务，养成团结合作的精神。

△ 学习与陌生人（销售人员、顾客等）交流，感受到丰富多彩信息的存在，体验信息获取的过程，能对信息获取效率给予关注。

△ 激发学生的学习兴趣，培养学生养成礼貌待人的习惯。

任务一　浏览网上家电商城

任务描述

随着物质生活的丰富，人们对精神生活的要求也不断增加。在精神生活中，影音又占有重要的比重。“影”给观众带来了视觉上的震撼，“音”则给听众带来了听觉上的享受。完美的影音效果不仅能够给人们带来精神上的享受，还能促使灵感的迸发，甚至给人生带来完全不一样的体验感受。

课堂上，老师允许同学们用手机上网，浏览网页，在各大网站上搜索不同厂家、不同型号的音视频设备，根据实际需要及个人意见，确定选择目标，为张同学家中购买音视频设备设计配置计划及方案。同学们带着任务，各自忙碌了起来。

相关知识

一、典型家庭影院的组成

1. 为什么需要家庭影院

对于普通用户来说，在剧院和电影院不仅意味着更高的开销，还意味着要配合节目演出的时间分配自己的时间，同时个人也只能被动接受，如何选择自己满意的效果也就成了难题。

拥有一套家庭影院系统之后，这一切将会变得异常简单。不用事先打探电影院或者剧院的节目预告，不用匆匆忙忙地订票，不用担心路上的塞车，不用……而你所需要做的，只是在繁忙的工作结束之后，或邀上三五好友，或独自准备一杯香茗，取出最新发布的电影光盘或世界级大师的名曲光盘，打开相关的一些设备，即可感受到精神上的富足与美好。若某个细节特别精彩，则还可以选择重新播放。若有事需出去片刻，只需选择暂停回来继续播放即可……高品质的家庭影院系统在带来便捷的同时对影音效果的损耗也非常小，可以让用户享受近乎完美的效果。

2. 家庭影院设备的组成

一套比较成熟的家庭影院系统主要由信号源设备、播放设备、音箱系统和线材四大部分组成，如图 1-1 所示。各个组成部分的基本设备配置情况见表 1-1。

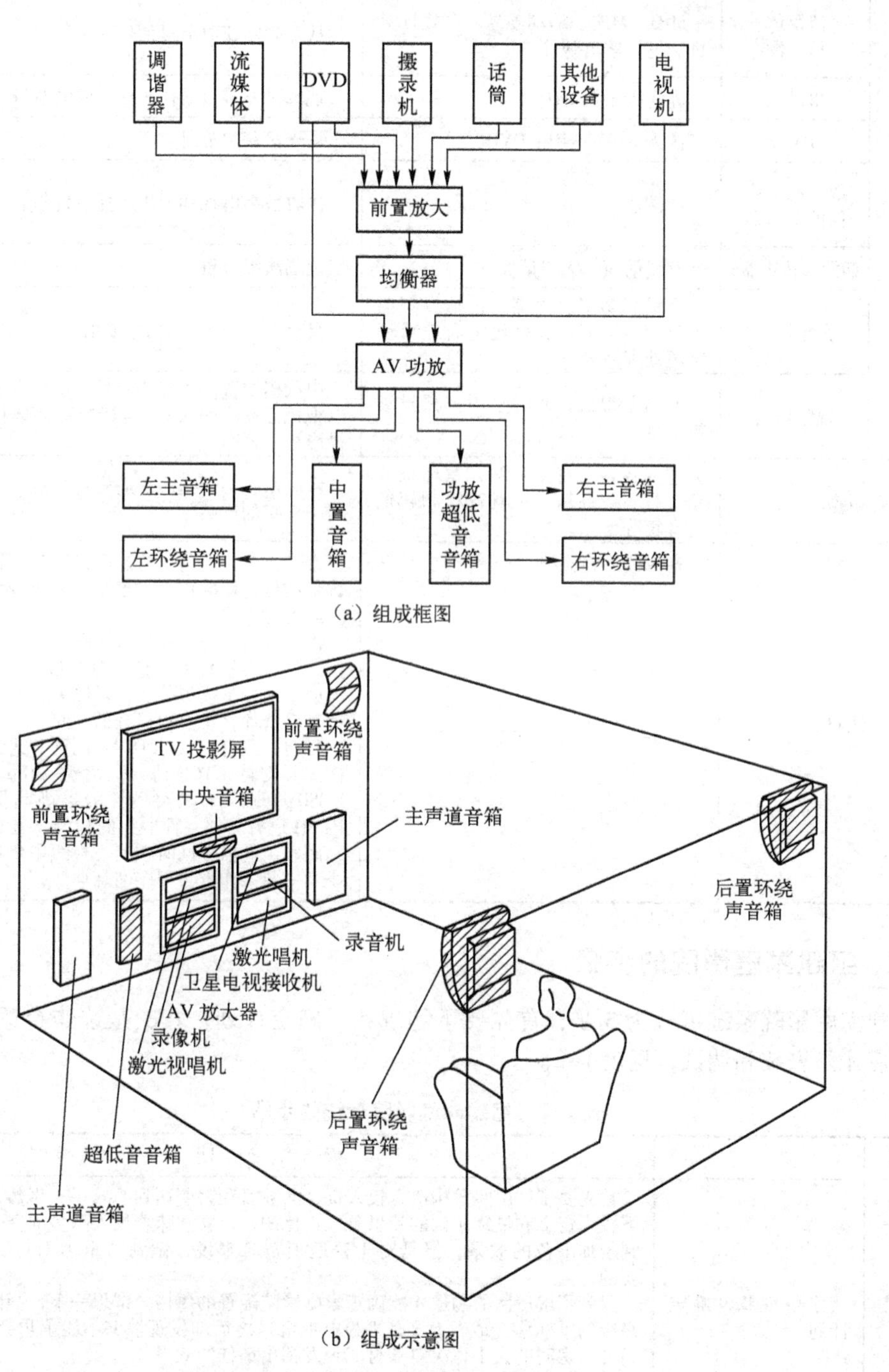

（a）组成框图

（b）组成示意图

图 1-1　家庭影院系统的组成

表 1–1　家庭影院系统基本设备配置

系统及设备		设备配置	说　明
信号源设备	流媒体信号源	MP3、MP4、移动硬盘、台式计算机、笔记本电脑等	从互联网获取节目信号
	摄录机	高清摄录机 HDV	现场录取节目或播放已录取的节目
	DVD	蓝光 DVD、HD－DVD	从光盘获取节目
	数字高清广播的节目源	调谐器	接收数字电视和卫星广播节目信号
	话筒（传声器）	有线话筒、无线话筒	现场演唱节目
播放设备	音频播放	高保真功率放大器，包括音频前置放大、均衡器和杜比定向逻辑环绕声处理器等	具有 5～6 个声道功率输出
	视频播放	液晶电视机，或者家用视频投影机、幕布	中低档配置以大屏幕液晶电视机为主（显像管电视机已逐步淘汰），高档配置则选择家用视频投影机、幕布
音箱系统		左主音箱、右主音箱、左环绕音箱、右环绕音箱、中置音箱和超低音音箱等	家庭影院必须是多声道放音系统，音箱应选用同一厂家的产品
线材		音频线、视频线	音频方面，目前主要是以光缆和同轴电缆进行数字信号传输的数字音频线；音箱线采用无氧铜线或者镀锡线。 视频方面，复合视频和 S 端子线不支持逐行扫描，信号质量较差；色差分量线支持逐行扫描，但由于信号是模拟传送，影像失真度会由于线质和长度增加，没有再提升的空间。 目前，只有 DVI 和 HDMI 两种方式为数字视频格式，支持 HTCP 协议，达到 720 p、1 080i 和 1 080 p，画质有了突破性的提高和保证。而且 HDMI 还有另外一种潜在的功能，就是它可以将画面和声音信号同时在同一根线中传送，会为布线及安装工作省去很多的麻烦

二、组建家庭影院的步骤

组建家庭影院系统可分为 3 步：首先要了解现状，确定计划；其次是选购合适的器材设备；最后才是安装和调试，见表 1–2。

表 1–2　组建家庭影院系统的步骤

序　号	步　　骤	操　作　说　明
1	了解现状，确定计划	首先要了解房间的构造、投入资金的数目和需要达到的效果。当然，一般情况下投入资金和最终达到的效果是成正比的，也就意味着投入越多的资金便能享受到越加出色的效果，但是对于普通消费者来说，做到“量力而行”才是最重要的。 只有了解房屋的构造才能确定家庭影院配置的风格。试想一下，当购买了一款高级的画框幕（或者大屏幕平板电视机）之后却发现墙壁不能承重会多么懊恼。另外，房间的大小也决定器材能否发挥出最佳的效果。 经验表明，如果想让器材发挥出最大的功效，最简单的方法便是使器材和房间“和谐”。只有做到和谐，做到完美结合，才能在节省开支的情况下享受到最佳效果

续表

序号	步骤	操作说明
2	选购产品	合理选购各种音视频产品不仅需要比较专业的知识，而且需要正确的选购方法，本书将分别阐述话筒、功放、音箱、播放器、投影机、幕布、液晶电视机等配件的选购方法与技巧，请同学们在本书的相应章节中查阅。对同学们来说，这也是一次全面的课前预习任务
3	安装和调试	对于普通消费者来说，把如此多的器材摆放到合适的位置并不是一件简单的事。很多经销商在销售产品的时候都负责产品的安装，消费者可以尽量和经销商进行协商。 另外，安装之后如果想将这些设备都发挥出最大功效还需要进行调试。对于专业人员来说，家庭影院的调试工作已经上升到“学问、技术”的高度。本书后面的章节将进行比较详细的介绍

三、家庭影院的多声道格式

家庭影院声道格式的现状见表1–3。

表1–3　家庭影院声道格式的现状

声道格式	声道	应用趋势
5.1声道	中置声道、左前置声道、右前置声道、左环绕声道、右环绕声道及“.1”超重低音声道——低音炮	将会逐渐淘汰
6.1声道	中置声道、左前置声道、右前置声道、左环绕声道、右环绕声道、后中置声道及“.1”超重低音声道——低音炮	过渡的格式
7.1声道	中置声道、左前置声道、右前置声道、左环绕声道、右环绕声道、左后中置声道、右后中置声道及“.1”超重低音声道——低音炮	现在及未来几年标准规格

四、家庭影院音箱的类型

1. 嵌入式影院系统

将7.1声道影院所使用的7只音箱（采用超薄专用型）嵌入墙内或装修造型内，甚至音响设备也做隐形处理，再配套采用大屏幕平面显示器或投影，使装修的完整性、美观性与家庭影院的完美效果科学地结合起来，如图1–2所示。这是当前乃至将来家庭影院发展的必然趋势。

图1–2　家庭嵌入式影院系统示例

2. 传统的外置式影院系统

将7.1声道影院所使用的7只音箱按照摆位要求摆（挂）在相应的位置上。再配套采用大屏幕平面显示器或投影。这种外置式的影院系统，由于喇叭（扬声器）太多，摆（挂）放受到较大局限，很难做到音箱的款式颜色与装修和家具物品的和谐统一，如图1-3所示。其最致命的缺点是音箱占用空间比较大。

图1-3 外置式影院系统

3. 嵌入式与外置（挂）式混合影院系统

根据装修和家居因素的实际情况，合理地运用不同的形式，以求一种折中方案。

任务实施

活动1 上网搜索音频播放设备

全班同学分为8个小组，在网站上搜索功率放大器、均衡器、前置放大器，并将收集的信息填入表1-4。

活动2 上网搜索液晶电视机

全班同学分为8个小组，在网站上搜索液晶电视机，并将收集的信息填入表1-4。

活动3 上网搜索音箱

全班同学分为8个小组，在网站上搜索音箱，并将收集的信息填入表1-4。

活动4 上网搜索音源设备

全班同学分为8个小组，在网站上搜索MP3、MP4、DVD、话筒，并将收集的信息填入表1-4。

表1-4 家庭影院设备网络信息收集表（样表）

序号	设备	品牌及型号	主要功能	主要参数	价格	性价比	网站
1	功率放大器1						
2	功率放大器2						
3	功率放大器3						
4	液晶电视机1						
5	液晶电视机2						
6	液晶电视机3						
7	音箱1						
8	音箱2						
9	音箱3						
10	话筒1						
11	话筒2						
12	话筒3						
13	DVD						
14	……						

友情提示：

同等质量比价格，同等价格比质量。货比三家不上当，如图 1–4 所示。

【广角镜】

家庭影院销售相关网站简介

1. 京东商城

图 1–4　货比三家

京东商城是一个专业的综合性网上购物商城，是中国 B2C 市场最大的3C 网购专业平台，是中国电子商务领域最受消费者欢迎和最具影响力的电子商务网站之一。(注：3C 是计算机、通信和消费电子产品这 3 类电子产品的简称)。

创办人刘强东曾就职于一家著名外资企业，历任电脑担当、业务担当、物流主管等职，并积累了丰富的一线及管理经验。2004 年 1 月，刘强东从一个柜台、两个雇员开始，在中关村开始了他的创业生涯。从一家年销售 1 000 万的电子商务企业到如今，成为中国最大的网络零售商，也是国内首家销售额突破百亿的电子商务企业。同学们从刘强东的人生经历受到了什么启发？

搜索方法：打开百度网页，输入“京东商城”，进入“JD.京东.COM”页面，在“搜索”栏输入想找的电器名称，单击“搜索”按钮，即可在“商品筛选”中选择不同品牌的电器，并进行商品比较，如图 1–5 所示。(其他各个网站的搜索方法与此大同小异，请同学们自己摸索)

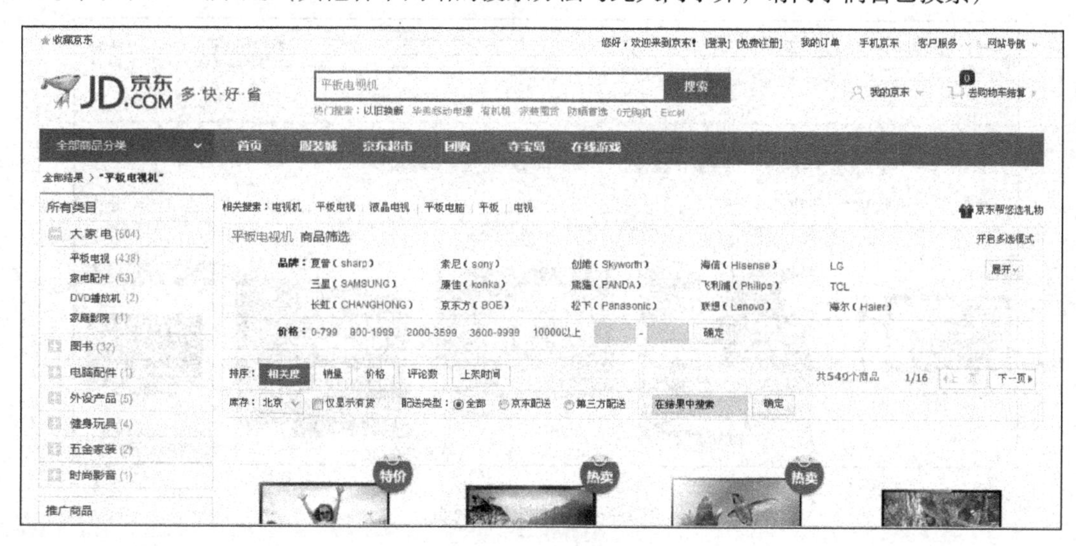

图 1–5　京东商城网页

2. 天猫

天猫原名“淘宝商城”，是一个综合性购物网站，是淘宝网全新打造的 B2C 类销售平台。2012 年 1 月 11 日，淘宝商城正式宣布更名为“天猫”。在“天猫”网站的“家庭影院”搜索栏中，可以找到各种品牌、不同价位的家庭影院产品，如图 1-6 所示。

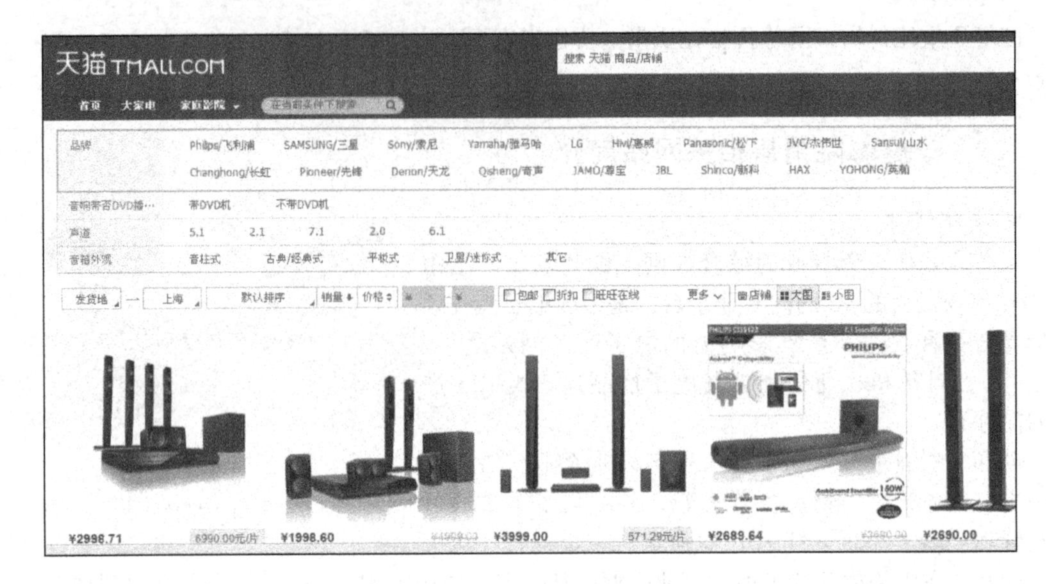

图 1-6　天猫网页

3. 阿里巴巴

阿里巴巴是由马云在 1999 年创立的网上贸易市场平台。在该网站的“大电影音”栏中可以找到家庭影院产品，如图 1-7 所示。

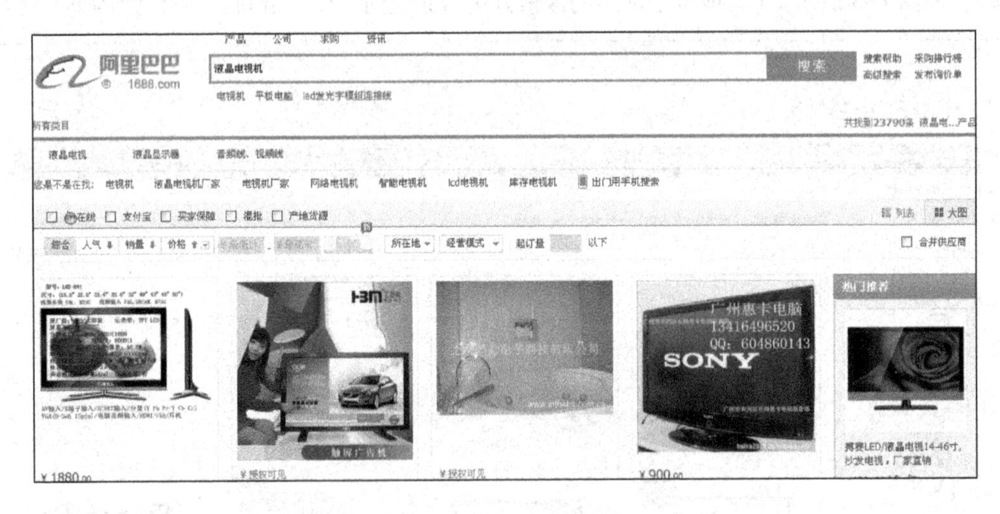

图 1-7　阿里巴巴网页

友情提示：

比较著名的家庭影院销售网站还有飞虎乐购、苏宁易购、国美在线等，网页如图 1-8 所示。

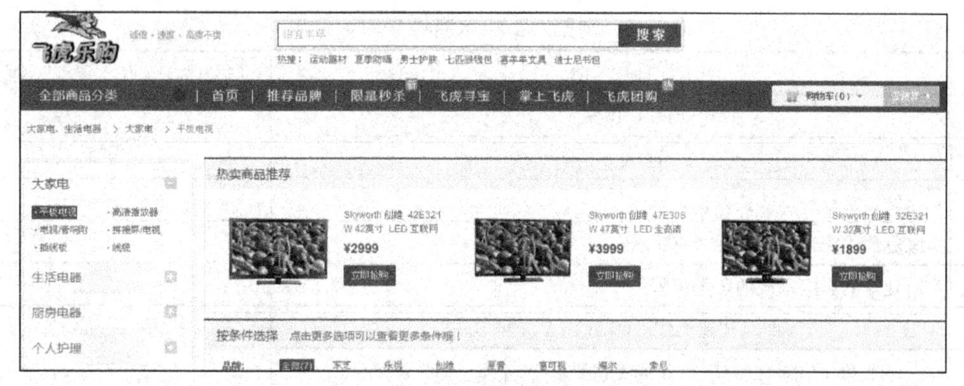

（a）飞虎乐购网页

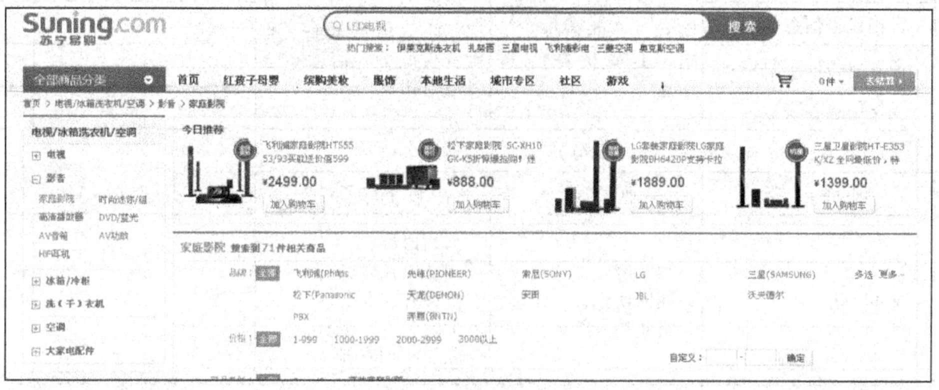

（b）苏宁易购网页

（c）国美在线网页

图 1-8　家庭影院销售网站网页

任务评价

浏览网上家电商城学习评价表见表 1-5。

表 1-5　浏览网上家电商城学习评价表

姓名		日　期		自　评	互　评	师　评
理论知识（30 分）						
序号	评 价 内 容					
1	家庭影院设备由哪些设备组成					
2	家庭影院声道格式的现状有哪些					
3	组建家庭影院系统的 3 个步骤是什么					
技能操作（60 分）						
序号	评 价 内 容	技能考核要求	评 价 标 准			
1	播放设备信息收集	能提供品牌、型号、图片、性能指标、价格、主要优缺点等信息	根据表 1-4 的填写情况，收集信息全面、准确者得满分，信息不全者适当扣分			
2	音箱设备信息收集					
3	音源设备信息收集					
4	线材信息收集					
学生素养（10 分）						
序号	评 价 内 容	专业素养要求	评 价 标 准			
1	基本素养	参与度； 团队协作； 自我约束能力	参与度好； 团队协作精神好； 纪律好； 无迟到、早退； 服从实训安排			
综 合 评 价						

任务二　步入实体家电商场

任务描述

上网进入家电商城网站，可看到产品的实物照片和相应的价格，有的网站还可以看到该类产品的一些技术资料，可获取较多的信息。百闻不如一见。以顾客的身份参观实体家电商场是快速了解、识别家庭影院产品的最佳方法。

实体家电商场的商品是按照大类摆放的，如电视机、音箱、功放机等，在各类商品的标签上会标注出它们的名称、型号、厂家、价格等，这些信息需要有选择地用笔记录下来，必要时还可以用手机照相或录像，以便进行比较。

在不同的家电商场，会发现音频、视频产品更多的“秘密”。例如，商品价格不同，售后服务不同。同时，还可以从不同的销售人员中学到许多销售知识和电器使用常识。

一、家庭影院 AV 系统的技术指标

家庭影院 AV 系统的技术指标见表 1–6。

表 1–6 家庭影院 AV 系统的技术指标

技术指标	含 义
输出功率	指 AV 功率放大器的负载（音箱）上所能获得的功率
频率响应	指 AV 系统的有效工作频率范围。杜比 AC－3 的三个前置声道和两个后置环绕声道的频率响应均为 20 Hz～20 kHz（±0.5 dB），超重低音声道的频率响应为 20～120 Hz（±0.5 dB）
信噪比（S/N）	指功率放大器的额定输出信号功率 P_S 与噪声功率 P_N 的比值，用 S/N 表示，单位为 dB
非线性失真	指由于 AV 系统的非线性所引起的输出信号波形相对于输入信号波形的变化而产生的失真
动态范围	指音频信号中的最高信号电平与最低信号电平之比，通常用 dB 表示
阻尼系数	指功率放大器的额定负载阻抗 R_L 与功率放大器的输出内阻 R_O 之比
声道分离度	指环绕声解码器把音频编码信号分离为各个声道信号的能力，它反映了放大器两个独立声道之间信号的干扰大小
转换速率	指功率放大器对输入脉冲信号做出迅速反应的能力，用单位时间内输出电压能够变化的范围来表示，单位为 V/μs
输出阻抗	指其输出端对音箱所表现出的等效内阻，也称额定输出阻抗
音频接口指标	有音频输入、输出接口的种类和数目，音频输入灵敏度，输出电平及阻抗等
视频技术指标	有视频输入、输出接口的种类及数目，视频信号的制式，信号电平等

二、家电产品销售基础知识

1. 家电销售人员所具备的能力

（1）有良好的敬业精神和工作态度

对企业忠诚和工作积极主动的人是企业最欢迎的。如果是动不动就想跳槽，耐心不足、不虚心、办事不踏实的人，那么家电行业或其他有关营销方面的行业最好不要去涉及。

（2）有较高的专业能力和学习潜力

“营销”，即要将一件产品销售给顾客，让顾客知道该产品值得购买，且在下次再光顾。要学会“留住一个老客户，能争取 10 个新客户”。

企业在销售招聘人员时，比较注重应聘者的志向及智力，并会考查应聘者的潜力如何。在家用电器的销售过程中，不仅仅需要课堂上所学的知识，还需要将这些知识灵活运用到实际工作中去，根据不同的客户对象进行有效发挥。家电销售人员应具备的知识及能力见表 1–7。

（3）反应能力强

例如，当一个顾客在无理取闹时，你会如何反应呢？当他故意羞辱你的时候，你又会做何反应呢？这种种现象是会随时随地发生的，是避免不了的，如果做法不恰当，将会失去客户，甚至失去工作。要解决这些问题，反应能力就要强。这样才可以保住且增加客户。

表 1-7　家电销售人员应具备的知识及能力

领　　域	基本要求
电器专业知识及技能	（1）常用电器使用与维护常识。 （2）常用电器维修知识（最低要求是要稍微懂一点常用电器的维修知识）。 （3）熟悉自己主要销售的家电产品的性能、参数、使用方法及注意事项，产品安装与调试、简单故障的处理等。销售人员要成为“产品专家”，因为顾客喜欢从专家那里买东西
推销方面的知识及技能	（1）推销技巧（推销电器产品的一些方式方法）。 （2）谈判技巧（和客户谈价钱、谈品质、谈产品对比的技巧）。 （3）服务意识（在现代社会，服务意识非常重要，有优秀的服务意识才能赢得客户的信赖）。 （4）解决问题的技巧（在产品销售过程中，肯定有这样那样的问题出现，因此必须学会妥善解决一些具体问题）
市场方面的知识	（1）同一品牌和不同品牌的同类型家电性能、参数、价格、性价比的比较。 （2）同类型家电商场的服务比较（售中服务、售后服务、保修服务等）。 （3）目前家电潮流趋势的分析。 （4）生产厂家的历史（发展历史）、现状（规模实力）、未来（发展前景和规划）、形象（经营理念、行业地位、荣誉、权威机构的评价）

（4）善于沟通能力

家电销售人员要留住一个老客户来增加 10 个新客户，善于沟通是很重要的。例如：

① 让顾客了解和想象商品使用时的情形（案例：先生，你看，这是它的宣传彩页，这上面标明了整机具有 AC－3，DTS，HDCD 以及 PICTURE CD 等多种解码，可以满足你不同的听音需求，可以用来听发烧级的音乐，也可以看各种影音格式的家庭影院）。

② 让顾客触摸商品，感受商品的质感（案例：先生，你摸一下，这款 DVD 的做工是不是非常精细，手感非常好，你摸一下旋钮和各种按键就知道了）。

③ 让顾客了解和认同商品的价值，适当多拿同类商品给顾客看，满足其“比较权衡”的心理（案例：你看那一款，虽然质量一模一样，但看起来档次就有点不一样了，是不是?），按第一主推、第二主推到不主推商品的顺序介绍（案例：这款 DVD 是新上市的，功能很多，而且正在搞促销，买 300 送 100，下次就没有这优惠了。）

（5）具有适应环境的能力

企业在招聘人才时，必然注重所选人员适应环境的能力，避免选拔个性极端或太富理想的人，因为这样的人较难与人和谐相处，或是做事不够踏实，这些都会影响同事的工作情绪和士气。

总之，家电营销销售人员的素质高低及能力高低会影响家电企业的成败。成功的营销能刺激老客户的持续消费，这不仅能给企业带来约 80% 的收入，还可以带来新的客户，这要看营销人员与老客户的关系如何。因此，具备以上各项能力的营销人员最受家电行业欢迎，也可以为家电行业带来效益。

2. 家电销售人员的销售原则

（1）满足需要的原则

现代的推销观念是销售人员要协助顾客，使他们的需要得到满足。销售人员在推销过程中，应做好准备去发现顾客的需要，而应极力避免“强迫”推销，让顾客感觉到你在强迫他接受什么时你就失败了。最好的办法是利用推销使顾客发现自己的需要，而自己所推销的产品正好能够满足这种需要。

（2）诱导原则

推销就是使根本不了解或根本不想买这种商品的顾客产生兴趣和欲望，使有了这种兴趣和欲望的顾客采取实际行动，使已经使用了该商品的顾客再次购买，当然能够让顾客开口代为宣传则会更为成功。每一阶段的实现都需要销售人员把握诱导原则，使顾客一步步跟上销售人员的思路。

（3）照顾顾客利益原则

现代推销与传统推销的一个根本区别就在于，传统推销带有一定的欺骗性，而现代推销则是以“诚”为中心，销售人员从顾客利益出发考虑问题。企业只能战胜同行，但永远不能战胜顾客。顾客在以市场为中心的今天已成为各企业争夺的对象，只有让顾客感到企业是真正由消费者的角度来考虑问题，自己的利益在整个购买过程中得到了满足和保护，企业才可能从顾客那里获利。

（4）创造魅力

一位销售人员在推销商品之前，实际上是在自我推销。一个蓬头垢面的销售人员不论他所销售的商品多么诱人，顾客也会说：“对不起，我现在没有购买这些东西的计划。”销售人员的外形不一定要美丽迷人或英俊潇洒，但却一定要让人感觉舒服。在准备阶段能做到的是预备一套干净得体的服装，把任何破坏形象、惹人厌恶的污秽排除，充分休息，以充沛的体力、最佳的精神面貌出现在顾客面前。

语言是一个销售人员的得力武器，销售人员应该仔细审视一下自己平日的语言习惯。是否有一些令人不快的口头禅？是否容易言语过激？有没有打断别人讲话的习惯？等等。多多反省自己，就不难发现自己的缺点。

销售人员还应该视自己的顾客群众来选择着装。一般说来，你的顾客是西装革履的白领阶层，那么你也应着西装；而当你的顾客是机械零件的买主，那么你最好穿上工作服。日本著名推销专家二见道未曾让销售人员穿上蓝色工作服，效果很好。他的建议是基于作出购买决策的决策者在工作现场是穿蓝色工作服而非往常的西服。由此可见，避免不协调应该是着装的一个原则。

3. 顾客类型与销售对策

进入商店的顾客，可分为不同的类型；对不同类型的顾客，销售人员应采取不同的对策，见表1-8。

三、购买家电产品的注意事项

选购家用电器常常需要花费大量的时间、精力和财力。那么该如何选购家用电器呢？家庭在选购家用电器时，若能从以下几个方面入手，则会收到比较满意的效果。

1. 要选择名牌

家电商品品牌较多，为保证购买的家电产品质量过硬，最保险的做法是选购那些名牌产品。购买这类产品即使遇到某些质量问题，也能够得到应有的售后服务保证。

2. 要考虑房间的空间尺寸

目前市场上同一种家电商品种类、型号繁多，在购买各种家电商品时，应注意依据房间面积的大小选择较为适宜的家电型号。例如，购买电视机时，不能一味追求大屏幕而忽视最佳观看距离的要求。

表 1-8　顾客类型与销售对策

分类方法	类　型	消费心理	销售对策
从心理活动来分	闲逛型	（1）本质：该类顾客原本无购买商品的意图，进入商店只为感受气氛、消磨时光，但也不排除冲动性购买的行为或是为以后购买事先观看商品。 （2）表现：该类顾客进店后行走缓慢、谈笑风生、东瞧西看，有的犹犹豫豫，行为拘谨，徘徊观望，有的则是往热闹的地方去	对于该类顾客，如果不临近柜台，销售人员不必急于接触，但应注意其动向，当他到柜台前察看商品时，就应热情接待。 播放有吸引力的演示曲目，形成围观，提升人气
	巡查商品型	（1）本质：该类顾客无明确的购买目标和购买打算，进入商店是希望能碰上符合自己心意的商品。 （2）表现：该类顾客进店后一般脚步不快，神情自若地环顾四周，临近商品时也不急于提出问题和购买要求	对该类顾客，销售人员应让其在轻松自由的气氛下随意浏览，当其对某个商品发生兴趣、表露出中意的神情时才进行接触。 向该类顾客推荐的商品应局限于以下几类：新产品、新进商品、新的流行商品、畅销品、促销机型
	胸有成竹型	（1）本质：该类顾客有着明确的购买目标，主动提出购买需求，不太可能有冲动购买的行为。 （2）表现：该类顾客进店后迅速到达某个商品柜台，主动提出购买需求	应在其临近商品的瞬间马上接触，动作要快捷准确，以求迅速成交，在此期间不宜有太多游说之词，以免引起顾客反感，使销售中断
从年龄来分	老年顾客	（1）喜欢购买用惯了的商品，对新产品常持怀疑的态度。 （2）购买心理稳定，不易受广告宣传的影响。 （3）喜欢购买经济实惠、售后服务有保障的产品。 （4）购买时动作缓慢，挑选仔细，喜欢问长问短。 （5）对导购人员的态度反应特别敏感	（1）强调产品的性价比。 （2）强调我们是一个把售后服务做的很好的商家
	中年顾客	（1）多属于理智购买，购买时比较自信。 （2）喜欢购买已被证明使用价值的新产品	（1）适当地赞美他的知识和自信。 （2）强调产品的使用价值
	青年顾客	（1）商品价值观念淡泊，碰到自己喜爱的产品，就会产生购买欲望和行动。 （2）对消费时尚反应敏感，往往是新产品的第一批购买者。 （3）多数顾客购买力强，不过于注重价格。 （4）购买具有明显的冲动性，易受外部因素影响	（1）强调产品的时尚。 （2）特别强调利用购物环境来刺激这类顾客的欲望和购买的冲动
从性别来分	男性顾客	（1）多数是理性购买，比较自信，不喜欢促销人员的过份热情和喋喋不休的介绍。 （2）购买动机常具有被动性，受销售人员的影响。 （3）重视质量、功能、价格因素作用较小，希望迅速成交	（1）多让这类顾客参与产品的促销活动。 （2）多从质量和效果上去引导
	女性顾客	（1）购买动机具有主动性、灵活性。 （2）购买心理不稳定，受外界因素影响，且购买行为受情绪影响较大。 （3）乐于接受销售人员的建议。 （4）挑选商品十分细致	（1）多给她们提建议，从思想上主导她们。 （2）利用购物环境和一些轻柔音乐的演示来增强她们的欲望和购买冲动

3. 购买时要货比三家

最好多跑几家商场看看，特别是到汇集较多家电品牌的大商场、大型家电城或家电专卖店比较一番，将同种产品不同品牌之间的性能价格进行对比，从中选出一个自己较为满意的产品，因为价格是购买家电的一个较为重要的方面。俗话说："货比三家不上当"，有比较才有鉴别。那么，买家电应该比些什么呢？

（1）比价格

一般而言，专营的连锁店业务更专一，其业务量也自然比综合性的商场大，相应地其批量进货的成本也要低一些，其市场价格也就低得多。再者，连锁专营商场的地势一般较偏，自然其地价成本要比闹市中心的低，这必然会反映在商品的价格中。经验表明，最好是不要购买商场的特价机和样机，尽管特价机和样机的价格相对便宜，但其使用寿命还是有影响的。

（2）比便利

如果自己开车去，买大件电器在白天车可能进不了繁华的商业区，不妨选择那些稍偏一点但交通便利的地方。当然，如果商家有专业的车和人送货则更好。

（3）比服务

很多消费者常犯的错误就是一手交钱一手交货，其实从现代销售的理念上讲，越是声誉好的商家其增值服务也就越多一些，换句话说，当钱货两清后，消费者和商家的关系还没有了结，售后服务才是细水长流。

【知识窗】

环境条件对电器的影响

家电销售人员有必要了解环境条件对电器的影响。

1. 高温、低温和温度剧烈变化的影响

高温对产品的影响表现为散热困难、电参数变化、元器件热击穿、设备的稳定性和可靠性下降等，严重时设备无法工作或损坏。低温对储存状态的电子设备的影响表现为材料变质、元器件性能改变或损坏。温度剧烈变化对电子产品的危害表现为电参数变化、热应力损坏和凝露受潮使材料变质损坏等。

2. 干燥和湿热气候的影响

在相对湿度保持不变时，如果温度升高，则水气压增大，材料的间隙也增大，因此水分子很容易渗入材料内部使其受潮变质，引起元器件电参数变化、短路、腐蚀和霉菌等。特别是湿热在一定范围内交替变化时，其影响将更为严重。干燥会使纤维材料和有机材料变干发脆，导致某些绝缘件、密封件、弹性件失效。

3. 低气压的影响

低气压对电子产品性能的主要影响为空气的抗电强度降低，导致飞弧、击穿、散热困难。气压降低使气密性设备中应力增大，引起密封外壳变形、焊缝开裂、结构损坏及泄漏。

4. 盐雾和大气中有害物质的影响

当盐雾落在绝缘材料的表面时，会增大材料表面的导电性。当盐溶液渗透到绝缘材料内部时，会增大其导电性。盐雾还会腐蚀绝缘材料，降低表面电阻和抗电强度。盐雾对金属材料有腐蚀作用，生成可溶性腐蚀物质，而且随着腐蚀物质的溶解，腐蚀将日益加剧。

大气中存在着大量的工业污染物，如二氧化硫、氯化氢及各种化学烟雾等，形成各种酸、碱、盐雾，从而引起金属腐蚀和有机材料变质。大气中还存在着灰砂、工业粉尘等微粒，并随气流四处传播。若这些微粒进入产品的活动部分，将会造成齿轮、轴承、开关、电位器和继电器等损坏及电接触不良、静电荷增大，而产生电噪声。由于灰砂吸收水分，将会降低元器件、材料的绝缘性能，加速金属腐蚀和助长霉菌的生长。

5. 生物危害

生物危害主要是霉菌的危害。霉菌能在大多数有机材料上繁殖，暴露在空气中、易于吸潮的有机材料极易受霉菌的侵蚀。在大多数塑料及合成树脂中，含有低分子的增塑剂、有机填料或颜料等霉菌的养料，故以合成树脂为主要原料制成的塑料、油漆涂料和纤维等在湿热条件下都会受到霉菌的侵蚀。霉菌的侵蚀会使所有的有机材料和部分无机材料强度降低，严重时可使材料腐烂脆裂。霉菌本身还会引起元器件短路、活动部位阻塞等。霉菌吸附水分，使得元器件、材料表面的绝缘电阻降低，介质损耗增大。霉菌还会分泌有机酸，加速金属的腐蚀。

6. 振动和冲击对电子设备的危害

（1）振动引起弹性零件变形，使接触元器件（如电位器、波段开关、继电器、微调电容器、插头插座等）造成接触不良，甚至完全不接触。

（2）当元器件的固有频率与振动频率一致时，会引起共振。例如，可调电容器极片共振时，使电容量发生周期性变化；振动使调谐电路的磁心移动，引起电感量变化。这些都将造成回路失谐、工作状态被破坏。

（3）安装导线变形及相互间位置的变化，引起分布参量变化，从而使电感、电容的耦合发生变化。

（4）机壳和底板变形，脆性材料如玻璃、陶瓷可能发生破裂，防潮和密封措施受到破坏。

（5）锡焊或熔焊处可能会开裂而破坏密封。

（6）螺钉、螺母松动，甚至脱落，引起装配的损坏。若它们碰到一些靠近的带电零件，还将引起短路。

7. 太阳辐射的影响

电子设备在太阳光照射下温度会急剧地改变。如果电子设备外壳吸收热辐射，那么很容易将热量传进设备内部，则设备内部温度大大高于周围的环境温度。由于材料和机壳色彩的不同，内部升高温度可达 2 ～ 30 ℃。这里仅仅考虑太阳光辐射的热，而没有考虑设备内部装置散发的热量。

太阳光的紫外线辐射会引起漆、颜料和大多数塑料的自身氧化，同时伴随着覆盖层的脱落、褪色和开裂。将硬橡胶长久地放在太阳光下，会引起硬化和破裂及抗张强度降低。

为了防止太阳光辐射热量传入电子设备内部，电子设备机壳必须涂覆易辐射热量的颜色，并尽量避免设备置于太阳光照射。

8. 电磁条件对产品的影响

电子设备的外部和内部都存在着由于各种原因所产生的电磁波。除设备所要接收的信号外，其余的外部电磁波均属于外部干扰；在电子设备内部，电磁除通过正常途径传输外，还存在着通过不正常途径的传输——内部干扰。这种设备内部产生的不希望的电磁联系称为寄生耦合。由于这些电磁干扰的影响，使设备性能降低，工作不稳定，甚至完全不能工作。

9. 供电电压对产品的影响

电子产品多采用市电供电，在其内部利用电路进行降压、整流稳压等措施，将市电转换为低压直流电源，供电子电路使用。若市电供电电压过高，会使产品内部的直流电源的电压升高，引起电路不能正常工作，甚至烧坏电子电路，而造成故障。如果供电电压过低，也会使电路不能正常工作，影响收听、收看的效果。

任务实施

活动 1 拟定参观活动计划

参观计划的主要内容包括：

（1）参观时间、商场名称、联系电话。

（2）行动路线。

（3）参观的主要内容。

（4）小组成员及小组长名字。

（5）安全注意事项等。

活动 2 参观液晶电视机展台

（1）请销售人员介绍某品牌系列液晶电视机的功能和使用方法，同学们认真倾听，并做好笔记，如图 1-9 所示。

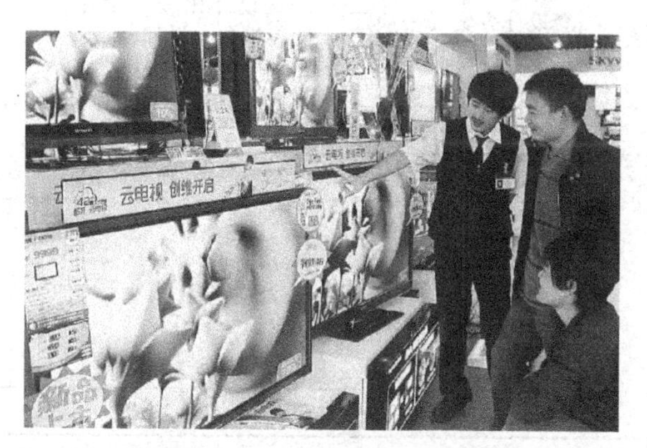

图 1-9 认真倾听销售人员讲解

（2）收集某品牌系列液晶电视机的说明书或商场的产品介绍宣传单。

（3）对比观察不同品牌液晶电视机的图像效果和声音效果。

活动 3 参观家庭影院展台

（1）请销售人员介绍某品牌功放机、音箱、DVD 影碟机的功能和使用方法，同学们认真倾听，并做好笔记。

（2）收集某品牌系列功放机、音箱、DVD 影碟机的说明书或商场的产品介绍宣传单。

（3）对比观察不同品牌家庭影院的放音效果。

任务评价

步入实体家电商场学习评价表见表1–9。

表1–9　步入实体家电商场学习评价表

姓名		日　期		自　评	互　评	师　评
理论知识（30分）						
序号	评 价 内 容					
1	杜比AC－3系统的主要优点有哪些					
2	AV功放各个声道的作用是什么					
3	SRS系统有哪些特点					
4	AV功放有哪些种类					
技能操作（60分）						
序号	评 价 内 容	技能考核要求	评 价 标 准			
1	家电商场销售电器的品牌及宣传资料收集	商场名称、电器名称及品牌、性能指标、实物图片、同类商品性价比比较等信息	收集信息全面、准确者得满分，信息不全者适当扣分			
2	家庭影院配置方案	分小组任意选择一套设计方案（一般配置、中等配置、高端配置），并说明理由	方案设计比较科学、合理得满分，设计一般的适当扣分			
学生素养（10分）						
序号	评 价 内 容	专业素养要求	评 价 标 准			
1	基本素养	参与度； 团队协作； 自我约束能力	参与度好； 团队协作精神好； 纪律好； 无迟到、早退； 服从实训安排			
综 合 评 价						

项目二

赏析视频设备

家中购买了视频设备，休闲时呆在家里看电视、看电影，未尝不是一个好的选择。可以看视频的设备很多，例如家用计算机、平板电脑、许多手机也具有视频播放功能，但是真正能够接近于影院效果的视频设备，应当首推大屏幕液晶电视和投影机。

通过本项目，让同学们了解平板电视新技术，知道液晶电视的基本组成及基本原理，学习液晶电视常见故障、典型故障的分析与检修思路；同时，了解投影机的应用常识，以进一步提高同学们的专业基础知识和基本技能。

知识目标

△ 了解常用视频设备（液晶电视、投影机）的性能特点。

△ 熟悉典型液晶电视的电路组成框图。

△ 了解液晶电视各个单元电路的主要功能及作用。

△ 了解投影机的基本功能。

技能目标

△ 会使用常用视频显示设备。

△ 会根据故障现象，运用原理，分析液晶电视典型故障原因，并判断故障的大致部位。

△ 会正确运用测试仪表和工具，检测电路关键点的电压、电流及波形，排除液晶电视的简单故障。

△ 会按要求选购常用视频设备。

安全目标

△ 遵守实训室守则，特别要注意用电安全。

△ 不得有人为故意损坏实训设备的行为发生。

△ 实训电视通电试机时，必须征得老师的同意，并安排一名本小组成员作为监护人。

情感目标

△ 各个小组在小组长的组织下，团队分工协作，努力完成任务。

△ 通过常用视频设备的结构、原理及维修，增长学生的见识，进一步激发学生学习专业课的兴趣。

任务一　认识和使用液晶电视

任务描述

电视的发明深刻地改变了人们的生活，它不但使人们的休闲时间得到前所未有的充实，更重要的是它加大了信息传播空度和信息量，使世界开始变小。电视作为一项伟大的发明，给人类带来了视觉革命。如今，人们谈论电视，俨然像谈论家庭中必不可少的成员一样。

电视机已成为家庭必不可少的家用电器，液晶电视是普通家庭最受欢迎的一款。目前市面上所售的液晶电视大部分都已达到了全高清的分辨率标准，尤其是大尺寸液晶电视，全部已经全高清化。这为在家中组建家庭影院创造了便利的条件。

熟知液晶电视的外部实物组成，知道液晶电视各个外部接口的功能及作用，可为使用、维护及维修液晶电视奠定基础。

相关知识

一、平板电视的类型

平板电视（FPD）是相对于传统显像管电视机庞大的身躯作比较而言的一类电视机，目前平板电视在国际上尚没有严格的定义，一般专指外观板状可挂在墙上的电视。

平板电视的种类很多，按显示媒质和工作原理分，主要包括液晶显示（LCD）、等离子显示（PDP）、电致发光显示（ELD）、有机电致发光显示（OLED）、场发射显示（FED）、表面传导电子发射显示（SED）等几大技术类型的电视产品。

二、现代电视机技术发展趋势及特点

电视机的发展历程是：显像管黑白电视机→显像管彩色电视机→平板电视机（等离子电视机、液晶电视机等）。现代电视机技术发展趋势将会出现十大特点，见表2-1。

表2-1　现代电视机技术发展趋势及特点

序号	发展趋势	特点说明
1	两极化	（1）微型化。液晶显像屏幕的微型机屏幕尺寸为3.8～3.9 cm。 （2）大型化。例如，2007年，LG推出的100英寸液晶电视，屏幕表面积为2.2 m×1.2 m；奥图码推出了120英寸的背投电视（常用的屏幕尺寸单位是厘米或英寸，1英寸=2.54 cm）
2	装饰化	电视机将以其精美的造型和装潢成为房间布置中漂亮的装饰品，并可替代壁画或镜柜等物
3	数字化	目前，国内许多电视机厂家都能够生产全数字化电视机（我国将于2015年完成全国有线电视整体转换，关闭模拟电视信号）

续表

序号	发展趋势	特点说明
4	系列化	产品形成一个系列和体系，具有连贯性和持续性，以保证产品质量和便于售后服务
5	高清晰度化	全数字化电视机的物理分辨率已到达了1 920 ×1 080的高分辨率，亮度达到1 000 cd/m^2，对比度达到2 000:1，颜色数量达到10.7亿种，可呈现高清的电视画质
6	立体声化	高档电视机的立体声音响效果，其音质可与激光唱片相媲美
7	多频道化	全数字化电视机可收看几百个频道的节目，数字电视提供大量的专业化频道和影视节目，可供不同的职业、兴趣、消费层次自主选择
8	网络化	网络电视除了具有普通电视机的功能外，还具有上网功能。插上网线，就可登录网站，看网络上的内容。它改变了人们以往被动的电视观看模式，实现了电视按需观看、随看随停
9	智慧化	智能3D电视不仅在视觉上支持3D立体效果的延伸，同时还能够通过应用程序商店上传或者下载自己喜欢的各种网络应用、游戏、软件。通过基于“云”端的语音识别、手势识别技术，大大增强了人机交互能力
10	超薄化	目前超薄的液晶电视厚度在6～7 mm之间

三、电视信号的标准

电视信号的标准也称为电视的制式。目前各国的电视制式不尽相同，制式的区分主要在于其帧频（场频）的不同、分解率的不同、信号带宽及载频的不同、色彩空间的转换关系不同等。世界上现行的彩色电视制式有三种：NTSC（National Television System Committee）制、PAL（Phase Alternation Line）制和SECAM制，见表2-2。电视机生产厂家为满足出口产品需要生产的电视机，上述三种制式都能够自动识别。

表2-2　世界上现行的三大电视信号标准

信号标准	标准说明	适用范围
NTSC彩色电视制式（简称N制）	是1952年由美国国家电视标准委员会指定的彩色电视广播标准，它采用正交平衡调幅的技术方式，故也称为正交平衡调幅制	美国、加拿大等大部分西半球国家以及我国台湾省、日本、韩国、菲律宾等均采用这种制式
PAL制式（简称P制）	是德国在1962年指定的彩色电视广播标准，它采用逐行倒相正交平衡调幅的技术方法，克服了NTSC制相位敏感造成色彩失真的缺点。 PAL制式中根据不同的参数细节，又可以进一步划分为G、I、D等制式	德国、英国等一些欧洲国家，新加坡、我国内地及香港特别行政区，澳大利亚、新西兰等国家和地区采用这种制式。 PAL－D制是我国内地采用的制式
SECAM制式（简称S制）	SECAM是法文的缩写，意为顺序传送彩色信号与存储恢复彩色信号制，是由法国在1956年提出、1966年制定的一种彩色电视制式。它也克服了NTSC制式相位失真的缺点，但采用时间分隔法来传送两个色差信号	主要集中在法国、东欧和中东一带

四、数字电视

1. 数字电视的分类

“数字电视”的含义并不是指一般人家中的电视机，而是指电视信号的处理、传输、发射和接收过程中使用数字信号或对该系统所有的信号传播都是通过二进制数字流来传播的电视系统或电视设备。数字电视的分类见表2–3。

表2–3　数字电视的分类

分类方法	种　类
按照信号传输分	地面无线传输（地面数字电视DVB－T）、卫星传输（卫星数字电视DVB－S）、有线传输（有线数字电视DVB－C）
按产品类型分	数字电视显示器、数字电视机顶盒、一体化数字电视接收机
按显示屏幕幅型分	4∶3幅型比和16∶9幅型比
按扫描线数分	HDTV扫描线数（大于1 000线）、SDTV扫描线数（600～800线）
按清晰度分	低清晰度数字电视（图像水平清晰度大于250线）、标准清晰度数字电视（图像水平清晰度大于500线）、高清晰度数字电视（图像水平清晰度大于800线，即HDTV）

2. 数字电视的优点

（1）收视效果好，图像清晰度高，音频质量高，满足人们感官的需求。

（2）抗干扰能力强。数字电视不易受处界的干扰，避免了串台、串音、噪声等影响。

（3）传输效率高。利用有线电视网中的模拟频道，可以传送8～10套标准清晰度数字电视节目。

（4）兼容现有模拟电视机。通过在普通电视机前加装数字机顶盒即可收视数字电视节目。

（5）提供全新的业务。借助双向网络，数字电视不但可以实现用户自点播节目、自由选取网上的各种信息，而且可以提供多种数据增值业务。

3. 液晶电视使用与保养常识

液晶电视使用与保养常识见表2–4。

表2–4　液晶电视使用与保养常识

要　点	简要说明
避免长时间显示同一画面	目前许多液晶电视都带有数码照片浏览功能，但长时间对一同幅图片的显示会造成液晶屏幕的损害。在长时间不使用机器时，避免使机器显示同一个画面，以免会使电视机出现更多的坏点。坏点就是只能永远是白色或者黑色的像素点，无法修复。因此，长时间不使用最好关闭机器
不要频繁开关电视	背光灯是液晶电视所有配件中寿命消耗最严重的一个部件，而背光灯的使用寿命和点燃次数是有很大关系的。目前大多数液晶电视的待机功率都缩短至1 W，甚至更少，所以没有必要随时关闭电源。 雷雨天气最好关掉电视机，拔下天线和电源插头，以防雷击。若有室外天线，要将避雷线妥善接地
避免液晶电视受潮	液晶电视内部的电子元器件对湿度要求比较高。如果湿度过大会导致液晶电极腐蚀，进而造成永久性损坏。一般湿度保持在30%～80%之间，电视机都能正常工作。 对于长时间不用的电视机，可以定期通电一段时间，让电视机工作时产生的热量将机内的潮气驱赶出去。 如果发现有湿气进入，要用软布将其轻轻擦去，然后才能打开电源。如果湿气已经进入LCD，应尽量将其放在干燥阴凉处，避免阳光暴晒。待其水分蒸发后方可正常使用。如果液晶电视长时间不用，重新启用时也不能马上打开电源，应检查屏幕是否有水汽

续表

要　点	简要说明
手机不要放在电视机旁	液晶电视本身也是通过接入信号显示画面，如果把手机等有电磁辐射的设备放在电视机旁，液晶电视长时间受到信号干扰不仅画质大大降低，严重时还会出现雪花干扰。因此，通信设备最好不要放在电视机旁，而且电器最好分散放置，这样不至于辐射剂量过大
正确清洁屏幕	液晶电视的屏幕脏了，最好的办法是使用专业的清洗剂。注意不要将清洁剂直接喷到显示屏表面上，可以先喷到专业擦拭布上然后再清洁屏幕

【广角镜】

电视机发展简史

世界上第一台电视机面世于1924年，由英国的电子工程师约翰·贝尔德发明。

1958年，中国第一台黑白电视机在天津诞生；同年，开始试播。当时，全国只有50多台黑白电视机。

1970年12月26日，我国第一台彩色电视机诞生。

2002年，长虹宣布研制成功了中国首台屏幕最大的液晶电视。其屏幕尺寸达到了30英寸，当时被誉为“中国第一屏”。

2002年，TCL发动等离子电视“普及风暴”，开启了等离子电视走向消费者家庭的大门。海信随即跟进。

【知识窗】

液晶电视和等离子电视的优劣势比较

目前最常用的平板电视是液晶电视和等离子电视。在参观家电商场时许多同学在问“到底是等离子好，还是液晶好”。笼统去比较谁好，实际上得不出结论，就像比较绿茶和红茶谁好一样。如果提出某种标准来比较，就可以评出它们之间的差异。液晶电视和等离子电视的优劣势比较见表2–5。

表2–5　液晶电视和等离子电视的优劣势比较

比较项目	液晶电视	等离子电视
发光原理	通过电流来改变液晶面板上的薄膜型晶体管内晶体的结构，使它显像	依靠高电压来激活显像单元中的特殊气体，使它产生紫外线来激发磷光物质发光
优势	（1）外观上看，液晶电视的机身更加纤薄，尤其是最新推出的一些采用LED背光的电视，厚度甚至不到1 cm。 （2）液晶电视的功耗相对较小，相比同等尺寸的等离子电视更加省电。 （3）液晶电视的亮度较高，在比较明亮的环境下画质不会有太大的变化，依然比较艳丽。对静态画面来说，液晶电视也更加清晰细腻	（1）等离子电视相对于液晶电视在图像层次感上更加出色，尤其是在黑色场景的表现上，液晶电视完全无法与等离子电视相比。 （2）等离子电视相比于液晶电视具有更高的动态清晰度，对于体育比赛、动作电影等高速运动画面的表现更加流畅，不会出现拖尾的现象。 （3）等离子电视是目前唯一可以实现全数字化的电视，不经过D/A转换，可以避免图像信号失真带来的画质降低现象。而液晶电视必须要通过模拟电压来控制亮度和灰阶等，所以图像信号在传输过程中还是有一定损耗的

续表

比较项目	液晶电视	等离子电视
劣势	(1) 液晶电视的动态清晰度不高，这主要是因为液晶分子的偏转速度有限所决定的，所以液晶电视会出现拖尾的现象。 (2) 液晶电视或多或少都存在漏光的现象，在全黑的环境下看得尤其清楚。正因为漏光的问题，液晶电视对黑色的呈现都不够深，并且对比度相对于等离子电视也不够高，所以往往画面层次感不够强	(1) 外观上等离子电视无法做到 LED 背光液晶电视那样纤薄。 (2) 等离子电视的亮度没有液晶电视那样高，所以在比较明亮的场所里，等离子电视的观看效果会大打折扣。等离子电视为了提高亮度，在功耗上自然要相对液晶电视更大一些。 (3) 等离子电视还存在烧屏的现象。所谓烧屏就是等离子电视保持某一个画面时间过长（随着等离子技术的发展，这个时间也越来越长了），会使某个画面长期停留在电视上。不过，一般情况下，过一段时间这种现象会自己消失
寿命	较长（60 000 h 以上）	较短（20 000～60 000 h）
功耗	较小	较大（是液晶电视的 2～3 倍）
屏幕尺寸	较小（目前最大尺寸为 100 英寸左右）	较大（理论上讲，等离子可实现无法想象的大画面）

任务实施

活动 1　认识液晶电视的外部结构

液晶电视的外部主要由前面板、外壳、底座、电源线、遥控器等组成。前面板由液晶屏、控制按键、电源/待机指示灯等组成，如图 2-1 所示；后面板由后挂安装孔、输入端口、输出端口等组成，如图 2-2 所示。

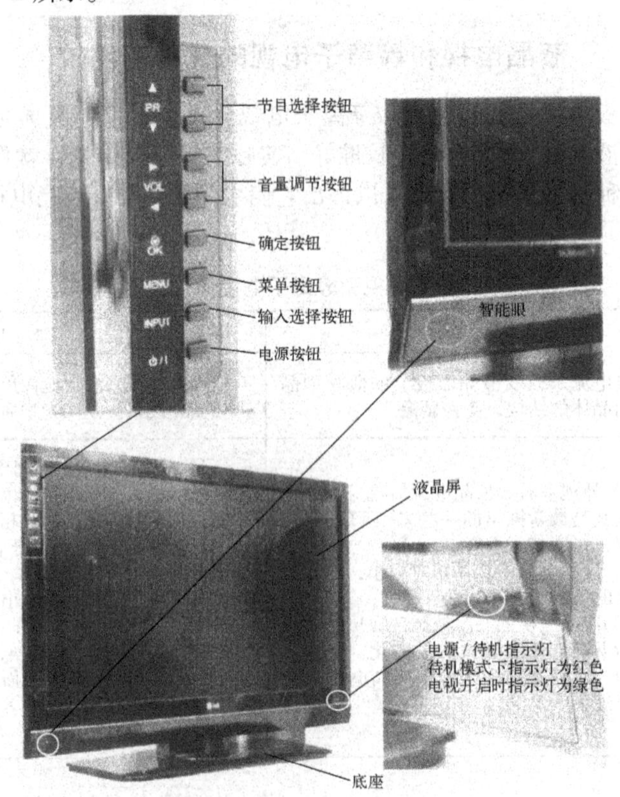

图 2-1　液晶电视的前面板

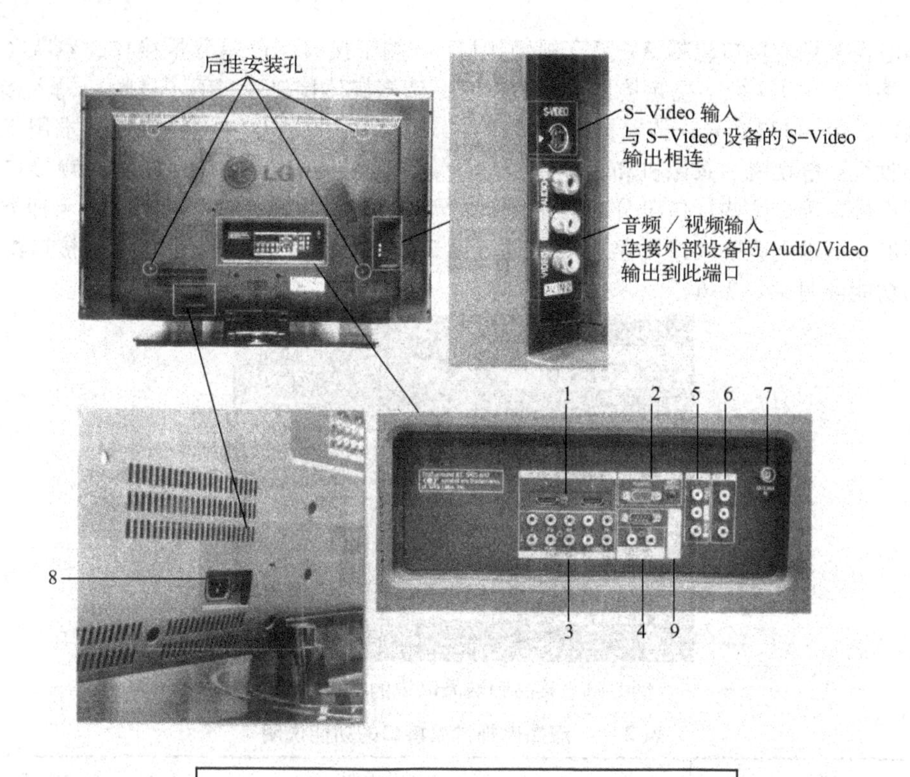

1—HDMI/DVI1，HDMI2 输入连接 HDMI 信号至 HDMIIN 端口，或使用 DVI 至 HDMI 的线缆传送 DVI (Video) 信号至 HDMI/DVI 端口；

2—RGB/Audio 输入连接 PC(仅 Audio) 的显示器输出端至适当的输入端口；

3—Component1/2 输入连接 Component Video/Audio 设备到此端口；

4—Variable Audio 输出连接外接功放或添加低音音箱至环绕立体声系统中；

5—Audio/Video 输入 (AV IN1) 连接外接设备的 Audio/Vide 输出至该端口；

6—AV 输出连接另一台电视机或显示器至该电视机的 AV OUT 端口；

7—天线信号输入连接至该端口；

8—电视电源端口，本机使用 AC220 V 电源；

9—RS-232 输入（控制与服务）端口连接控制设备的系列端口至 RS-232 插孔

图 2-2　液晶电视的后面板

活动 2　认识液晶电视的外部接口

液晶电视是一台显示设备，需要有信号源提供图像信号才能够显示各种各样的画面。液晶电视和信号源之间要通过接口来实现对接并传输信号，不同的信号源存在不同的接口类型，因此液晶电视通常会配备多组不相同的接口供用户选择使用。

液晶电视常见的接口包括AV复合视频接口、S端子接口、色差分量接口、VGA（视频图形阵列）接口、DVI（数字视频接口）、HDMI（高清多媒体接口）、RF（射频）输入接口、光纤音频接口、RS-232（异步传输标准）接口、USB接口、SCART（欧洲强制要求用于完成卫星电视接收机、电视机、录像机和其他音视频设备的互连互通）接口、同轴音频接口、蓝牙接口、耳机接口等。这些接口可分为必备接口、实用接口、可选接口和趋势接口4种类型，不同档次的液晶电视配置的接口类型有所不同。图2-3所示为某品牌液晶电视的接口配置。各种接口的功能说明见表2-6。

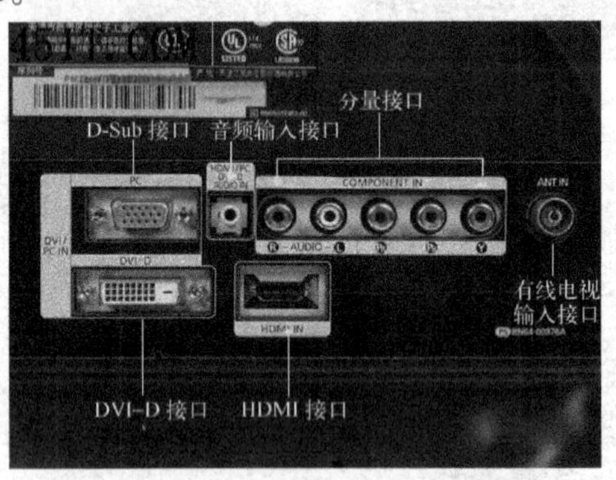

图2-3　某品牌液晶电视的接口配置

表2-6　液晶电视常见接口的功能说明

序号	接　口	功能及说明	接口类型
1	AV复合视频接口	AV复合视频接口是目前在视听产品中应用得最广泛的接口，属模拟接口，该接口由黄、白、红三路RCA接头组成，黄色接头传输视频信号，白色接头传输左声道音频信号，红色接头传输右声道音频信号。 该接口实现了音频和视频的分离传输，避免了因为音/视频混合干扰而导致的图像质量下降，但由于AV复合视频接口的传输仍然是一种亮度/色度（Y/C）混合的视频信号，从而影响最终输出的图像质量	必备接口
2	色差分量接口	色差分量（Component）接口是模拟接口，本身不传输音频信号，只传送480i/480p/576p/720p/1 080i/1 080p等格式的视频信号，其采用YPbPr（逐行扫描色差输出）和YCbCr（隔行扫描色差输出）两种标识，是目前各种视频输出接口中较好的一种，通常利用三根信号线分别传送亮色和两路色差信号。 这三组信号分别如下：亮度标注为Y；从三原色信号中的两种（蓝色和红色）去掉亮度信号后的色彩差异信号分别标注为Pb和Pr（或者Cb和Cr）；在三条线的接头处分别用绿色、蓝色、红色进行区别	必备接口
3	DVI接口	DVI可将数字信号不加转换地直接传输到液晶电视中。目前常见的DVI有两种：一种是DVI-I（DVI-Integrated），另一种是DVI-D（DVI-Digital）。 DVI-I是兼容数字和模拟接口，其插口有24个数字插针和5个模拟插针的插孔，不仅支持数字信号，还可以支持模拟信号。而DVI-D仅支持数字信号，是纯数字的接口，只有24个数字插针的插孔。 DVI-I接口的兼容性更强，且DVI-I的接口可以插DVI-I和DVI-D接头的线，而DVI-D的接口只能接DVI-D的纯数字线	必备接口

续表

序号	接　口	功能及说明	接口类型
4	HDMI 接口	HDMI 是新一代的多媒体接口标准，为 19 针数字接口，可以同时传输视频和音频信号。 HDMI 的特点如下：只通过一个接口，就能直接传输视频、音频等数码信号，不用多根线来分开传输。HDMI 可接通 DVD 机、摄像机、计算机、数码照相机等音、视频设备	必备接口
5	RF 输入接口	RF 输入接口是接收电视信号的射频接口，将视频和音频信号相混合编码输出会导致信号互相干扰，画质输出质量是所有接口中最差的	必备接口
6	S 端子接口	S 端子，即分离式影像（Separate Video，S－Video）端子，是一种 5 芯接口，由视频亮度信号 Y 和视频色度信号 C 和一路公共遮罩地线组成。在信号传输方面不再对色度与亮度信号混合传输，只能输入/输出视频，有效避免了设备内信号干扰而产生的图像失真，从而大大提高了画面的质量	实用接口
7	VGA 接口	VGA 接口又称 D－Sub 接口，常见的接口有 9 引脚和 15 引脚 VGA 接口。15 引脚的梯形插头分成 3 排，每排 5 个，传输模拟信号。其采用非对称分布的 15 引脚连接方式，只传输视频信号。将显存内以数字格式存储的图像（帧）信号在 RAMDAC 里经过模拟调制成模拟高频信号，然后再输出到显示设备成像。 VGA 接口支持在 640×480 像素的较高分辨率下同时显示 16 种色彩或 256 种灰度，同时在 320×240 像素分辨率下可以同时显示 256 种颜色。 VGA 接口的特点是单独对图像信号进行传输，主要用于与卫星接收机顶盒、计算机主机、数字机顶盒相连接	实用接口
8	光纤音频接口	光纤音频接口广泛使用在功放等音响设备上，使用这种接口的液晶电视不通过功放就可以直接将音频连接到音箱上。制造光纤常用的材料有塑料、石英、玻璃等，其中玻璃光纤（ST）是最昂贵的一种	实用接口
9	RS－232C 接口	RS－232C 接口是计算机上的通信接口之一，用于调制解调器、打印机或者鼠标等外围设备连接。其最大传输速率为 20 kbit/s，线缆最长为 15 m。当通信距离较近时，可不需要调制解调器，通信双方可以直接连接，只需使用少数几根信号线。带此接口的液晶电视可通过该接口对电视内部的软件进行维护和升级	实用接口
10	SCART 接口	SCART 接口是一种专用的音、视频接口，用来传输 CVBS 和隔行 RGB 信号等视频信号及传送立体声音频信号，具有双向传输功能。标准的 SCART 接口为 21 针连接器，外形呈直角梯形，俗称“扫把头”，可同时传输 21 个信号，其中 21 个信号又分为视频信号、音频信号、控制信号、地线和数据线等	可选接口
11	同轴音频接口	同轴（Coaxial）音频接口，标准为 SPDIF（Sony/Philips Digital Inter Face，索尼/飞利浦数字接口），主要是提供数字音频信号的传输，其接头分为 RCA 和 BNC 两种。 数字同轴接口采用阻抗为 75 Ω 的同轴电缆为传输媒介，其优点是阻抗恒定、传输频带较宽，优质的同轴电缆频宽可达几百兆赫兹。同轴数字传输线标准接头采用 BNC 头，其阻抗是 75 Ω，与 75 Ω 的同轴电缆配合，可保证阻抗恒定，确保信号传输正确	可选接口

续表

序号	接　口	功能及说明	接口类型
12	蓝牙接口	是一种短距离的无线通信技术，即可实现无线听音乐，无线看电视	可选接口
13	耳机接口	使用电视无线耳机可在电视静音的情况下自由欣赏精彩节目	可选接口
14	USB 接口	USB 接口是目前平板液晶电视使用较多的多媒体辅助接口，可以连接 U 盘、移动硬盘等设备，只能用来浏览图片和播放 MP3 音乐等	可选接口
15	DisplayPort 接口	可提供的带宽高达 10.8 Gbit/s，也允许音频与视频信号共用一条线缆传输，支持多种高质量数字音频	趋势接口

活动 3　液晶电视的安装

液晶电视的安装方法有座装和墙壁挂装两种。学校电视机维修实训室及部分家庭均采用座装方法；部分家庭采用墙壁挂装的方法。

1. 液晶电视的座装

液晶电视的座装是最简单的安装方法，底座是买电视时随机带的。

将压铸支架和底座组件按图 2-4 所示装配好，用 4 个螺钉固定。具体操作步骤见表 2-7。

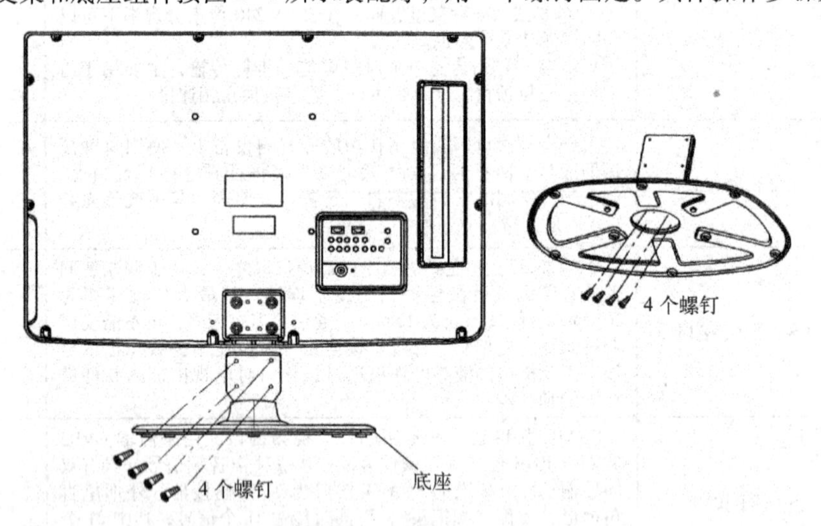

图 2-4　基座的安装

表 2-7　液晶电视的座装

步骤	操作方法	图示
1	在平整的桌面上铺上柔软的布（以免损坏液晶屏）	
2	将液晶电视背面向上，液晶屏朝下，平放在桌面上	
3	将底座插入液晶电视下方的底座安装槽，直至完全套合	

续表

步骤	操作方法	图示
4	用4个螺钉将底座装配到液晶电视上	
5	将底座安装完毕后的电视机放置在桌面上	

2. 液晶电视的墙壁挂装

液晶电视的墙壁挂装的步骤及方法见表2-8。

表2-8　液晶电视墙壁挂装

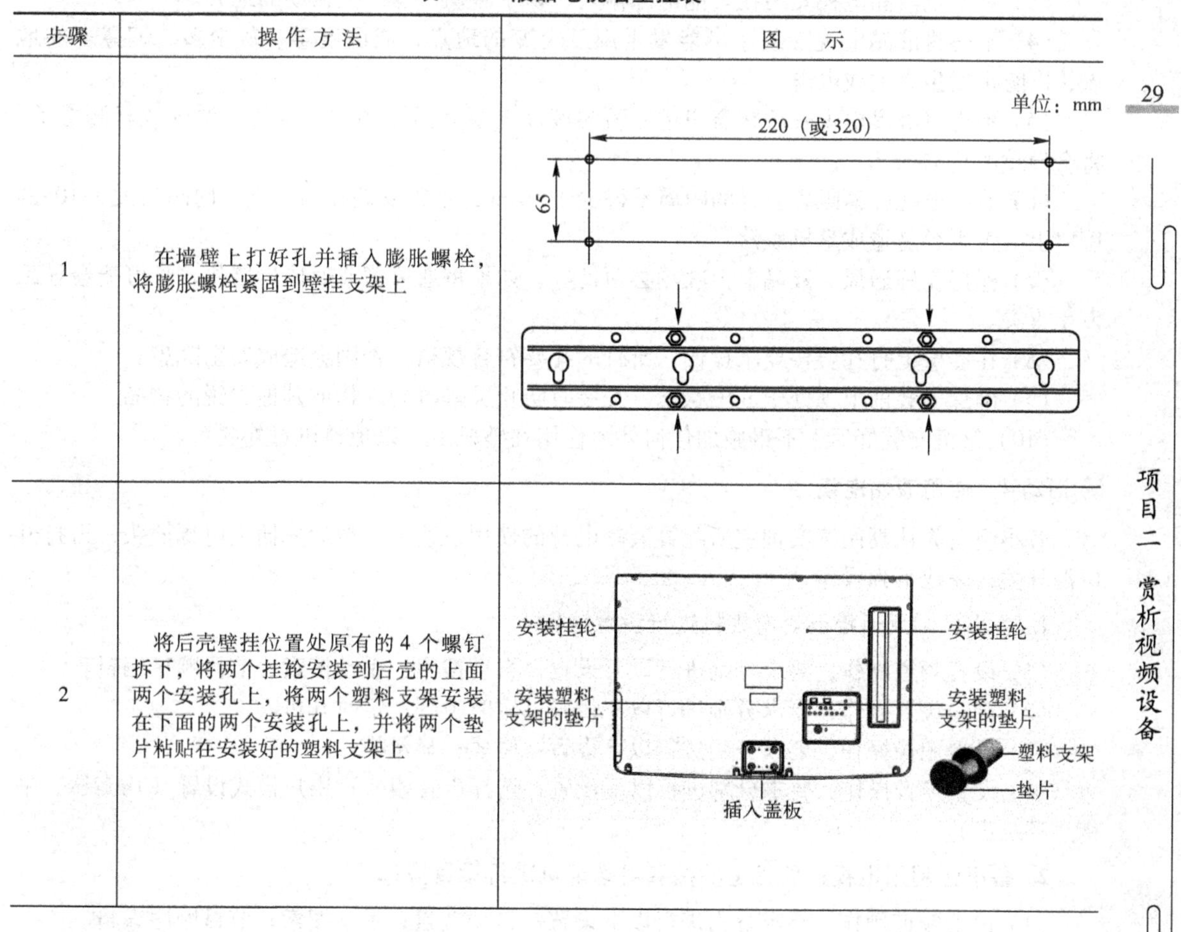

步骤	操作方法	图示
1	在墙壁上打好孔并插入膨胀螺栓，将膨胀螺栓紧固到壁挂支架上	
2	将后壳壁挂位置处原有的4个螺钉拆下，将两个挂轮安装到后壳的上面两个安装孔上，将两个塑料支架安装在下面的两个安装孔上，并将两个垫片粘贴在安装好的塑料支架上	

续表

步骤	操作方法	图　示
3	将装好挂轮的整机挂在固定好的壁挂支架上，在壁挂支架的顶部用螺钉拧紧，防止整机从壁挂支架上意外脱落	液晶电视正面 螺钉 M4×35

说明：液晶电视墙壁挂装的方法只要求同学们了解，因为学校一般不具备这样的实训条件。

为了确保液晶电视的安全，在安装时应注意以下 10 个方面：

（1）安装前，检查墙壁是否符合要求，安装壁挂支架的墙壁要求能支撑得住整机的重量，如水泥墙、砖墙等。不可将壁挂支架挂于质地松软的或者容易造成松动的墙壁上，如沙土结构的墙壁、石膏板等。如果不能测量墙壁的强度，所打的每一个孔应能负重正应力 100 N 和剪应力 200 N。

（2）不要把液晶电视安装在有漏水、传感器、高压线的地方，否则可能会发生导电、电击或共振事故。

（3）不要把液晶电视安装在其他电源输入、易于碰撞、易产生振动的地方。

（4）不得将液晶电视安装于可能发生温度突变的地点，或湿度重、灰尘多、烟雾多的地点，以防止发生火灾或电击。

（5）不得将液晶电视安放在窗户边，因为液晶电视暴露于雨水、水气、湿气或日晒之下，将会导致严重的损坏。

（6）液晶电视屏幕距离墙壁的距离不得少于 10 cm；不得安装在与竖直方向倾角大于 10°的墙壁上，否则容易造成整机脱落。

（7）保持良好通风。液晶电视散热必须良好，如果将通风槽或通风口堵住，将可能会导致发生火灾。

（8）在墙壁上打孔要按要求操作，所打的孔要符合规格，否则会造成安全隐患。

（9）确保安装前电视处于断电状态，安装时防止屏幕碰到硬物或其他尖锐的物品。

（10）整机安装好后，不得施加任何外力作用在整机上，以免整机意外脱落。

活动 4　使用液晶电视

各小组首先认真阅读实训室所配置液晶电视的使用说明书，然后先插上电源插头，再打开电源开关，完成下列操作。

1. 各小组利用遥控器对电视机进行设置操作

（1）设置频道操作，要求分别进行以下设置：自动搜索；手动搜索；节目顺序编辑。

（2）定时设置操作，要求分别进行以下设置：定时睡眠；定时开机。

（3）设置图像操作，要求分别进行以下设置：画质；显示模式。

（4）设置声音操作，要求分别进行以下设置：选择声音模式；用户模式设置（均衡器、平衡、环绕声）。

2. 各小组利用电视机面板上的按键对电视机进行设置操作

（1）设置频道操作，要求分别进行以下设置：自动搜索；手动搜索；节目顺序编辑。

（2）定时设置操作，要求分别进行以下设置：定时睡眠；定时开机。

（3）设置图像操作，要求分别进行以下设置：画质；显示模式。

（4）设置声音操作，要求分别进行以下设置：选择声音模式；用户模式设置（均衡器、平衡、环绕声）。

3. 各小组利用U盘播放从网上下载或自己录制的视频节目

（1）设置图片格式操作。

（2）设置音频格式操作。

（3）设置文本格式操作。

任务评价

认识和使用液晶电视学习评价表见表2–9。

表2–9　认识和使用液晶电视学习评价表

姓名		日　期		自　评	互　评	师　评
理论知识（30分）						
序号	评 价 内 容					
1	平板电视的种类有哪些？目前最常用的平板电视是什么					
2	现代电视机技术的发展趋势是什么					
3	中国内地采用的是什么电视制式					
4	有人说，数字电视节目就是收费电视节目，你怎么看					
技能操作（60分）						
序号	评 价 内 容	技能考核要求	评 价 标 准			
1	电视机接口识别	能正确识别各个接口，并能指出其功用	回答正确得满分，回答不正确适当扣分			
2	电视机座装	操作步骤及方法正确，安装牢固	操作方法不正确，不能完成指定任务不得分			
3	用遥控器对电视机进行设置操作	操作步骤及方法正确，动作比较熟练				
4	用U盘播放多媒体文件					
学生素养与安全文明操作（10分）						
序号	评 价 内 容	专业素养要求	评 价 标 准			
1	基本素养	参与度； 团队协作； 自我约束能力	参与度好； 团队协作精神好； 纪律好； 无迟到、早退； 服从实训安排			
2	安全文明操作	无设备损坏事故，无人员伤害事故；课后整理工具仪表及实训器材，做好室内清洁				
综 合 评 价						

任务二　认识液晶电视各功能电路板

任务描述

厚度 1 cm 左右的液晶电视能够呈现非常清晰的图像，发出悦耳的声音，功能强大无比，同学们感到十分神秘。其内部结构如何？大家迫不及待地想看个究竟。本任务可满足同学们的要求，在实训室拆开电视机看一看就一目了然了。

同学们先听老师讲解相关操作步骤及方法，下达任务后，各小组即可行动。本任务以小组为单位进行，主要认识各个功能电路板，了解各个功能电路板的名称及作用，完成电视机的拆装。操作时，大家要注意安全。

相关知识

液晶电视内部主要由电源板（或电源适配器，或二合一电源高压板）、高压板（又称升压板、高压条、背光板、逆变器）、主板、逻辑板（液晶屏驱动板）、遥控接收板、按键板、液晶屏等组成。另外，有些液晶电视还带有 TV 板（高频板）、侧 AV 板、功放板等。

一、电源板

电源板的主要作用是为液晶电视提供稳定的直流电压，即电源板将 90 ～ 240 V 的交流电压转变为 12 V、5 V、24 V 等的直流电压供给液晶电视工作。

1. 电源板按工作方式分类

电源板按工作方式分类主要有 SMPS 和 IP Board 两种形式，见表 2-10。

表 2-10　电源板按工作方式分类

电源板类型	说　明	组成框图
SMPS	SMPS 为开关式电源，市电经处理后输出不同电压的直流电平，驱动主板和屏工作。通常使用一条多针（14P）扁平排线控制并为液晶屏的逆变器（主板）供电	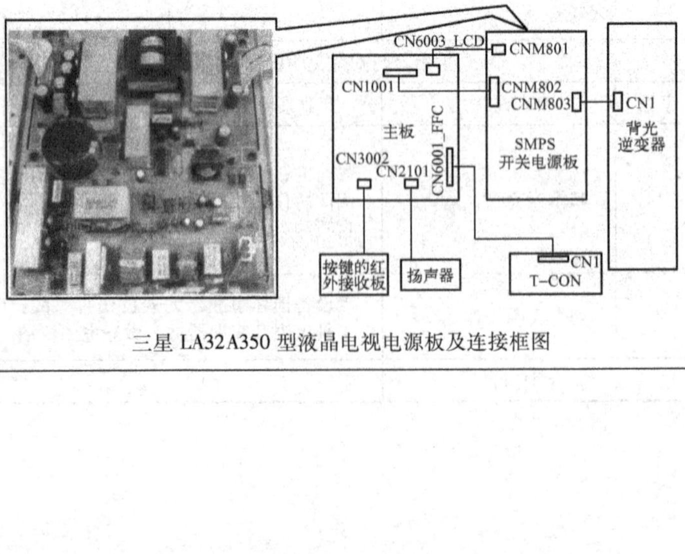 CN6003_LCD　CNM801　CN1001　CNM802　CNM803　CN1　主板　CN6001_FFC　SMPS 开关电源板　背光逆变器　CN3002　CN2101　按键的红外接收板　扬声器　CN1　T-CON 三星 LA32A350 型液晶电视电源板及连接框图

续表

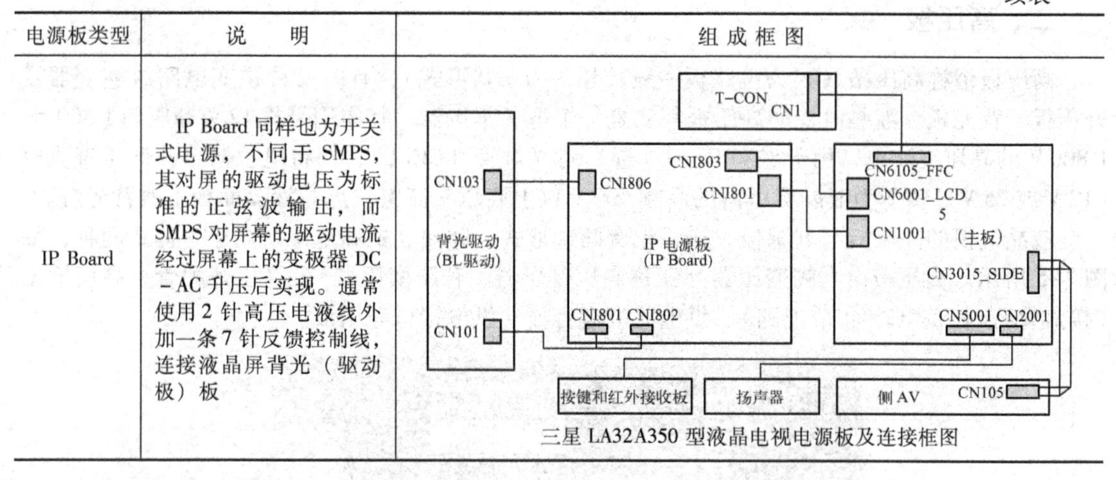

电源板类型	说　明	组 成 框 图
IP Board	IP Board 同样也为开关式电源，不同于 SMPS，其对屏的驱动电压为标准的正弦波输出，而 SMPS 对屏幕的驱动电流经过屏幕上的变极器 DC－AC 升压后实现。通常使用 2 针高压电液线外加一条 7 针反馈控制线，连接液晶屏背光（驱动极）板	三星 LA32A350 型液晶电视电源板及连接框图

2. 电源板按安装方式分类

电源板按安装方式分类主要有外置式和内置式两种形式，见表 2-11。

表 2-11　电源板按安装方式分类

电源板类型	说　明	实 物 图
外置式	即电源适配器，功能是将市电 220 V 转换为液晶电视所需的直流低电压（包括 +24 V、+18 V、+5 V 及待机状态下供电的 +5 V），通过导线加到液晶电视内，其元器件很普通，一旦出现故障维修方法也很简单	电源适配器
内置式	液晶电视内部专设一块开关电源板，220 V 电压直接输入至液晶电视的内部开关电源板上，由开关电源板输出直流电压	独立电源板
	在开关电源板上还集成了高压电路，构成了电源、高压一体板，其电源板的构造与内部专设的开关电源板基本相同，只是多了一个高压电路	电源、高压一体

二、高压板

高压板俗称高压条（因为电路板一般较长，为条状形式），有时又称逆变电路或逆变器及升压板、背光板。液晶电视的高压板其实是一个电子整流器，其作用是将 12 V 升压到 1 500 ～ 1 800 V 的高压交流电，用于点亮 Panel（屏）背光灯管（CCFL），即将电源输出的低压直流电（12 V 或 25 V）转变为液晶板所需的高频 600 V 以上高压交流电，点亮液晶面板上的背光灯。

液晶电视的高压板与电源板一样，也有两种形式，即独立式和电源、高压一体式两种，如图 2-5 所示。高压板由高频变压器（又称高压变压器、升压变压器）、高压开关管、高压输出（接灯管）、振荡 IC（集成电路）、供电滤波电容器、供电接口等组成。

（a）独立式高压板

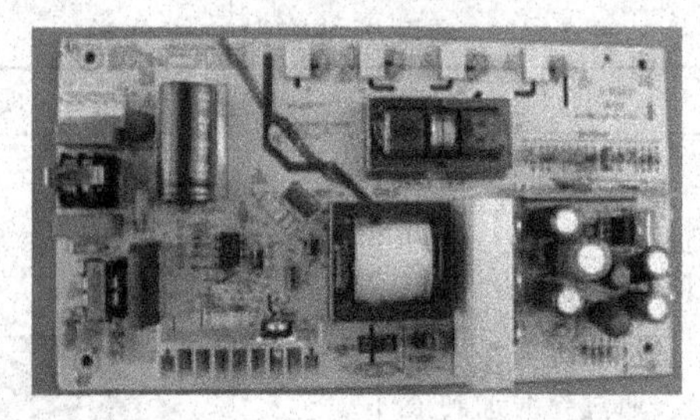

（b）电源、高压一体式高压板

图 2-5　高压板

高压板有三个输入信号，分别是供电电压、开机使能信号、亮度控制信号，其中供电电压由电源板提供，一般为直流 24 V（小屏幕为 12 V）；开机使能信号 ENA 即开机控制电平由主板提供，高电平 3 V 时背光板工作，低电平 0 V 时背光板不工作；亮度控制信号 DIM 由数字板提供，它是一个 0 ～ 3 V 的模拟直流电压，可以改变背光板输出交流电压的高低，从而改变灯管亮度。高压板输入与输出连接框图如图 2-6 所示。

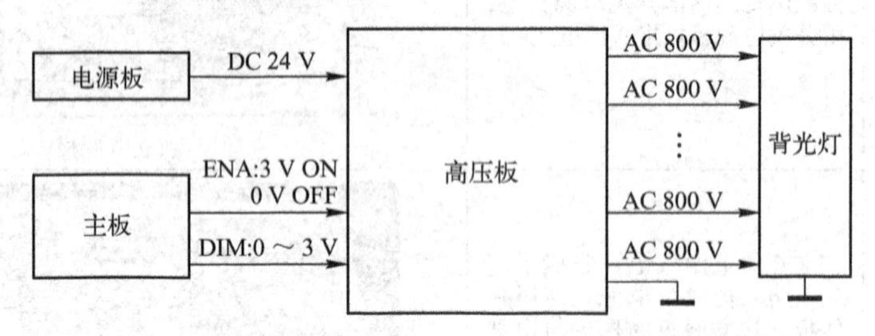

图 2-6　高压板输入与输出连接框图

三、主板

主板又称信号转换板，是液晶电视中信号处理的核心电路部分，在系统控制电路的作用下承担着将外接输入信号转换为统一的液晶显示屏所能识别的数字信号的任务。主板主要由CPU、电源转换和输入信号处理集成电路三部分构成，其电路包括稳压电路、VGA电路、模拟视频电路、数字视频信号处理电路和系统控制电路。主板中往往包含着大量的电容、电阻等贴片元器件，如图2–7所示。

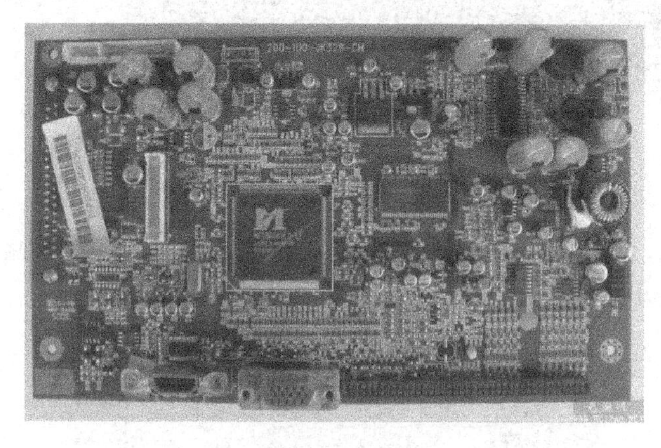

图2–7　主板

四、逻辑板

逻辑板（见图2–8）的作用是控制显示屏像素显示，将上屏信号进行处理，变成显示屏的行列驱动信号，供屏驱动板使用。屏驱动板与逻辑板往往构成一个整体，驱动液晶屏的行列显示，往往与液晶屏也构成一个整体。逻辑板最终将行列信号送往液晶体，并对液晶体进行控制。

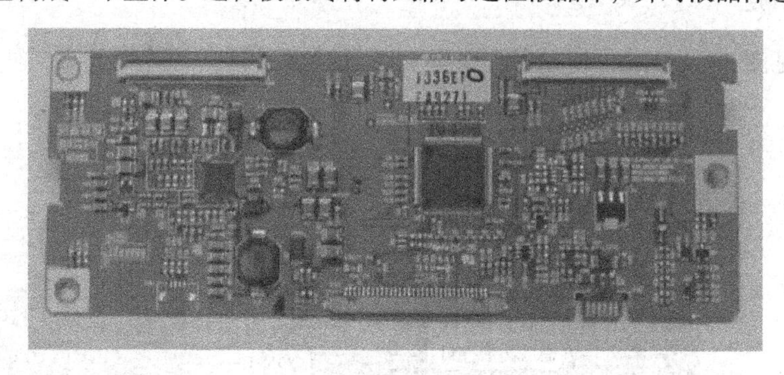

图2–8　逻辑板

五、TV板

TV板（又称高频板）是接收和解调、解码电视信号的部分。TV板主要由主调谐器和一些外围处理电路组成（包括射频电路、音效处理电路），主调谐器将RF信号解调为视频信号，通过转接后送入主板进行相应处理，同时还承担着对音频信号进行音效处理的任务。该组件的性能直接影响到后级电路对信号处理的质量。TV板如图2–9所示。

图 2-9　TV 板

六、功放板

功放板（见图 2-10）由功率放大电路组成，主要将 TV 板送来的音频信号进行功率放大输出，使得扬声器发出声音。

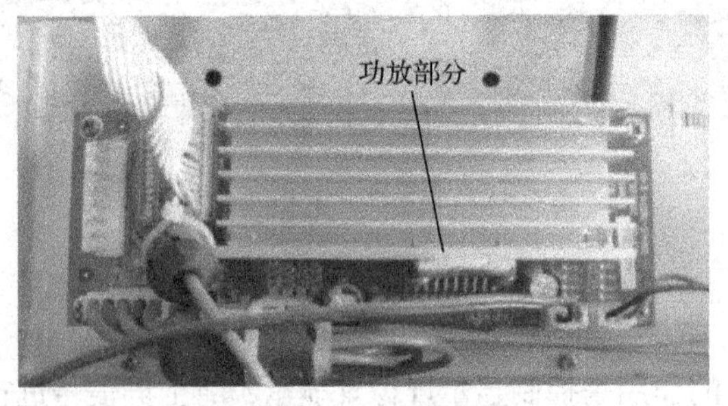

图 2-10　功放板

七、USB 板

USB 板（见图 2-11）组件使用户可以将 USB 设备通过该组件连接起来，使其成为信息交换的中心。

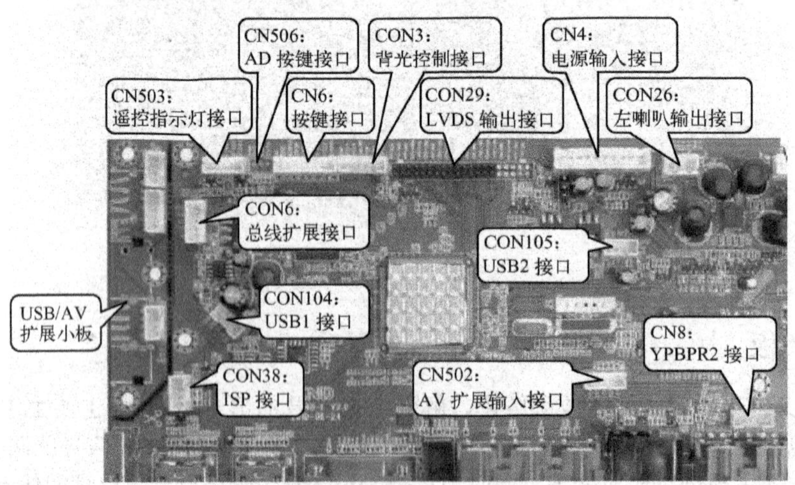

图 2-11　USB 板

八、侧 AV 板

侧 AV 板主要用于耳机输出、AV 输入及 S 端子输入。

九、按键板

按键板（见图 2–12）是为液晶电视实现开关机、菜单调整（如亮度、对比度、颜色、图像位置等）等功能而设置的。按键电路安装在按键板上，另外指示灯一般也安装在按键板上。

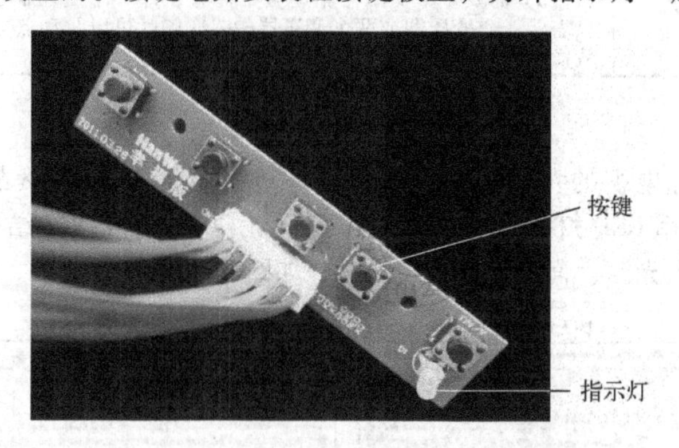

图 2–12　按键板

按键电路的作用就是使电路通与断，当按下开关时，按键电子开关接通；手松开后，按键电子开关断开。

十、遥控接收板

遥控接收板由工作指示灯和遥控接收头构成，完成工作状态的指示及遥控编码信号的接收。

十一、液晶屏

液晶屏是液晶电视的核心部件。不同类型的液晶屏的制作材料不尽相同，但其基本结构大致一样，都是在两片玻璃基板内夹着彩色滤光片、偏光板、配向膜等材料，灌入液晶材料（液晶空间一般为 $5\times10\sim5\times16\ \mathrm{mm}^2$），最后封装成一个液晶盒。

液晶电视屏幕有软硬之分，软屏、硬屏各有各的好，从耐用的方面考虑还是首选硬屏。

区分软屏与硬屏最简单的一种方法，是用手指在液晶屏上轻轻滑过，如果手指滑过的地方有一条明显的水痕，那就是软屏，如三星的 S – LCD；如果没有水痕，或者水痕不明显，那么则是硬板。

十二、背光灯

液晶电视的背光灯可分为 CCFL（冷阴极荧光灯管）、EEFL（外置电极荧光灯管）、HCFL（热阴极荧光灯管）、LED（发光二极管）灯，目前 CCFL、LED 应用最广泛，HCFL 刚刚起步，技术还不太成熟。

1. CCFL 与 EEFL 的主要区别

CCFL 与 EEFL 的主要区别见表 2–12。

表 2-12　CCFL 与 EEFL 的主要区别

主要区别	说　明
在发光上的区别	CCFL 的电极在灯管内部，EEFL 的电极在灯管外部，EEFL 灯管的亮度要高出 CCFL 60% 以上
在驱动上的区别	CCFL 只能单灯管驱动，因为每只灯管的电压和电流特性不同，用相同的波形驱动所有的灯管发光，会造成液晶屏整体亮度不均；而 EEFL 则可以并联驱动。代换灯管时要注意这一区别
在电路外观上的区别	CCFL 需要多个变压器驱动多个灯管，即一个变压器驱动一个灯管，而 EEFL 只需要一个变压器或两个变压器的二次侧就可以驱动点亮全部并联的灯管。这样从逆变板外观就可以辨认出来此液晶电视是什么灯管

2. LED 灯

用 LED 灯作为液晶电视的背光源的电视成像原理和普通的 LCD 液晶电视一样，只是将 LCD CCFL 普通背光灯用 LED 灯代替。LED 灯背光源与 CCFL 背光源在结构上基本一致，其主要区别在于 LED 灯是点光源，而 CCFL 是线光源，如图 2-13 所示。

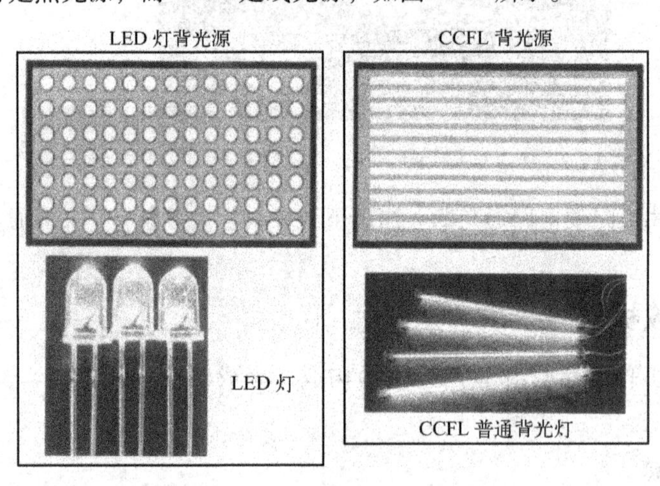

图 2-13　LED 灯背光源与 CCFL 背光源

LED 灯背光源的种类见表 2-13。

表 2-13　LED 灯背光源的种类

分类方法	种　类	说　明
按 LED 灯背光源材料分	白色 LED 灯背光源、RGB - LED 灯背光源	白色 LED 灯便宜，使用较多。白色 LED 灯的最大特点是节能环保，可以使用更少的 LED 灯来实现同样的画面亮度，而且通过从液晶面板侧面边缘入射的方式能够大大削减电视的机身厚度。 RGB - LED 灯背光源最大的特点就是能够呈现出更宽广的色彩层次（如画面红色更娇艳、绿色更青翠、黑色更深沉等）
按背光灯的安装位置分	直下发光式、侧光式	它们的主要区别是，焊接在印制电路板上的 LED 管芯直接向发光面发射光线，并且通过导光胶使光线均匀分布，其他部分基本相同。图 2-14 所示为直下发光式与侧光式排列及内部结构。 直下发光式又称底部发光式，它是将 LED 灯直接分布排列在面板后方，利用扩散板使光源均匀化。其特点是色彩均匀，能够控制部分区域 LED 灯亮与灭，但其机身不能做得很薄。 侧光式 LED 是指 LED 灯分布在面板的四周，利用导光板将光源均匀地投影至面板后方。其特点是机身可以做得很薄，但存在色彩不均（即边缘过亮）现象。目前市场上主销产品基本上为侧光式

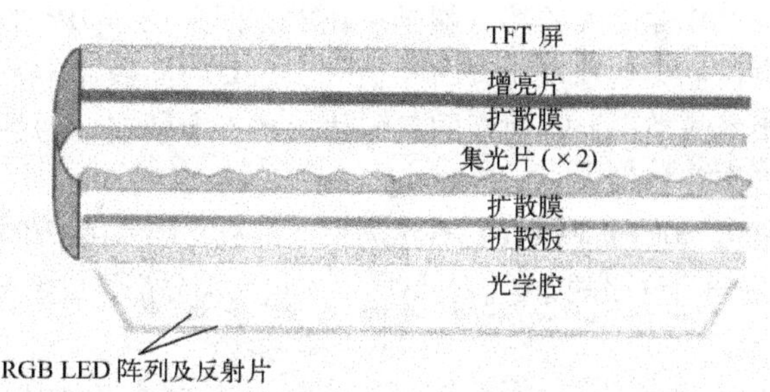

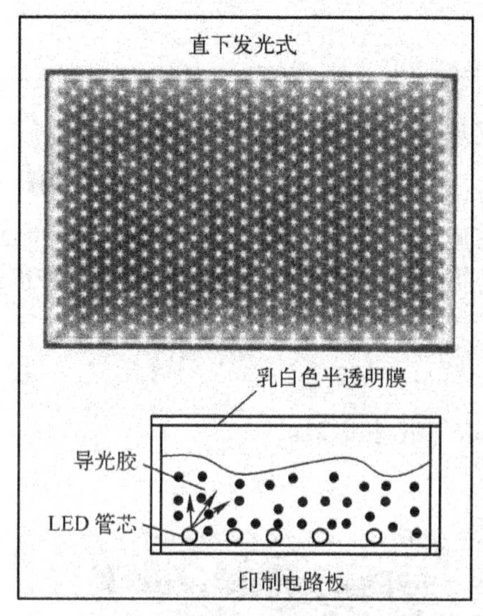

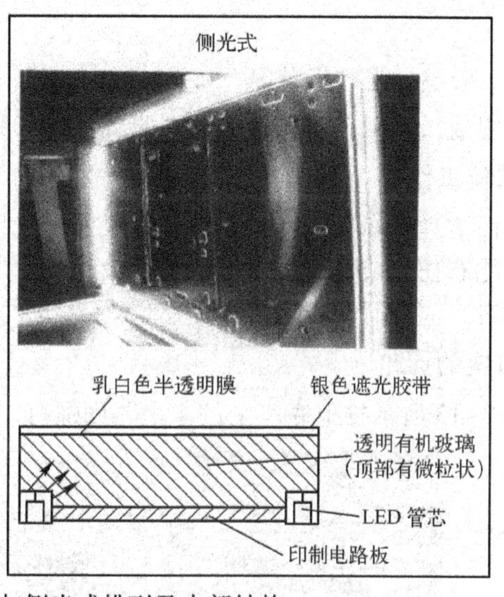

图 2-14　直下发光式与侧光式排列及内部结构

【广角镜】

主流液晶屏面板的区别

目前市场上主流的液晶屏面板主要有夏普的 ASV，索尼和三星的 S-LCD，飞利浦和 LG 的 S-IPS 及 LPL，我国台湾的奇美 TFT-LCD、友达 MVA，还有日资的 IPS 面板。同一品牌不同系列液晶电视所用的面板可能会不一样，就如东芝的 66C 系列，32 英寸和 37 英寸用的是奇美的面板，42 英寸和 47 英寸用的就是飞利浦和 LG 的 LPL 面板。

（1）夏普的 ASV 面板目前已经达到了第 8 代，代表作是夏普的 G7 系列。夏普屏采用的 ASV 技术型和 NEC 推出的 Extra View 型的液晶面板，其特点是色彩还原真实，可视角度大，分辨率达到 1 920×1 080，动态对比度达到 10 000:1，自然对比度为 2 000:1，响应速度达到了 4 ms。真正的夏普屏的像素是蜂窝状或者六角形，很有特点，仔细辨认很容易看出来。

（2）三星和索尼屏 S-LCD 面板和三星 S-PVA 面板是一样的，S-LCD 面板就是 PVA 面板。三星主推的 PVA 模式广视角技术，由于其强大的产能和稳定的质量控制体系，仔细看是半像素的鱼鳞状象，线条较细。S-LCD 面板采用 PVA 技术，该技术采用透明的 ITO 电极层，因此其更高的开口率可获得优于 MVA 的亮度输出；PVA 技术还具有 500:1 的高对比能力以及高达 70% 的原色显示能力。S-LCD 分为高端和低端，高端的 S-LCD 屏是采用半像素的设计，而低端的就是全像素。最好的例子就是索尼的 V 系列和 S 系列，高端的 V 系列采用高端的半像素技术，而低端的 S 系列就是普通的全像素。

（3）LG和飞利浦S－IPS屏最大的特点就是在技术方面采用了IPS的广视角技术，优势是可视角度高，响应速度快，色彩还原准确，价格便宜。LPL的面板非常特殊，整体特征是鱼鳞状的像素，分辨起来也相当简单。LPL面板的鱼鳞状像素方向朝左，而且LPL的屏与普通液晶屏不同，用手不容易按出梅花指纹。

（4）我国台湾的奇美屏。国产品牌大多以台湾屏为主，最大特色在于价格便宜。这也是为什么国产的液晶电视机比外资的便宜许多的原因。台湾屏像素点大部分都是成竖条状，可视角度较小。

任务实施

活动1　液晶电视的拆装

各小组成员分工合作，按照下列步骤及方法完成液晶电视的拆装任务。

1. 准备工作

将桌面清理干净，用一块软布垫在桌面上，将电视机液晶屏朝下放在桌面上。桌面一定要干净，不能有任何杂物，否则容易损坏液晶屏。（提示：液晶屏是电视机中价格最贵的器件，人为损坏者，应按照学校规定加倍赔偿。）

2. 灯座的拆卸

按图2－15所示拧下底座上的4个紧固螺钉，取下底座支架。

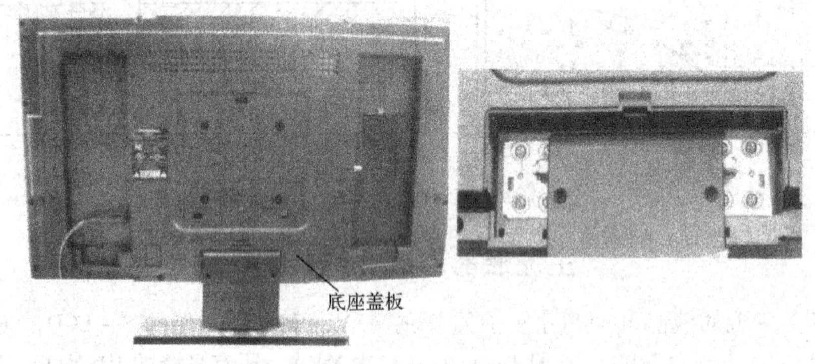

图2－15　拆卸底座支架

3. 后机盖的拆卸

按图2－16所示，将图中用圆圈标注的固定电视机后盖上的螺钉全部拧下。

图2－16　后机盖拆卸

4. 主板、电源板的拆卸

（1）拔掉按键板插座X1、X2和X300，以及红外接收板X307插座，如图2－17（a）所示。

（2）拧下屏蔽盖上的右 AV 挡板紧固螺钉，如图 2-17（b）所示。

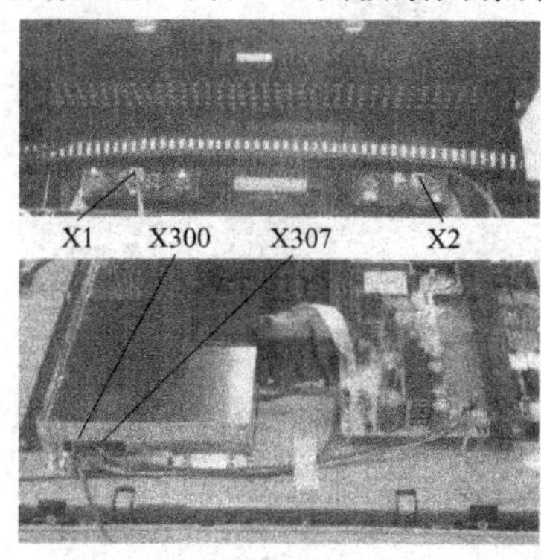

（a）插座位置

（b）右 AV 挡板紧固螺钉

图 2-17　主板和电源板拆卸（一）

（3）拧下 VGA 插座（2 个）、AV 插座和屏蔽盖间（4 个）的螺钉，如图 2-18（a）所示。

（4）将电源板上的 X502 插座、X504 引线拔下，并拧掉支架上的紧固螺钉，卸下主板的屏蔽盖，如图 2-18（b）所示。

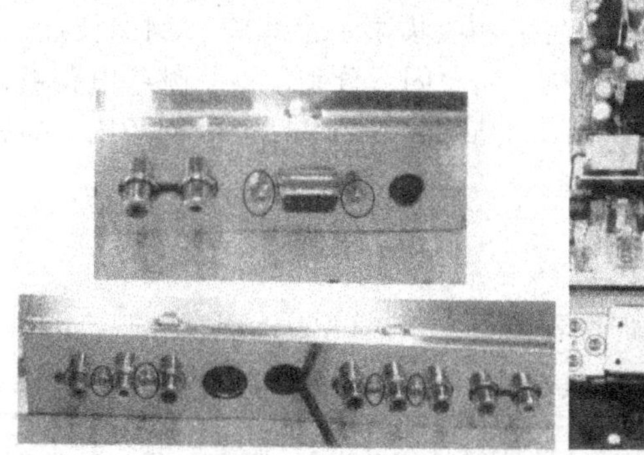

（a）VGA 和 AV 插座

（b）电源板上的插座及引线

图 2-18　主板和电源板拆卸（二）

（5）拆掉屏线并拧掉紧固主板的螺钉，即可卸下主板，如图 2-19 所示。

图 2-19　主板

（6）拧下电源板的紧固螺钉，即可卸下电源板，如图 2-20 所示。

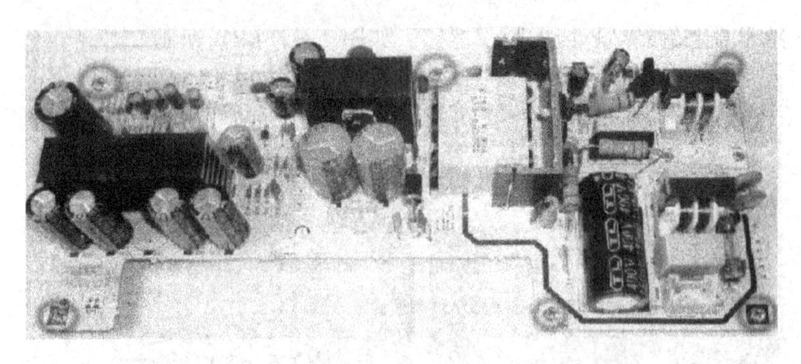

图 2-20　电源板

5. 组装

按拆开的反顺序把液晶电视装好。注意，螺钉绝对不能装错。

6. 通电试机

通电检查安装完毕后电视机的收视效果是否正常。若收视效果不正常，应重新拆开电视机检查，直至排除故障。

活动 2　比较液晶电视的内部结构

同学们利用课余时间到学校计算机机房上网收集某一个品牌（例如长虹、康佳、TCL 等）不同型号的液晶电视，分析它们的内部结构有何异同，分别使用了哪些电路板，并将收集到的资料进行整理；然后在小组内交流，分析不同品牌的液晶电视的内部结构有何异同。

任务评价

认识液晶电视各功能电路板学习评价表见表 2-14。

表 2-14　认识液晶电视各功能电路板学习评价表

姓名		日　期		自　评	互　评	师　评
理论知识（30 分）						
序号	评 价 内 容					
1	说一说液晶电视有哪些功能电路板					
2	电源板有哪些类型					
3	液晶电视的主板由哪些电路组成					
4	LED 灯背光源和 CCFL 背光源有何不同					
技能操作（60 分）						
序号	评 价 内 容	技能考核要求	评 价 标 准			
1	电视机拆装	正确准备维修工具和仪表；按照正确步骤拆装，操作方法正确	拆装步骤正确，在规定时间内完成任务			
2	比较液晶电视内部结构	各小组收集三种不同品牌液晶电视机的内部结构，并进行比较	依据文字说明及图片资料详细程度给分			

续表

学生素养与安全文明操作（10分）						
序号	评价内容	专业素养要求	评价标准			
1	基本素养	参与度； 团队协作； 自我约束能力	参与度好； 团队协作精神好； 纪律好； 无迟到、早退； 服从实训安排			
2	安全文明操作	无设备损坏事故，无人员伤害事故；课后收拾好工具仪表及实训器材，做好室内清洁				
综合评价						

任务三　液晶电视元器件识别与检测

任务描述

我们在学习任务2时已经知道了液晶电视的内部结构，这些功能电路板按照一定规则组合在一起，它们是如何分工合作完成图像显示和实现其他功能的呢？本任务主要介绍液晶电视各功能电路的简明工作原理，为今后检修液晶电视故障做好准备。

液晶电视中使用的元器件类型主要有通用元器件（电阻器、电容器、电感器、二极管、晶体管、场效应晶体管、光电耦合器、晶体振荡器、集成电路等）和专用元器件（高频调谐器、变压器、背光灯）等。其中的大部分通用元器件，同学们在之前的电子技术等课程中已经学习过，这里主要是一起学习比较特殊的通用元器件及其识别与检测。

相关知识

一、液晶电视的基本电路

液晶电视是在阴极射线管（CRT）电视和液晶显示器的基础上发展起来的，因此它的内部电路是CRT彩电和液晶显示器的内部电路的综合体。其中，前端视频、伴音信号处理电路原理与中小屏幕彩电基本相同，但是对电路元器件质量和体积要求更高，例如许多液晶电视采用的一体化高频调谐器，包含调谐和中放等电路，数百个元器件封闭在一个小体积的金属屏蔽盒内，对元器件的热稳定性要求很高。为了提高电路的稳定性，方便维修，目前许多液晶电视已采用分立元件电路。其中，后端数字信号处理、电极驱动、背光灯电压逆变等电路与液晶显示器电路基本相同。

液晶电视内部电路框图如图 2-21 所示。

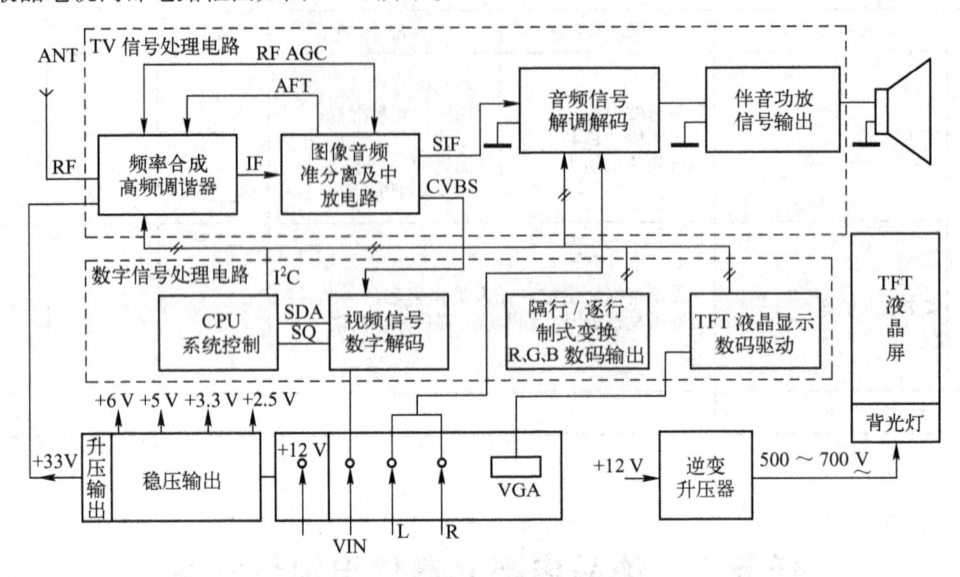

图 2-21　液晶电视内部电路框图

从图中可见，液晶电视内部电路包括：高频信号接收电路，视频、伴音信号准分离电路，伴音信号解调解码电路，伴音功放电路，视频信号数字变换电路，电极驱动信号放大电路，背光灯自举升压电路，以及常规 CRT 彩电具备的 CPU 系统控制，遥控、接收，AV、VGA 输入接口等电路。

【知识窗】

三基色原理与液晶显示彩色

三基色是指这样的三种颜色，它们相互独立，其中任一色均不能由其他二色混合产生。它们又是完备的，即所有其他颜色都可以由三基色按不同的比例组合而得到。符合上述条件的三种颜色是红（R）、绿（G）、蓝（B）。自然界中的绝大部分彩色，都可以由三种基色按一定比例混合得到；反之，任意一种彩色均可被分解为三种基色。不同比例的三基色相加得到的彩色称为相加混色（见图 2-22），其规律为：

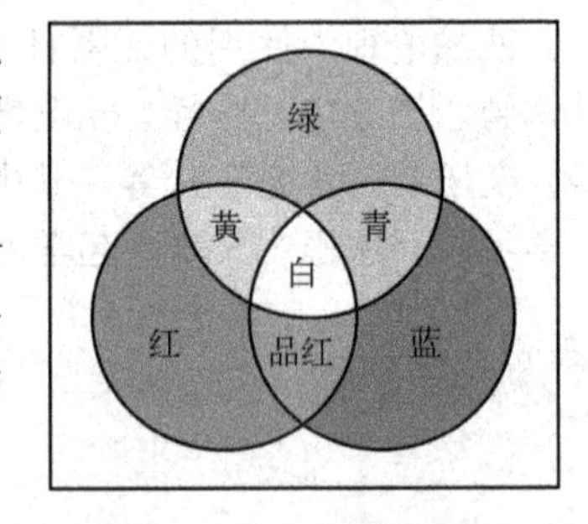

图 2-22　三基色原理

红 + 绿 = 黄

红 + 蓝 = 品红

蓝 + 绿 = 青

红 + 蓝 + 绿 = 白

液晶电视的显示屏是在两片具有导电特性的玻璃板之间充入一层液晶材料，即液晶分子，液晶分子具有加热时为液态、冷却时就结晶为固态的特性。当外界环境变化时，它的分子结构也会发生变化，从而实现通过或阻挡光线的目的。

液晶材料的周边设计有控制电路和驱动电路，并根据信号电压来控制单色图像的形成。液晶上的每一个像素都是由三个液晶单元构成的，其中每个单元格前面分别为红色、绿色和蓝色过滤片，光线经过过滤片的处理后照射到每一个像素中不同色彩的液晶单元格上。由于被充入的液晶物体内含有超过200万个红、绿、蓝三色液晶光阀，当液晶光阀被低电驱动下激活后，位于液晶屏后的背光灯发出的光束从液晶屏通过，产生1 024×768点阵（点距为0.297 mm）和分辨率极高的图像。同时，先进的电子控制技术使液晶光阀产生1 677万（256×256×256）种R、G、B颜色变化，可还原真实的亮度、色彩度，并再现真实的图像。

二、常见液晶屏的成像原理

目前，常见的液晶屏有扭曲向列型（简称TN型）、超扭曲向列型（简称STN型）和彩色薄膜型（简称TFT）三种。从技术层次和价格水平上看，按TN、STN、TFT的排列顺序依次递增。

1. TN型液晶屏的成像原理

（1）液晶屏结构

TN型液晶屏在两片平行放置的偏光板之间充填了一定数量的具有电特性和光特性的液晶混合物，这两片偏光板的偏光方向是相互垂直的，液晶分子在偏光板之间排列成多层，如图2-23所示。

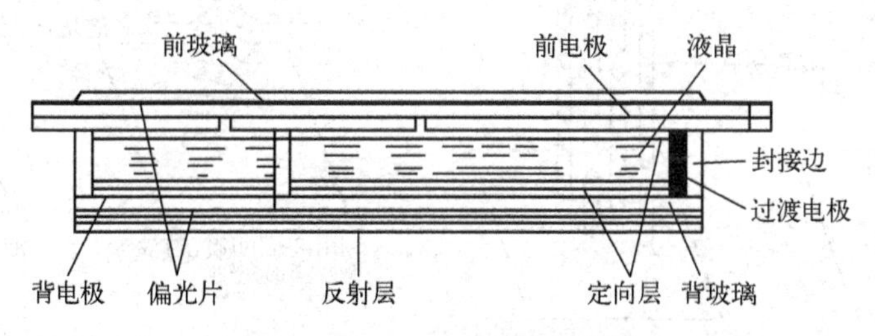

图2-23　TN型液晶屏结构图

（2）特点

在同一层内，液晶分子的位置虽不规则，它可以在任何方向平移，也可以在其中一个方向旋转，但长轴取向始终是平行于偏光的，所以TN型液晶被称为向列型液晶。

在不同层之间，液晶分子的长轴沿偏光板平行平面连续扭转90°。其中，邻接偏光板的两层液晶分子长轴的取向与所邻接偏光板的偏振光方向一致，所以呈现这种扭曲排列，被称为扭曲向列型液晶屏。

（3）成像原理

液晶分子具有一定的电特性，分子在电场中通常会充电，然后极化，最终得到一个对准电场方向的正、负两极。一旦通过电极给液晶分子加电，由于受到外界电压的影响，液晶分子在两片玻璃之间的排列形式得以改变。而液晶电视夹层内贴附了两块偏光板，这两块偏光板的排列和透光角度与上下夹层的沟槽排列相同。在正常情况下，光线从上向下照射时，只有一个角度的光线能够穿透下来，通过上偏光板将光线导入上部夹层的沟槽中，再通过液晶分子扭转排列的通路从下偏光板穿出，形成一个完整的光线穿透路径。这就是液晶的光学和电光学特性。

由于在两片玻璃板之间可以划分出不同的区域，且每一个区域都用电场进行控制，这些不同的区域称为子像素。不同彩色滤光片放在每个子像素的后面，当光透过时，就可以显示出全色的图像。

2. STN 型液晶屏的成像原理

STN 型液晶屏是一种超扭转式向列场效应液晶电视，其显示原理与 TN 型液晶屏基本相同，所不同的三个方面见表 2-15。

表 2-15　STN 型与 TN 型显示原理的不同点

不同点	说明
入射光旋转角度	TN 型液晶电视的液晶分子是将入射光旋转 90°，而 STN 型液晶电视的液晶分子是将入射光旋转 180°～270°，如图 2-24 所示
显示色调	TN 型液晶电视本身只能显示黑白两种色调，而 STN 型液晶电视显示的色调以淡绿和橘黄为主，加上彩色滤光片后可显示出全色
屏幕大小的显示效果	TN 型液晶屏屏幕越大，效果越差。而 STN 型液晶屏由于在制作材料和制作工艺上做了一些改进，其屏幕做大时，显示效果也较好

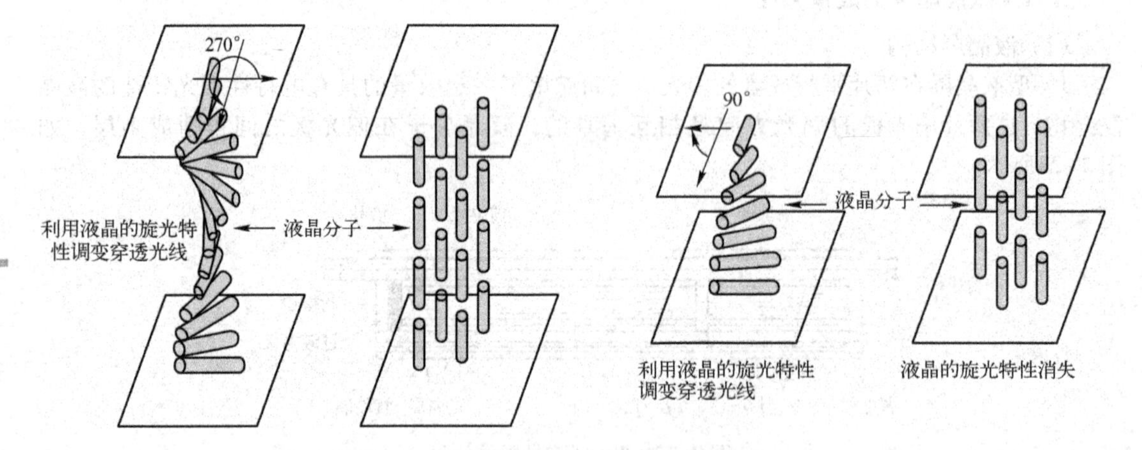

图 2-24　STN 型液晶屏入射光旋转角度示意图

3. TFT 型液晶屏的成像原理

TFT 型液晶屏的原理与 TN 型液晶屏的原理大致相同，采用两夹层间充填液晶分子的设计，也是由玻璃基板、ITO 膜、配向膜、偏光板等构成的。TFT 型液晶屏的液晶分子在加电后其排列状态的变化及透光过程都与 TN 型液晶屏一样，不同之处具体如下：

（1）TFT 型液晶屏上部夹层的电极为 FET，下部夹层为共通电极。

（2）TFT 型液晶屏的显示器采用“背透式”照射方式，即假想的光源路径从下至上，在光源设计上与荧光灯的原理相同，先向下照射再通过偏光板反射向上透出。由于 FET 具有电容效应，能够保持电位状态，先前透光的液晶分子会一直保持夹层内液晶分子的排列状态，直到 FET 电极下次再加电才能改变液晶的排列位置。

（3）TFT 型液晶屏属于有源矩阵控制（图 2-25 所示为 TFT - LCD 有源矩阵液晶屏结构）。由于每个像素都可以通过点脉冲直接控制，因而各个结点相对独立，并可连续控制，这样不仅提高了反应速度，同时在灰度控制上可以做到非常精确。当开关打开时，液晶分子就排列成允许背景光源透射出来的格局。投射出来的光线通过一个彩色的 RGB 滤光器加以处理，就能在屏幕上显示彩色。

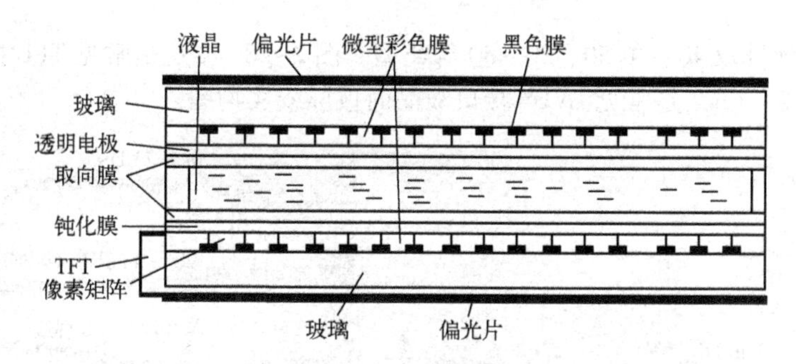

图 2-25　TFT - LCD 有源矩阵液晶屏结构图

三、液晶屏的发光工作原理

液晶屏在两片玻璃板之间制作了很多空隙，分别在里面注入液晶分子，在玻璃板后方设置了一组荧光灯管（或者 LED 灯），如图 2-26 所示。荧光灯管发出的光经由一组棱镜片与背光模块将光源均匀地传送到前方。

由于两个电极之间电场的驱动，引起液晶分子扭曲向列的电场效应，以控制光源透射或遮蔽，在液晶分子之间产生明暗变化，而将接收到的影像信号显示出来，并通过彩色滤光片，显示出彩色影像。在两片玻璃基板上装有配向膜，控制液晶分子沿着偏光板做 90°扭转，当玻璃基板没有加入电场时，光线透过偏光板，液晶面板显示白色，如图 2-27 所示。当玻璃基板加入电场时，液晶分子产生配列变化，光线通过液晶分子空隙维持原方向，被下方偏光板遮蔽，光线无法透出，液晶面板显示黑色。

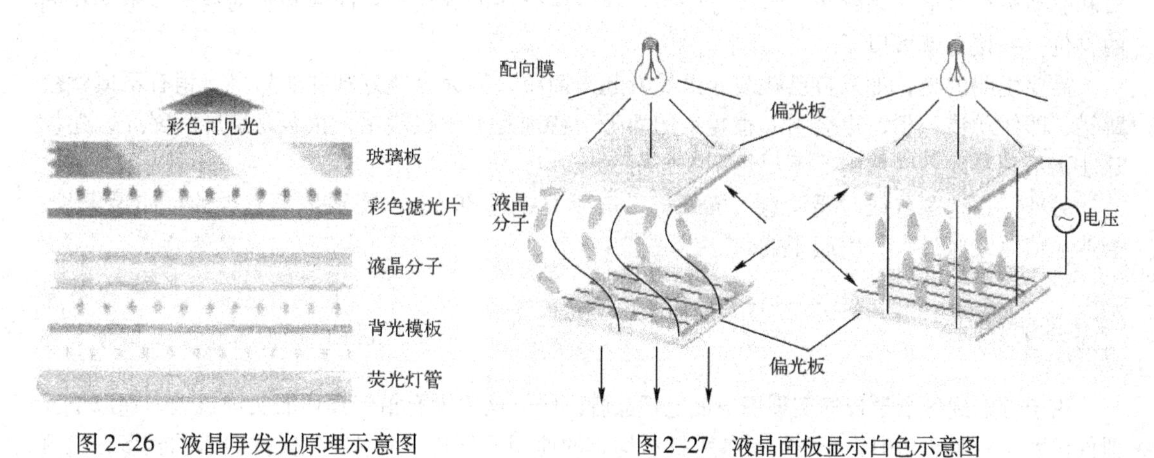

图 2-26　液晶屏发光原理示意图

图 2-27　液晶面板显示白色示意图

【广角镜】

液晶面板屏线

屏线的作用是用来连接驱动板和液晶面板，屏线的种类很多，不但不同接口的屏线不相同，同一接口的屏线也有多种规格。

一般而言，LVDS 接口的屏线一般采用单排 20 针或单排 30 针；TFL 接口屏线多采用 31 针扣针、41 针扣针、软排 30 + 45、60 针扣针、70 针扣针、80 针扣针等；而 RSDS、TCON 接口的屏线则多采用软排双40、单50、30+50等类型。图2-28（a）是常见TFL接口液晶面板屏线实物图，图2-28（b）是常见LVDS接口液晶面板屏线实物图。

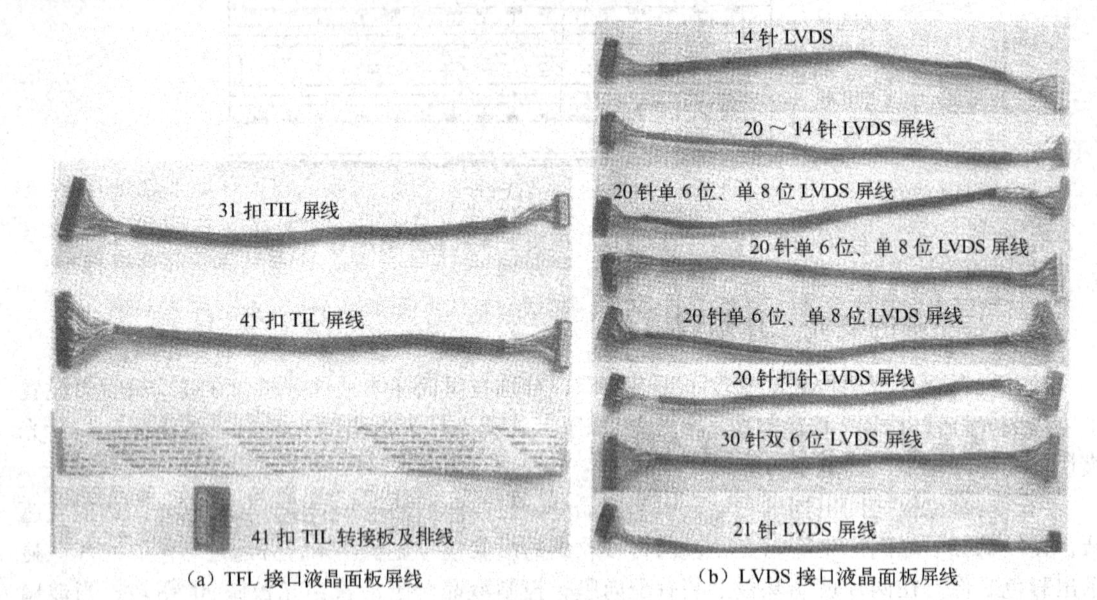

（a）TFL接口液晶面板屏线　（b）LVDS接口液晶面板屏线

图2-28　常见液晶面板屏线

维修时，经常需要用屏线。如果对液晶面板和驱动板的接口信号比较熟悉，可根据面板接口和驱动板接口定义来跳线。具体方法是：找一些合适的导线，将面板和驱动板接口定义相同的脚位一一接上就可以了。

需要说明的是，如果自己跳线，虽然看起来简单，但完全跳好却并非易事，稍有不慎就会跳错，即使跳错一根，也会引起很复杂的故障，特别是电源线跳错，很容易烧屏。因此，建议除非买不到屏线，一般情况下尽量不要自行跳线。

另外，在选购屏线时要注意，屏线长一般不要超过30 mm，特别是TFL类的，如果太长，会造成信号衰减过大，引起干扰。

任务实施

由于考虑到各个学校的实训用液晶电视品牌不同，这里没有指定具体的实训机型，在以下元器件识别与检测活动中，介绍的是各种机型均有的通用元器件。（本任务安排的活动较多，检测所需时间较长，各校可根据实际情况集中或分次安排训练时间，活动前加“#”为自学内容）

活动1　场效应晶体管的识别与检测

1. 场效应晶体管的识别

场效应晶体管（FET）又称单极型晶体管，属于电压控制型半导体器件，可用作放大器、可变电阻器、恒流器、电子开关等。场效应晶体管在液晶电视电路中常用字母V、VF（实际中也有用Q、V、VT表示的）加数字表示，其外形与电路符号如图2-29所示。

场效应晶体管根据其沟道（所谓沟道，就是电流通道）所采用的半导体材料，可分为N型

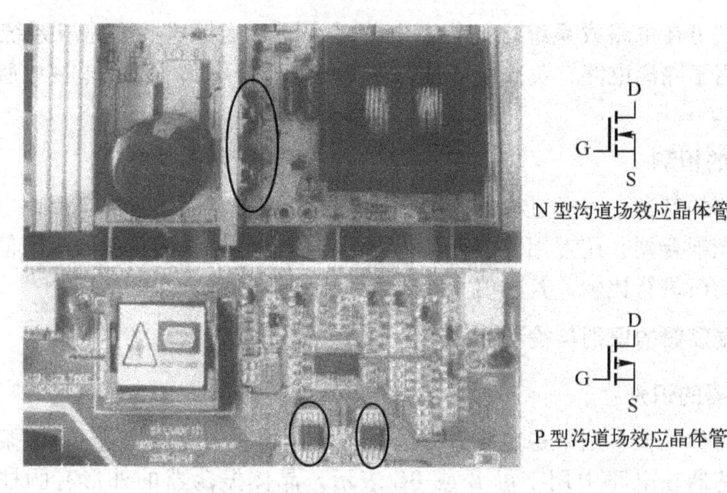

图 2-29　液晶电视中使用的场效应晶体管

沟道和 P 型沟道两种。P 型沟道场效应晶体管的工作原理与 N 型沟道场效应晶体管的完全相同，只不过导电的载流子不同、供电电压极性不同而已，它与普通 NPN 型和 PNP 型晶体管一样。

场效应晶体管有三个极性，即栅极 G（Gate，相当于双极型晶体管的基极）、漏极 D（Drain，相当于双极型晶体管的集电极）、源极 S（Source，相当于双极型晶体管的发射极）。

2. 场效应晶体管的检测

下面介绍高压板 MOS 场效应晶体管的检测及相关故障检修方法。

液晶电视背光灯高压板上常采用 MOS 场效应晶体管作为驱动管，而且 MOS 场效应晶体管电路多为 MOS 场效应晶体管集成电路，如 3N06P726B、FDS8958A 等。下面以 FDS8958A 为例进行介绍，其封装及内部结构如图 2-30 所示。

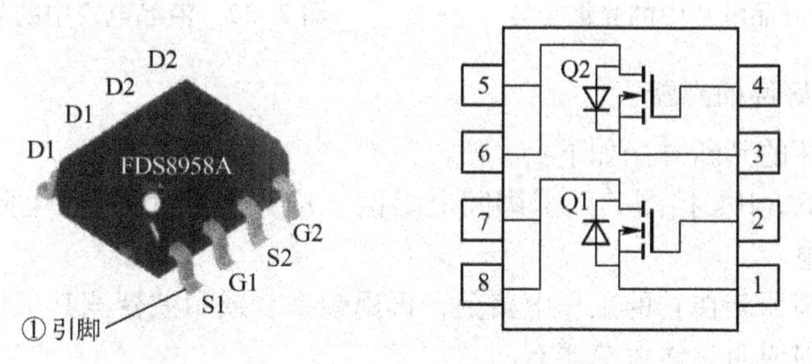

图 2-30　FDS8958A 的封装及内部结构

若怀疑 MOS 场效应晶体管损坏，焊下 MOS 场效应晶体管，先用万用表测量其⑤、⑥引脚是通的，⑦、⑧引脚也是通的，①、⑧引脚之间及③、⑥引脚之间因有反向保护二极管，故电阻值应为无穷大，正向则有几千欧的电阻，其他引脚之间均为无穷大。若在路进行测量，因电路板上有外围电路的影响，各引脚之间会有不同的阻值。但除⑤、⑥、⑦、⑧引脚之外，其他引脚之间若出现短路故障，则说明该 MOS 场效应晶体管已损坏，需要更换。

活动 2　光耦合器的识别与检测

1. 光耦合器的识别

光耦合器有时简称光耦，它是一种以光为耦合媒介，通过光信号的传递来实现输入与输出间电隔离的器件，可在电路或系统之间传输电信号，同时确保这些电路或系统彼此间的电绝缘。光耦合器可用于隔离电路、负载接口及各种家用电器等电路，液晶电视中所用光耦合器外形如图 2-31 所示。

2. 光耦合器的检测

光耦合器好坏的判断，可通过检测光耦合器内部二极管和晶体管的正反向电阻来确定，其方法是拆下可疑光耦合器，用万用表测量其内部二极管、晶体管的正反向电阻值，然后与正常的光耦合器所测的值进行比较，若阻值相差较大，则说明光耦合器已损坏。

活动 3　晶体振荡器的识别与检测

1. 晶体振荡器的识别

晶体振荡器俗称晶振，用来稳定频率和选择频率，是一种可以取代 LC 谐振回路的晶体谐振器件。晶体振荡器在电路中用字母 B 或 BC 表示，晶体振荡器的外形有圆柱形、管形、矩形、正方形等多种，液晶电视上常用的晶体振荡器外形如图 2-32 所示。

图 2-31　液晶电视中的光耦合器

图 2-32　液晶电视中的晶体振荡器

2. 晶体振荡器好坏的判断

晶体振荡器好坏的判断方法如下：

（1）用万用表 R×10k 挡测其两引脚间电阻值（应为无穷大），若电阻值为无穷大，说明晶体振荡器没有漏电。

（2）将晶体振荡器装在它的工作电路上，再用频率表或示波器测其工作频率是否正常来判断，频率不正常，则说明晶体振荡器有问题。

（3）晶体振荡器的种类很少，当怀疑晶体振荡器损坏时，可用代换法将晶体振荡器代换来判断其是否正常。

活动 4　集成电路的识别与检测

1. 集成电路的识别

集成电路（IC）是一种微型电子器件或部件，是把一个电路中所需的晶体管、二极管、电阻器、电容器和电感器等元器件及布线互连在一起，制作在一小块或几小块半导体晶片或介质基片上，然后封装在一个管壳内，构成一个完整的、具有一定功能的电路或系统。这种有一定功能的电路或系统就是集成电路，它在电路中用字母 IC（也有用字母 N 等表示的）表示。

液晶电视 IC 的封装方式有多种形式，主要有 DIP、SOP、SOJ、QFP（PQFP、TQFP）、

PLCC和 BGA 封装等，如图 2-33 所示。

图 2-33　液晶电视常用 IC 的封装形式

IC 有很多种类，液晶电视中常用的 IC 有电源管理 IC、振荡 IC、稳压 IC、信号处理 IC、CPU（中央处理单元）、存储器、图像处理 IC、伴音处理 IC 等。

（1）电源管理 IC

电源管理 IC 是指开关电源的脉宽控制集成电路，电源靠它来调整输出电压的稳定性。液晶电视电源管理 IC 主要应用在电源板上（见图 2-34），对电源电路进行管理，即将交流电源电压转换为适应液晶电视各路需要的低压直流电。

图 2-34　液晶电视中的电源管理 IC

（2）稳压 IC

稳压 IC 又称集成稳压电源或集成稳压器，它是将不稳定的直流电压变为稳定的直流电压的集成电路。液晶电视用稳压 IC 如图 2-35 所示。

图 2-35　液晶电视中的稳压 IC

（3）振荡 IC

振荡 IC 主要用在高压板上，它对高压电路进行控制，将电源电路送来的低压直流电压转换为高压电从而驱动液晶屏背光灯电路，如图 2-36 所示。

图 2-36　液晶电视中的振荡 IC

（4）信号处理 IC

信号处理 IC 是液晶电视的主芯片（部分主芯片内嵌微处理器），对数字信号转换，进行格式变换、图像缩放、视频解码、输出 LVDS 信号（低压差分信号）等，如图 2-37 所示。

图 2-37　液晶电视中的信号处理 IC

（5）存储器

存储器（Memory）是用来存放程序和数据的。存储器按用途可分为主存储器（内存）和辅助存储器（外存），也有分为外部存储器和内部存储器的分类方法。液晶电视中的存储器如图 2-38 所示。

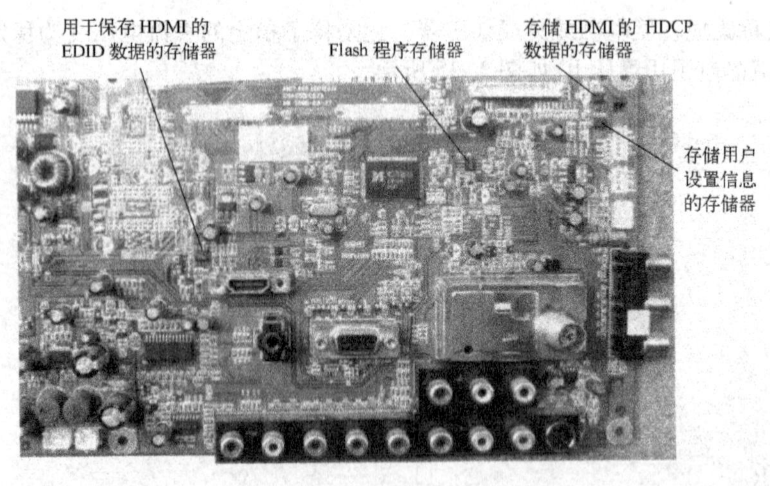

图 2-38　液晶电视中的存储器

（6）图像处理 IC

在液晶电视的图像处理中，最关键的就是图像引擎技术，它往往包含在主控 IC 中。一般而言，液晶电视控制 IC 的核心组件包括视频解码器、解交错式扫描器及缩放控制器。液晶电视用到的图像处理 IC 如图 2–39 所示（以海信品牌 TLM4277 型液晶电视为例）。

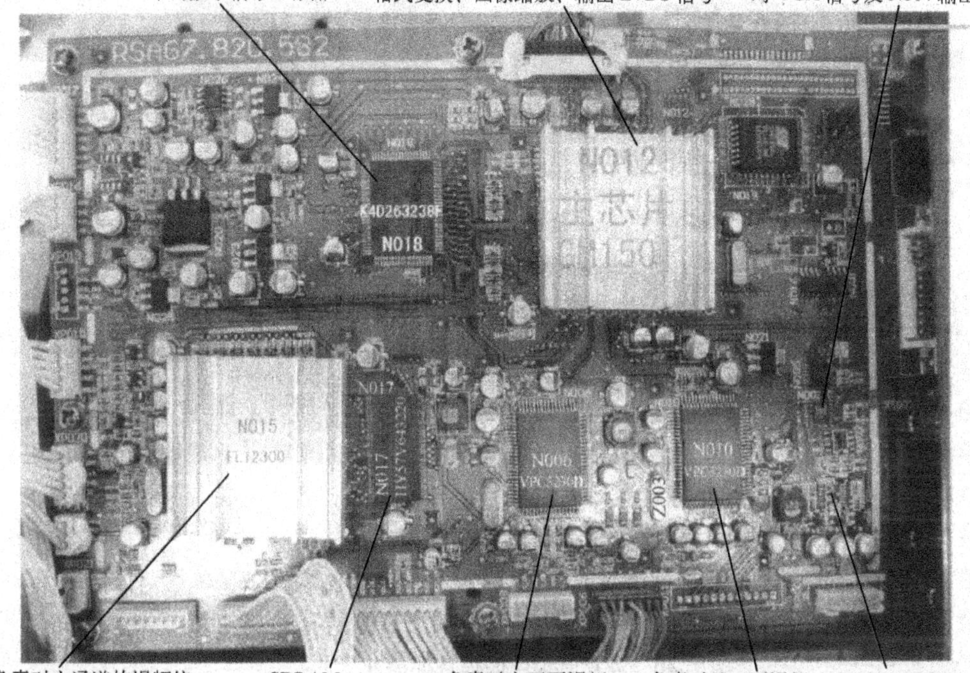

图 2–39　液晶电视中的图像处理 IC

（7）伴音处理 IC

液晶电视所用的伴音处理 IC 主要有音效处理集成电路与伴音功放集成电路。音效处理集成电路可以完成伴音解调、伴音转换、音效处理、输出伴音信号至后级伴音功放电路；伴音功放集成电路负责对伴音信号进行功率放大，推动后级扬声器工作。液晶电视用伴音处理 IC 如图 2–40 所示（以海信品牌 TLM4277 型、长虹品牌 LT3212 型、康佳品牌 LC32AS28 型液晶电视为例进行介绍）。

2. IC 好坏的检测

（1）不在路检测

不在路检测就是在 IC 未接电路之前，将万用表置于电阻挡（如 R × 1k 或 R × 100 挡），红、黑表笔分别接 IC 的接地引脚，然后用另一表笔检测 IC 各引脚对应于接地引脚之间的正、反向电阻值（见图 2–41），并将检测到的数据与正常值对照，若所测值与正常值相差不多则说明被测 IC 是好的，否则说明 IC 性能不良或已损坏。

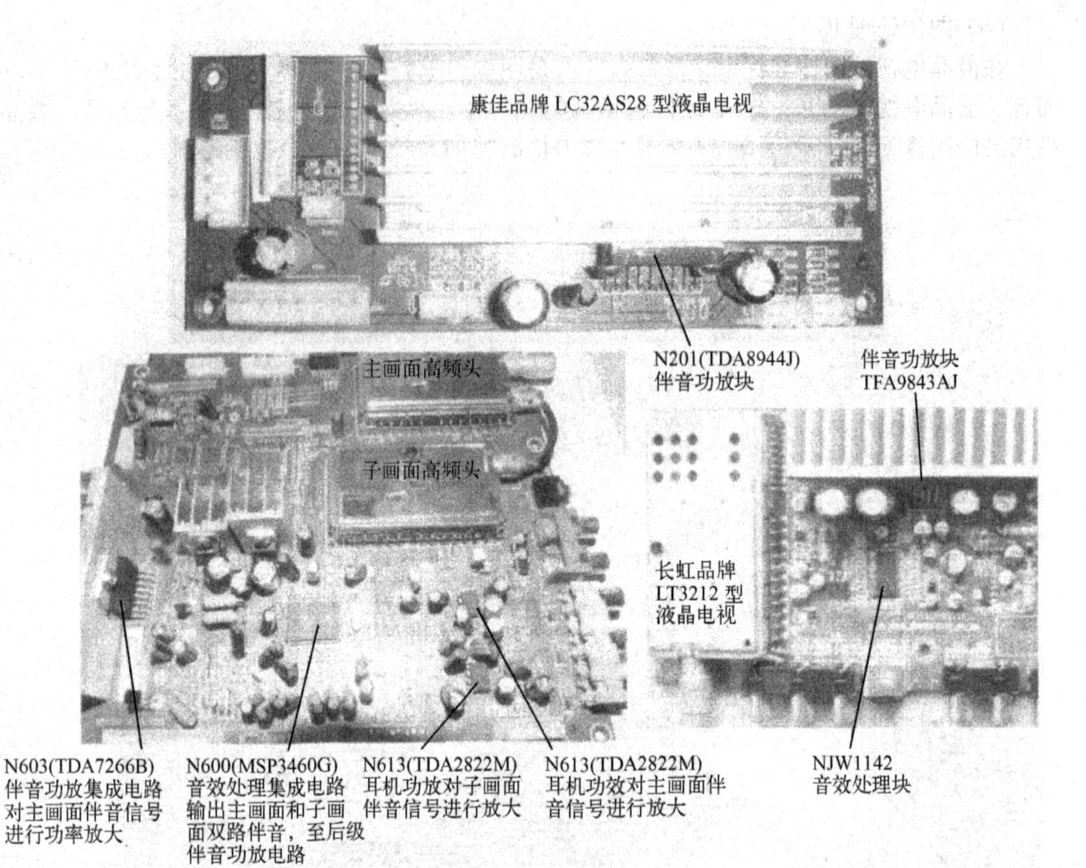

图 2-40　液晶电视中的伴音处理 IC

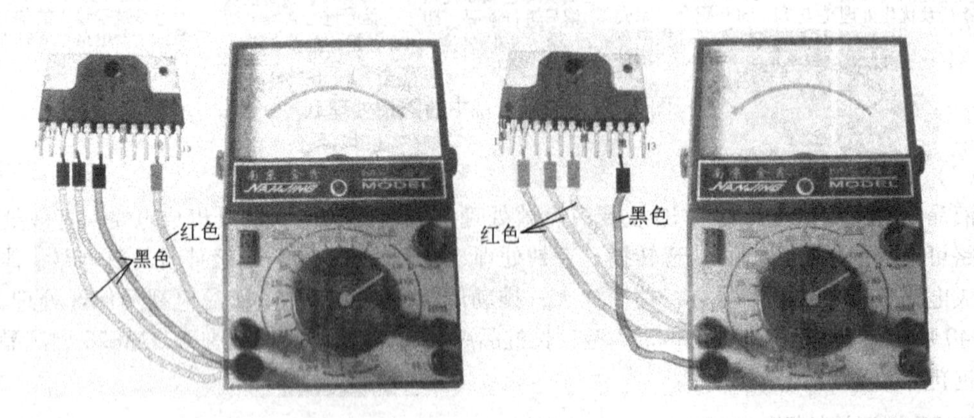

图 2-41　不在路检测 IC

（2）在路检测

在路检测就是使用万用表直接测量 IC 在印制电路板上各引脚的直流电阻，对地交、直流电压是否正常来判断该 IC 是否损坏。常用的测量方法见表 2-16。

表 2-16　集成电路在路检测法

检 测 方 法	操 作 方 法 及 注 意 事 项
直流电阻检测法	将万用表置于 R×1k 或 R×100 挡，红、黑表笔分别接 IC 的接地引脚，然后用另一表笔检测 IC 各引脚对应于接地引脚之间的正、反向电阻值，将检测数据与正常值对照，以判断集成电路的好坏。在路检测 IC 的直流电阻时应注意以下三点： （1）测量前必须断开电源，以免测试时造成万用表和组件损坏。 （2）使用的万用表电阻挡的内部电压不得大于 6 V，选用 R×100 或 R×1 k 挡。 （3）当测得某一引脚的直流电阻不正常时，应注意考虑外部因素，如被测机与 IC 相关的电位器滑动臂位置是否正常、相关的外围组件是否损坏等
交流工作电压检测方法	采用带有 dB 插孔的万用表，将万用表拨至交流电压挡，正表笔插入 dB 插孔；若使用无 dB 插孔的万用表，可在正表笔中接一只电容（0.5 μF 左右），对 IC 的交流工作电压进行检测。 由于不同的 IC 其频率和波形均不同，所以测得的数据为近似值，只能作为掌握 IC 交流信号变化情况的参考

#活动 5　高频调谐器的识别与检测

1. 高频调谐器的识别

高频调谐器（Tuner）俗称高频头，是电视高频信号公共通道的第一部分，是能够接收广播电视信号的关键器件。高频调谐器的作用是将微弱的视频信号进行放大，并且对传输不稳定引起的图像变形与干扰进行处理，再送到下一级电路（中放电路）。液晶电视用高频调谐器如图 2-42 所示。

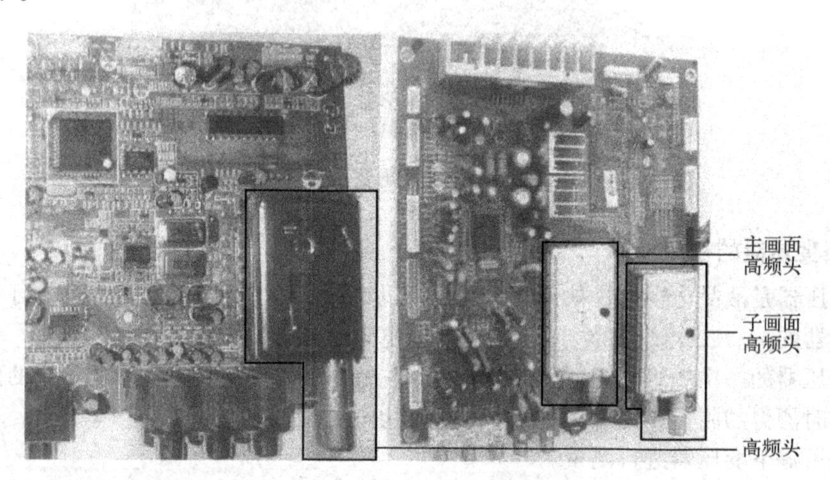

图 2-42　液晶电视中的高频调谐器

2. 高频调谐器的检测

高频调谐器是液晶电视中较昂贵的器件，当确认高频调谐器有故障时，一般修复方法是将其换新。其实高频调谐器的故障有时仅是个别电容、电阻或晶体管失效引起的。实践表明，只要设法在原机上拆开高频调谐器两边的屏蔽盖，认真对照电路图进行分析检测判断，把损坏的元器件找出来，是完全可以修复的。

判断高频调谐器是否损坏主要有以下两种方法：

（1）检查高频调谐器是否导通，打开接收机电源开关，观察监视器屏幕的噪声强度；接着关掉电源再断开接收机的输入电缆，然后再打开，观察监视器的噪声强度，如果前后比较变化小或相同，则说明高频调谐器已损坏。

（2）在输入端的插头座芯线上测量输入电压是否正常，若正常，再在电缆内外导体和接收机机壳间用导线短接，将万用表串接于电缆芯线和接收机输入插座芯线之间，开机测量电流是否正常。若电流与标准值不符，则说明高频调谐器已损坏。

活动6　升压变压器的识别与检测

1. 升压变压器的识别

变压器是一种常见的电气设备，可用来把某一数值的交变电压变换为同频率的另一数值的交变电压。液晶电视中高压板上的升压变压器（见图2-43），用来把低数值的交变电压变换为同频率的另一较高数值交变电压的变压器。

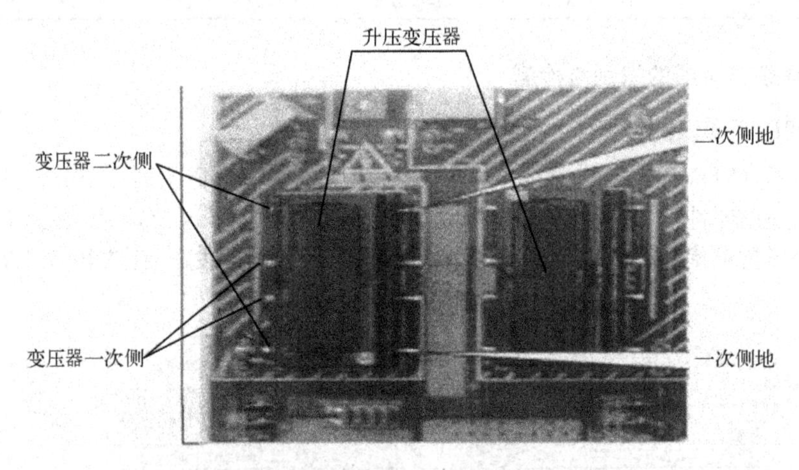

图2-43　升压变压器

2. 升压变压器的检测

升压变压器是液晶电视的易损件之一。若开机1～2 s立即出现保护关机，可先对比测量各升压变压器的一、二次绕组的电阻值。将绕组电阻值异常的变压器换掉。

升压变压器的一次绕组电阻值一般为0.5 Ω左右，有的机型是将升压变压器的两个绕组串起来的，这时测得的阻值应为1 Ω左右。二次绕组电阻值一般为500～1 000 Ω。若电阻值相差较大，则可焊下变压器进行测量。

损坏的变压器直接更换同型号的新变压器即可。不同型号的升压变压器的引脚排列有时是一样的，但参数会有一些差别，应急修理时，也可临时代用，但代用后的灯管亮度会有一定差别。

#活动7　背光灯的检测

液晶电视背光灯损坏的主要表现为无光线发出。当液晶屏上有淡淡的图像显示时，则说明背光灯相关电路（升压绕组内部短路或断路）有问题。若背光灯电路完好，则说明显示电路部分存在故障，通常可以从液晶屏后面观察到有明亮的白光发出。检查时，首先通电，在高压电路正常工作的前提下，再观察是否出现上述现象。若是，则观察液晶电视电源指示灯是否亮绿色，且液晶屏只有淡淡的图像显示，若是则说明背光灯已老化，需更换新的背光灯（图 2-44 所示为小屏幕液晶电视背光灯管）。

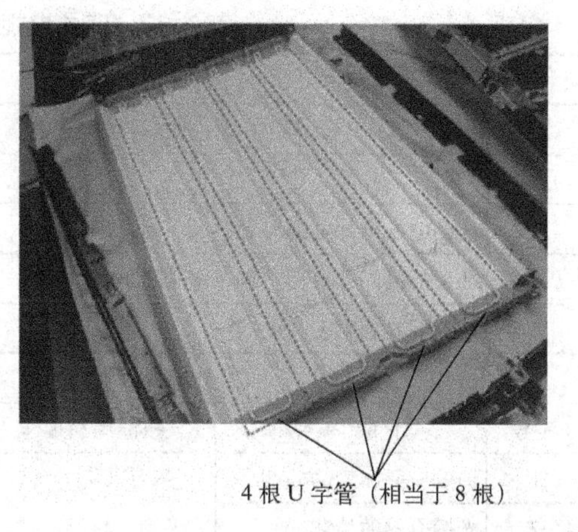

图 2-44　液晶电视的背光灯

#活动 8　液晶屏的检测

液晶电视主要由液晶屏、AD 驱动板、液晶驱屏线、高压板、高压板线材、电源适配器、高频信号处理板和外壳组成。

液晶屏的故障主要表现为开机后图像、伴音、色彩均正常，只是在屏幕某一部位出现无光栅区（即黑块）、白屏、花屏、黑屏、屏暗、发黄、白斑、亮线、亮带、暗线、暗带、外膜刮伤等。检查时，先关机断电，用 10 倍放大镜对屏幕进行仔细观察，看屏幕的无光栅区有无轻微的裂纹痕迹。若有，则可判断该液晶屏因受外力冲击造成局部损坏。液晶屏局部损坏后不可修复，只能更换新屏。

对于液晶屏的上述故障，不同的故障现象可采用不同的方法进行处理。

（1）液晶屏暗其实就是灯管老化造成的，直接更换就行。更换灯管时要注意安装到位，避免漏光。

（2）液晶屏发黄和白斑是背光源存在故障，通过更换相应背光片或导光板即可解决。

（3）液晶屏外膜刮伤是指液晶玻璃表面所覆的偏光片受损，更换即可。

（4）液晶屏白屏、花屏和黑屏大多是由于电路故障产生的。应重点检查屏线是否断裂，测量 3.3 V 电压是否已经加到液晶屏上，检查后级是否有高压及负压输出、主控制芯片是否有驱动输出等。

在液晶屏故障中黑屏故障较为多见，故障原因也相对复杂，以下进行重点说明：

（1）电源电路不正常引起黑屏，故障表现为按面板按键无任何反应，指示灯不亮，此类故障首先应检查 12 V 电压是否正常，再检查 5 V 电压是否正常，如果没有 5 V 电压或者 5 V 电压变得很低，一般是电源电路输入级存在故障，也就是说 12 V 转换到 5 V 的电源部分不良，重点检查熔丝管和稳压芯片。有少数是由于提供高压板点背光用 12 V 电压异常所致。

（2）电源电压正常，按面板的按键反应也正常，但屏幕出现黑屏。此类故障说明电源电路部分工作是正常的，重点检查背光灯和驱动背光灯的高压板及控制高压板开关的功能电路。

#活动 9　电阻器、电容器、电感器、二极管和晶体管的识别与检测

液晶电视中使用的电阻器、电容器、电感器、二极管和晶体管等元器件数量很多，从封装形式上看，主要有常规引脚封装和贴片封装两大类。这些元器件的识别与检测请同学们根据电子技术基础与技能等课程中介绍的方法进行操作，限于篇幅，本书不做详细介绍。

任务评价

液晶电视元件识别与检测学习评价表见表 2-17。

表 2-17　液晶电视元件识别与检测学习评价表

姓名		日　期		自　评	互　评	师　评
理论知识（30分）						
序号	评 价 内 容					
1	液晶电视内部电路有哪些					
2	常见的液晶屏有哪三种，各有何优缺点					
3	液晶屏是如果发光的					
技能操作（60分）						
序号	评 价 内 容	技能考核要求	评 价 标 准			
1	场效应晶体管的检测	能快速找到需要检测的元件，能正确使用万用表进行检查；能正确记录测试数据	思路清楚；使用万用表挡位选择正确；检测步骤正确；数据记录误差小			
2	光耦合器的检测					
3	晶体振荡器的检测					
4	集成电路的在路检测					
5	高频调谐器的检测					
6	升压变压器的检测					
7	背光灯的检测					
8	液晶屏的检测					
学生素养与安全文明操作（10分）						
序号	评 价 内 容	专业素养要求	评 价 标 准			
1	基本素养	参与度；团队协作；自我约束能力	参与度好；团队协作精神好；纪律好；无迟到、早退；服从实训安排			
2	安全文明操作	无设备损坏事故，无人员伤害事故；课后整理工具仪表及实训器材，做好室内清洁				
综 合 评 价						

任务四　液晶电视典型故障的判断与维修

任务描述

目前，社会上许多人（包括部分彩电维修人员）认为液晶电视不好维修，其实液晶电视维修并不困难，从某个角度讲，液晶电视比 CRT 类数字高清彩电维修难度要小得多。液晶电视的故障不是孤立的，每一故障必然与相关电路有密切的关系。在实际维修过程中，只要掌握了各部分电路在那个组件上和该部分电路的作用，故障范围就很容易确定。可见，液晶电视维修在于思路和方法正确。

本任务主要学习液晶电视检修的基本原则及故障诊断常用方法，分析常见典型故障的检修思路，为同学们进一步深入学习液晶电视维修奠定基础，大家可以多找一些关于液晶电视方面的资料或参考书籍进行自我充电，以备后用。

相关知识

一、液晶电视检修的基本原则

液晶电视检修的基本原则见表 2-18。

表 2-18　液晶电视检修的基本原则

原　则	说　明
先调查后分析	首先要询问用户产生故障的前后经过以及故障现象，并根据用户提供的情况和线索，再认真地对电路进行分析研究，从而弄通其电路原理和元器件的作用
先机外后机内	对于故障机，应先检查机外部件，特别是机外的开关、插接件是否得当，外部的引线、插座有无开路、短路现象等。当确认机外部件正常时，再打开液晶电视进行检查
先静态后动态	所谓静态检查，就是在液晶电视未通电之前进行的检查。当确认静态检查无误时，再通电进行动态检查。如果在检查过程中，发现冒烟、闪烁等异常情况，应立即关机，并重新进行静态检查，从而避免不必要的损坏
先清洁后检修	检查液晶电视内部时，应着重看看机内是否清洁，如果发现机内各组件、引线、走线之间有尘土、污垢等异物，应先加以清除，再进行检修。实践表明，许多故障都是由于脏污引起的，一经清洁故障往往会自动消失
先电源后其他	电源是液晶电视的“心脏”，如果电源不正常，就不可能保证其他部分的正常工作，也就无从检查别的故障。根据经验，电源部分的故障率在整机中占的比例最高，许多故障往往就是由电源引起的，所以先检修电源常能收到事半功倍的效果
先通病后特殊	根据液晶电视的共同特点，先排除带有普遍性和规律性的常见故障，然后再去检查特殊的电路，以便逐步缩小故障范围
先外围后内部	在检查集成电路时，应先检查其外围电路，在确认外围电路正常时，再考虑更换集成电路。如果确定是集成电路内部问题，也应先考虑能否通过外围电路进行修复。从维修实践可知，集成电路外围电路的故障率远高于其内部电路
先交流后直流	这里的直流和交流是指电路各级的直流电路和交流电路。这两个电路是相辅相成的，只有在交流电路正常的前提下，直流电路才能正常工作。所以在检修时，必须先检查各级交流电路，然后检查直流电路
先检查故障后进行调试	对于“电路、调试”故障并存的液晶电视，应先排除电路故障，然后再进行调试，因为调试必须是在电路正常的前提下才能进行。当然有些故障是由于调试不当而造成的，这时只需直接调试即可恢复正常

二、液晶电视故障诊断方法

液晶电视发生故障后，选用合适的诊断方法是能否顺利排除故障的关键。液晶电视故障的常用诊断方法见表 2-19。

表 2-19　液晶电视故障诊断方法

诊 断 方 法	说　　明
感官法	对导线和液晶电视组件可能产生的高温、冒烟，甚至出现电火花、焦糊气味等，通过靠观察和嗅觉（闻气味）可发现较为明显的故障部位。 用手触摸液晶电视组件的表面，根据温度的高低进行故障诊断。液晶电视组件正常工作时，应有合适的工作温度，若温度过高、过低，将意味着有故障
代换法	根据代换元器件的不同，代换法又分为元器件代换法和模块代换法两种。 所谓元器件代换法，是指采用同规格、功能良好的元器件来替换怀疑有故障的元器件，若替换后，故障现象消除，则表明被替换的元器件已损坏。这种维修方法就是常说的“芯片级”维修。需要说明的是，对于液晶电视的 MCU，进行替换时，不但要注意硬件一致，还需注意软件一致，也就是说，只能用同一批次、同一型号液晶电视的 MCU 进行替换，对 EEPROM 存储器的替换也同样如此。当然，也可以先用空白的 MCU、EEPROM 进行代换，然后再用编程器写入正确的程序。 所谓模块代换法，是指采用功能、规格相同或类似的电路板进行整体代换。怀疑哪一部分有问题，直接用正常的替换件进行代换即可。这种维修方法就是常说的“板级”维修。模块代换法的好处是维修迅速，排除故障彻底；但也存在着一些缺点，主要是维修费用较高。 采用代换法进行维修，不失为一种简单、有效和可靠的故障判断方法，但使用前一定要慎重，避免盲目乱换
经验法	经验法是指凭维修人员的基本素质和丰富经验，快速准确地对液晶显示器故障做出诊断，这些经验可以从书本中得到，也可以从师傅、同行那里得到，还可以从自己的维修实践中总结得到。经验法已成为很多修理人员制胜的“法宝”。需要说明的是，随着液晶显示技术的发展，需要不断地去积累新经验来应付新故障，若用老经验去对付新故障，很容易引起误判
仪表检测法	利用万用表、双踪示波器、集成电路测试仪等仪表，对液晶电视组件进行检测，以确定其技术状况。 仪表检测法有省时、省力和诊断准确的优点，但要求操作者必须具备熟练应用仪表的技能，以及对液晶电视组件的原理、标准资料能准确地把握
拆除法	液晶电视的元器件，有些是起辅助性作用的，如减少干扰、实现电路调节等作用的元器件。这些元器件损坏后，不但起不到辅助性功能的作用，而且会严重影响电路的正常工作，甚至导致整个电路不能工作。如果将这些元器件拆除，暂留空位，液晶电视可马上恢复工作。在缺少代换元器件的情况下，这种“应急拆除法”也是一种常用的维修方法。 这种方法仅适用于某些滤波电容器、旁路电容器、保护二极管、补偿电阻器等元器件击穿后的应急维修。例如，液晶电视电源输入端常接一个高频滤波电容（又称低通滤波电容），电容器击穿后导致电流增大，熔丝烧断。如果将它拆掉，电源的高频成分还可以被其他电容器旁路，故基本上不影响液晶电视正常工作
人工干预法	人工干预法主要是在液晶电视出现软故障时，采取加热、冷却、振动和干扰的方法，使故障尽快暴露出来。 （1）加热法适用于检查故障在加电后较长时间（如 1 ～ 2 h）才产生或故障随季节变化的液晶电视，其优点主要是可明显缩短维修时间，迅速排除故障。常用电吹风和电烙铁对所怀疑的元器件进行加热，迫使其迅速升温，若随之故障出现，便可判断其热稳定性不良。 （2）冷却法通常用酒精棉球敷贴于被怀疑的元器件外壳上，迫使其散热降温，若故障随之消除或减轻，便可断定该元器件散热失效。 （3）振动法是检查虚焊、开焊等接触不良引起的软故障的最有效方法之一。通过直观检测后，若怀疑某电路有接触不良的故障时，即可采用振动或拍打的方法来检查，利用螺丝刀的手柄敲击电路，或者用手按压电路板、搬动被怀疑的元器件，便可发现虚焊、脱焊以及印制电路板断裂、接插件接触不良等故障的位置

三、液晶电视维修注意事项

（1）不可使用与本机不相同的电源适配器，否则会造成着火或者损坏。

（2）移动液晶电视前请拔掉电源接线。

（3）运输和搬运时要特别小心，剧烈的振动可能导致玻璃屏破裂或者驱动电路受损，因此运输和搬运时一定要用坚固的外壳包装。

（4）液晶屏背后有许多部件连接线，维修或搬动时请注意不要碰到或划伤，这些连接线一旦损坏将导致屏无法工作，且无法维修。

(5) 不要改变主板的原先设置，如果被调整亮度不符合白平衡的规格，则进入调整项进行相应的调整。

(6) 液晶电视中有许多CMOS集成电路，要注意防静电。维修液晶电视前，一定要采取防静电措施，保证各接地环节充分接地。

(7) 不同型号的屏存在差异，不可直接代用，务必用原型号更换。

(8) 当把液晶电视拆开后，因为即使关闭了很长时间，背景照明组件中的CFL换流器依旧可能带有大约1 000 V的高压，这种高压能够导致严重的人身伤害。

(9) 液晶屏在700 ～ 825 V的电压范围工作，如果要在正常工作状态下对系统测试操作或者刚断电时操作，必须采取合适的措施以保证人身和机器的安全，请不要直接触摸工作模块的电路或者金属部分，断电在1 min后方可进行相关操作。

(10) 不要使液晶组件受到弯曲、扭曲，或者液晶屏表面施加压力、挤压、碰撞，以防发生意外。

(11) 指针式万用表的R×10k电阻挡具有9 ～ 15 V直流电压，这是一个高阻挡，由于万用表输出的是直流电压，故最好在检测时不要拖长时间，以免发生电化学反应。可以用以下窍门减少直流破坏作用，即将一支表笔握于手中，然后用手指接触液晶显示屏电极，再用另一支表笔探测其余段电极，此时外电源内阻会大大增加，从而减少了直流成分的破坏作用。

【广角镜】

液晶电视拆修经验集锦

液晶电视维修人员在工作中积累很多宝贵经验（见表2-20），这些经验对初学者具有较好的借鉴作用。

表2-20　液晶电视拆修实用经验

序　号	要　点	操作说明
1	注意人身安全	在修理工作台下面垫一块橡皮垫子，或垫上一块无铁钉的木板，工作时双脚放在垫子上，以加强人体对地绝缘，保证人身安全
2	注意危险触头	电源变压器的一次触头、电源插口的进线接头、高压熔断器的触头，必须要用绝缘套管套好，这些触头都有220 V交流市电，无意中将螺钉旋具碰到这些触头都有生命危险。另外，在检查过程中，拆下的印制电路板、机心等部件若无意中放在这些触头上，轻则烧坏电路，重则触电
3	注意电烙铁的放置位置	电烙铁架要放在工作台右侧前方，远离修理的液晶电视，每次用电烙铁后要养成习惯将电烙铁放回到支架上，不可随手放置，否则一不小心若将机壳碰到电烙铁，很快机壳就会被烫一个洞，轻则也要使机壳受损。电烙铁引线要用软性线，硬的引线使放置位置受到牵制
4	螺钉的保管	修理液晶电视时，由于液晶电视的固定螺钉规格不一，拆卸这类螺钉时要用专用的螺钉旋具。对于卸下的螺钉，或用一只小盒子单独放置起来，或用一块吸铁石吸附这些螺钉，否则一不小心螺钉就会找不到，而且掉了还不易配到
5	标签的应用	修理过程中，为了修理方便和保证修理质量，可以将连着机心的引线焊下，但是在焊下引线前给各引线套上一个纸标签，标签上写明此引线作用及焊点位置，以免焊接时找不到焊点。对于多引脚开关，开关上连有各种引线，也可用此标签加注的方法来分辨引线位置

续表

序 号	要 点	操作说明
6	操作中勿乱碰元器件	在拆卸液晶电视印制电路板或其他部件时，手不要去接触阻容组件，有的电容两根引脚较长，无意中碰到电容或扭转了电容，或使组件引脚碰到其他元器件引脚上，或组件自身两根引脚相碰，就会造成意外的故障，轻则需花费时间去找出相碰处，重则损坏电路中的元器件
7	铜箔线路的绝缘层	在印制电路板上测铜箔线路两点间是否是通路要注意一个问题，大部分印制电路板上的铜箔上是覆盖有绝缘材料的。万用表的表棒直接搭上去测试是不行的，可找连着铜箔的附近焊点作测试点；实在没有办法时，可用刀片刮开铜箔上的绝缘层再去测试

任务实施

本任务安排了19个活动，涉及液晶电视常见故障、典型故障的分析与检修，活动前加“#”为自学内容。由于液晶电视的品牌及型号很多，我们在分析时主要针对各种机型的共性以流程图的形式来进行介绍，一般不针对某一具体机型，以帮助同学们举一反三，学习液晶电视的故障维修。

活动1 液晶电视开机无电的分析与检修

液晶电视出现开机无电的故障，其分析与检修流程如图2-45所示。

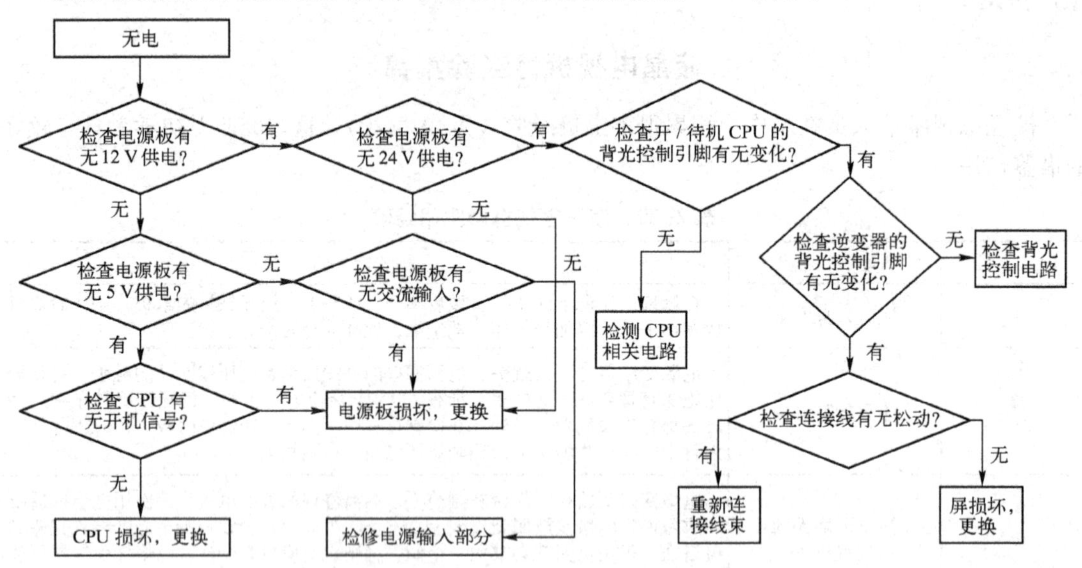

图2-45 液晶电视开机无电的分析与检修流程

活动2 液晶电视不能开机的分析与检修

液晶电视出现不能开机的故障，其分析与检修流程如图2-46所示。

#活动3 液晶电视开机后不工作，指示灯亮的分析与检修

液晶电视出现开机后不工作，指示灯亮的故障时，其分析与检修流程如图2-47所示。

提示：判断背光灯是否点亮有两种方法，一是打开后壳看背光灯；二是轻按液晶屏幕，检查按压处是否有白色亮光。

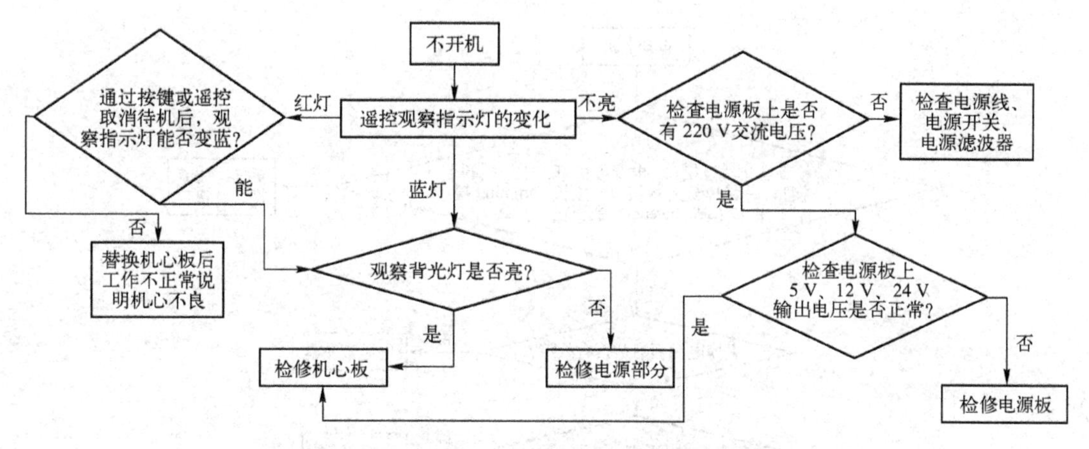

图 2-46　液晶电视不能开机的分析与检修流程

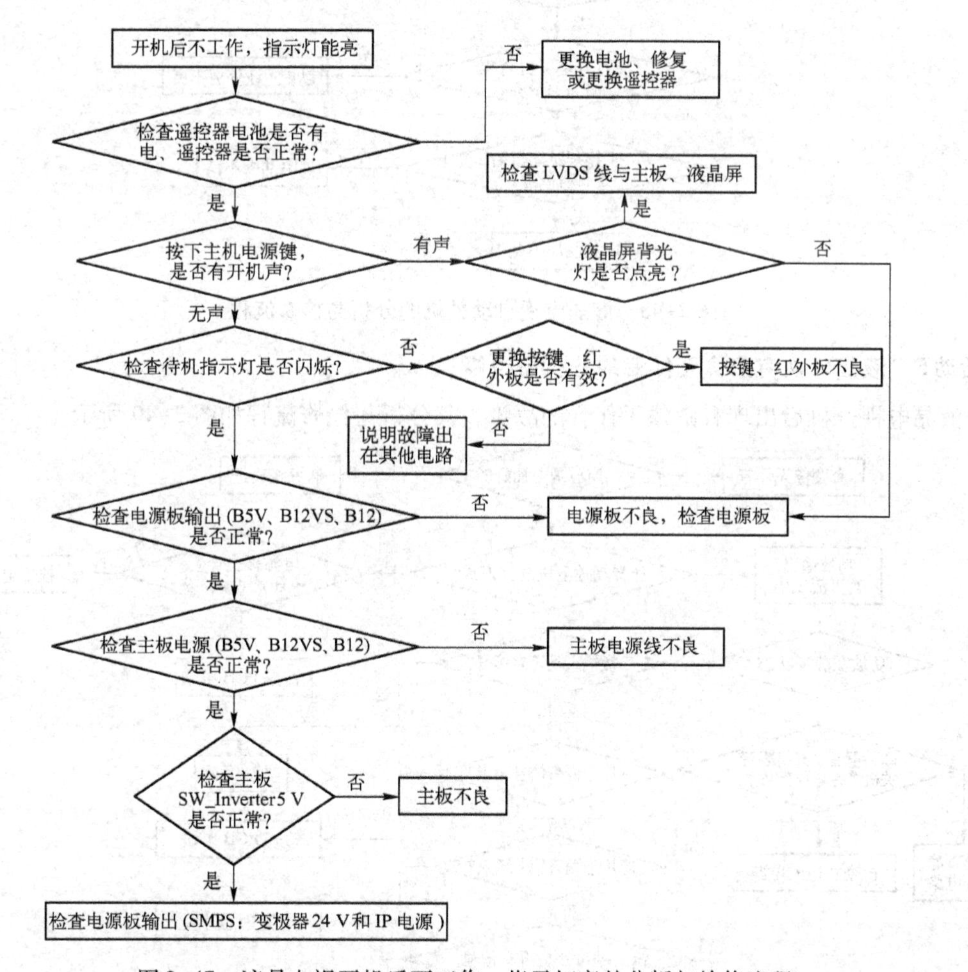

图 2-47　液晶电视开机后不工作，指示灯亮的分析与检修流程

活动 4　液晶电视自动关机的分析与检修

液晶电视播放一段时间后出现自动关机故障时，其分析与检修流程如图 2-48 所示。

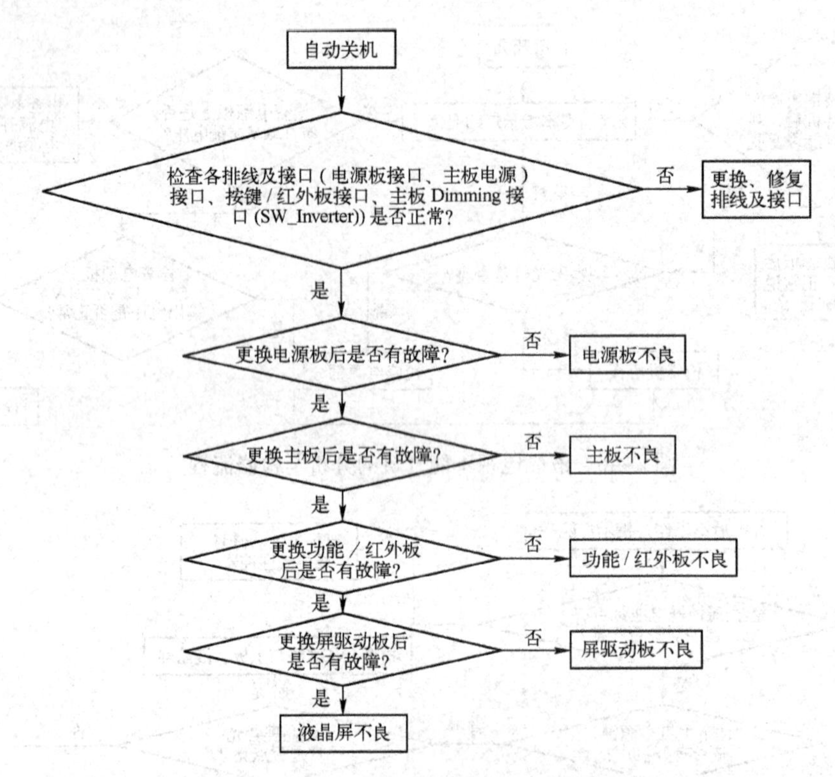

图 2-48　液晶电视自动关机的分析与检修流程

活动 5　液晶电视有图像无伴音的分析与检修

液晶电视开机后出现有图像无伴音的故障，其分析与检修流程如图 2-49 所示。

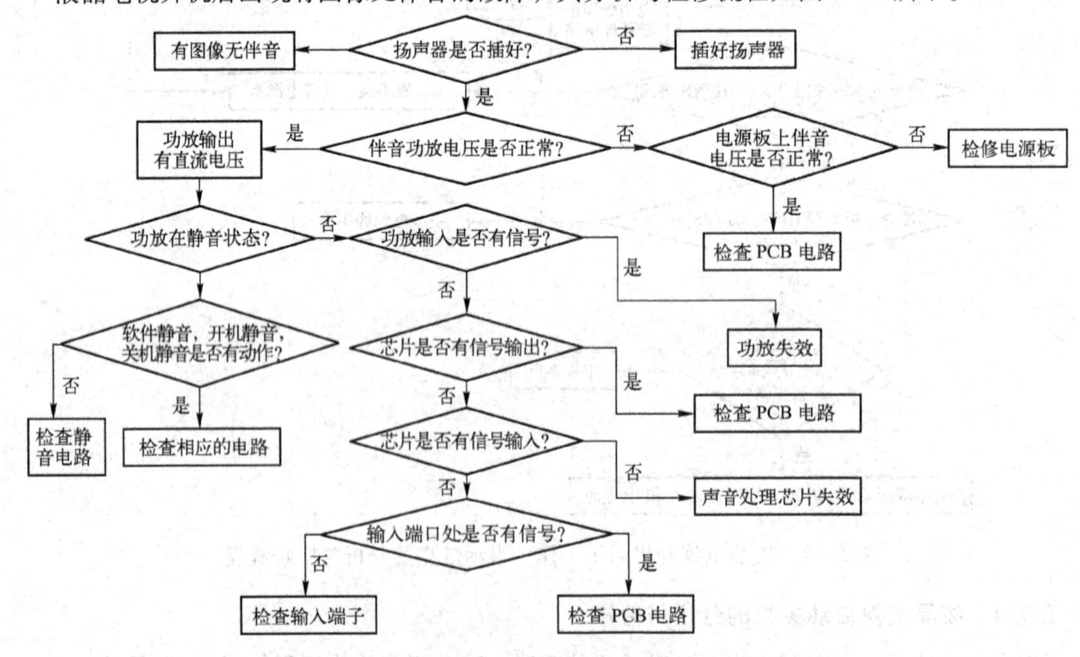

图 2-49　液晶电视有图像无伴音的分析与检修流程

#活动 6　液晶电视间歇性无图像的分析与检修

液晶电视出现间歇性无图像故障时，其分析与检修流程如图 2-50 所示。LCD TV 内部结构如图 2-51 所示。

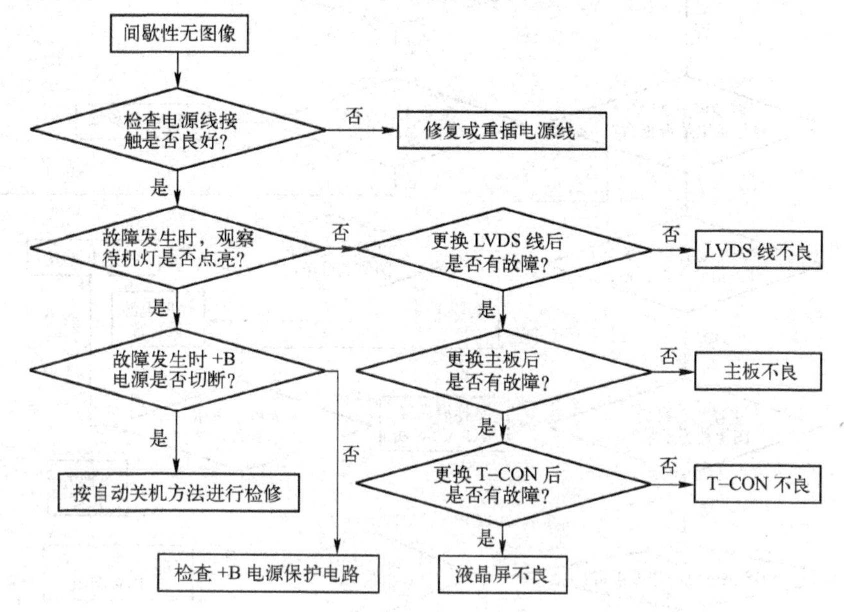

图 2-50　液晶电视间歇性无图像的分析与检修流程

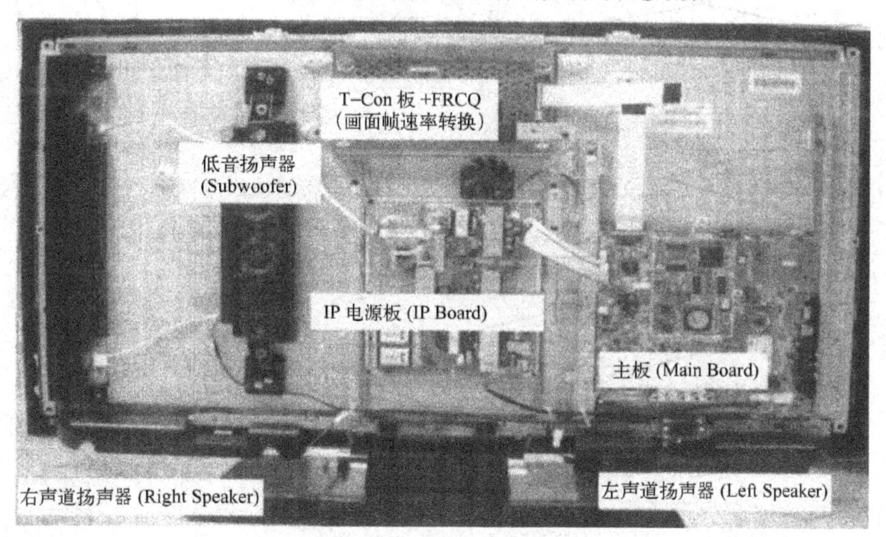

图 2-51　LCD TV 内部结构

活动 7　液晶电视有声音无图像的分析与检修

液晶电视出现有声音无图像的故障，其分析与检修流程如图 2-52 所示。

#活动 8　液晶电视有背光无图像的分析与检修

液晶电视出现有背光无图像故障时，其分析与检修流程如图 2-53 所示。

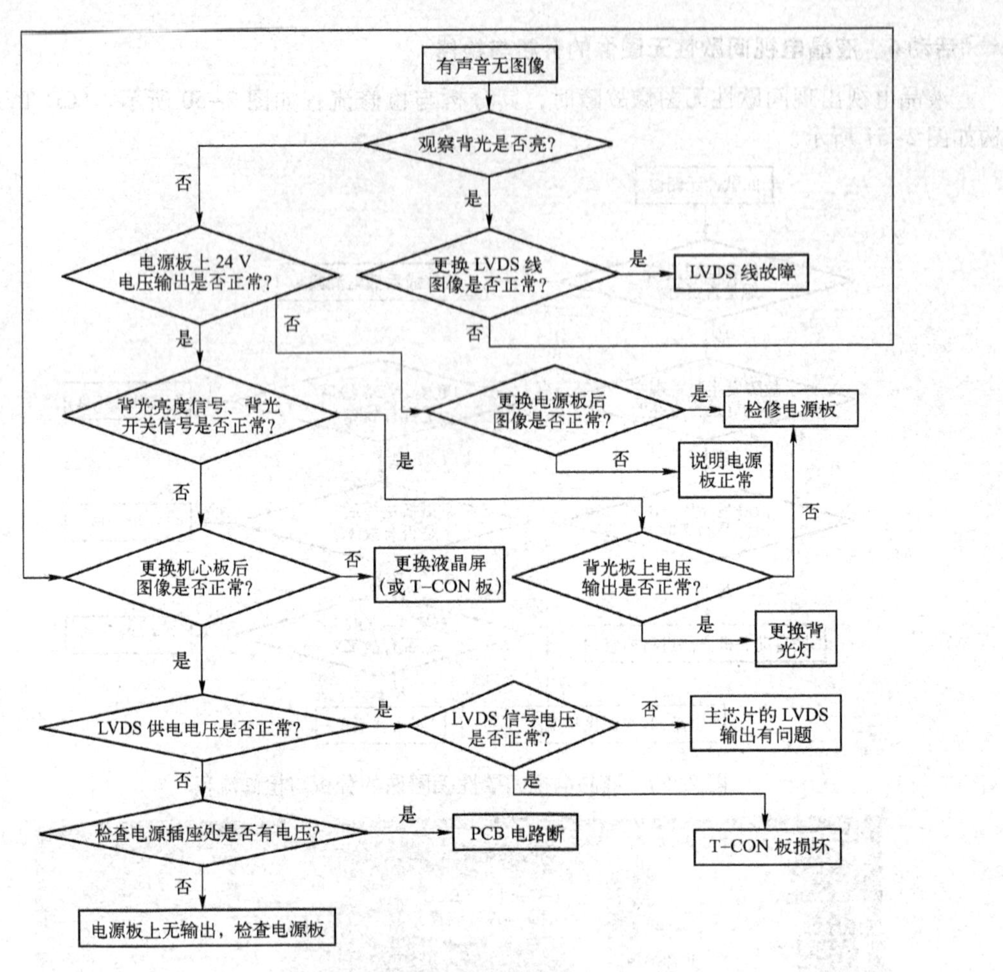

图 2-52　液晶电视有声音无图像的分析与检修流程

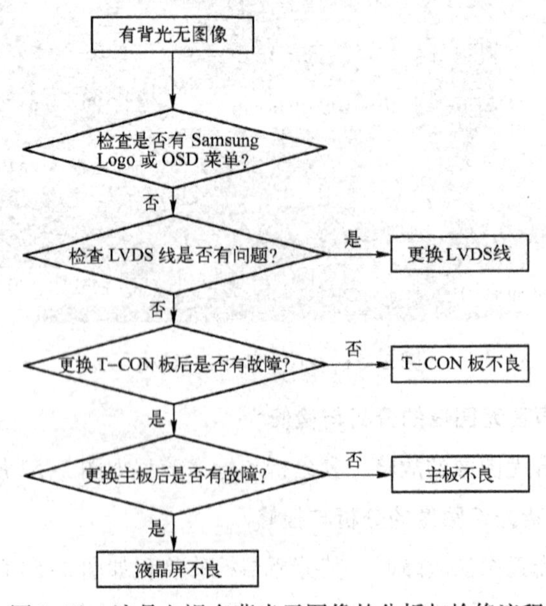

图 2-53　液晶电视有背光无图像的分析与检修流程

▶▶#活动 9　液晶电视图像出现虚影的分析与检修

液晶电视图像出现虚影故障时，其分析与检修流程如图 2-54 所示。

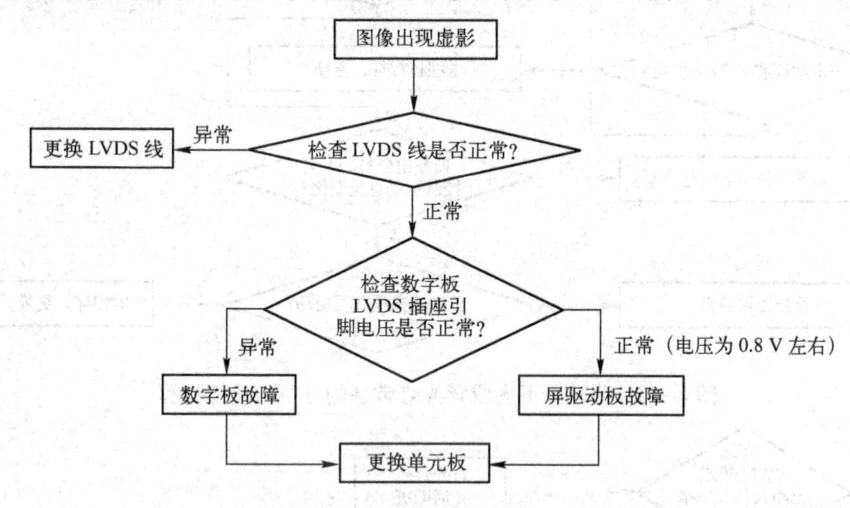

图 2-54　液晶电视图像出现虚影的分析与检修流程

▶▶#活动 10　液晶电视画面暗淡的分析与检修

液晶电视出现画面暗淡故障时，其分析与检修流程如图 2-55 所示。当液晶电视出现画面品质不佳故障时，均可按此检修流程进行检修。

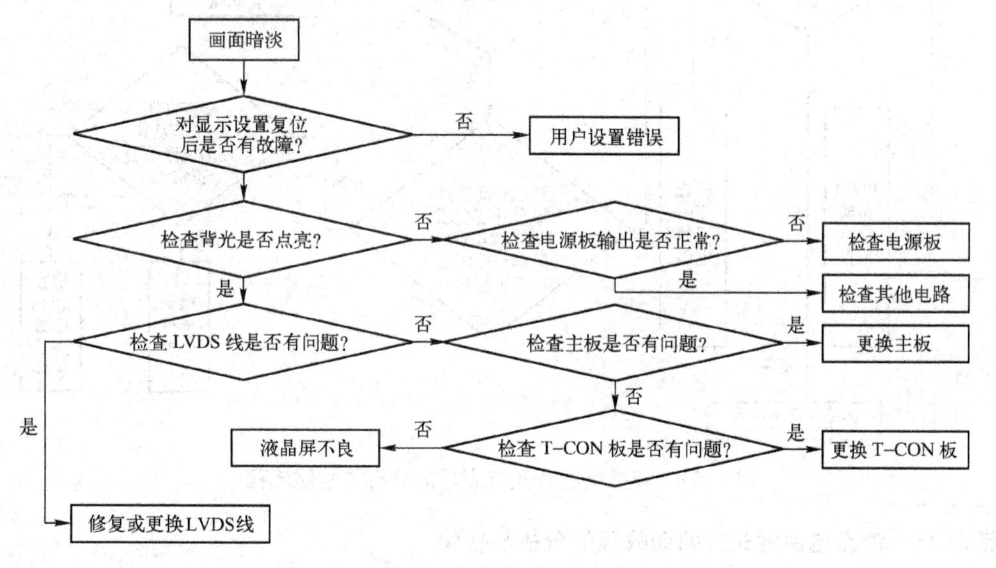

图 2-55　液晶电视画面暗淡的分析与检修流程

▶▶活动 11　液晶电视背光灯不亮或背光灯常亮的分析与检修

液晶电视出现背光灯不亮或背光灯常亮的故障时，其分析与检修流程如图 2-56 所示。

▶▶#活动 12　液晶电视背光灯亮后即灭的分析与检修

液晶电视背光灯亮后即灭故障，其分析与检修流程如图 2-57 所示。

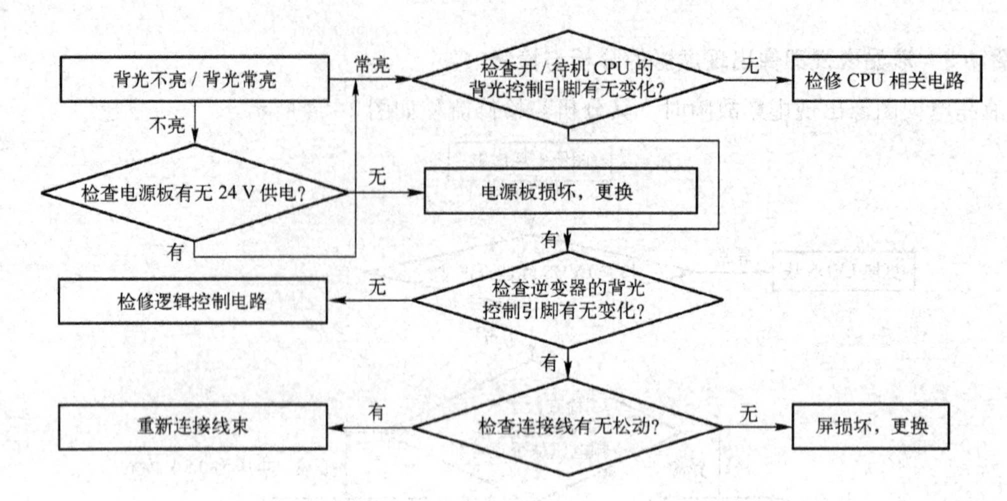

图 2-56 背光灯不亮或背光灯常亮的分析与检修流程

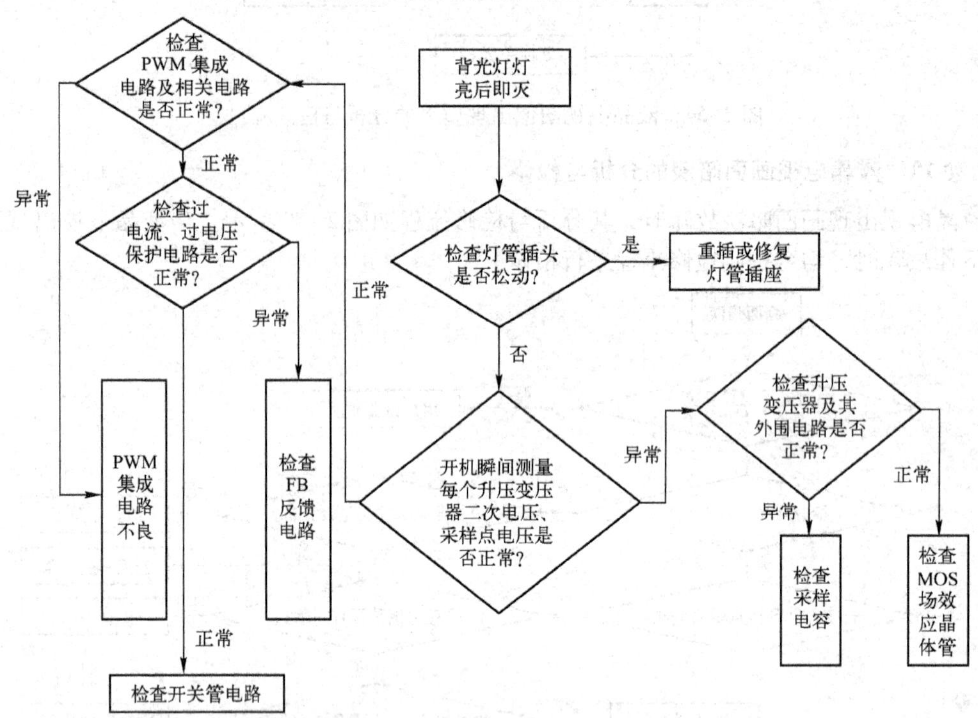

图 2-57 液晶电视背光灯亮后的分析与检修流程

#活动 13 液晶电视背光灯闪动故障的分析与检修

液晶电视出现背光灯闪动故障，其分析与检修流程如图 2-58 所示。

#活动 14 液晶电视屏幕出现蓝光的分析与检修

液晶电视开机后，屏幕出现蓝光故障，其分析与检修流程如图 2-59 所示。

#活动 15 液晶电视显示横/竖线的分析与检修

液晶电视显示横/竖线的故障时，其分析与检修流程如图 2-60 所示。

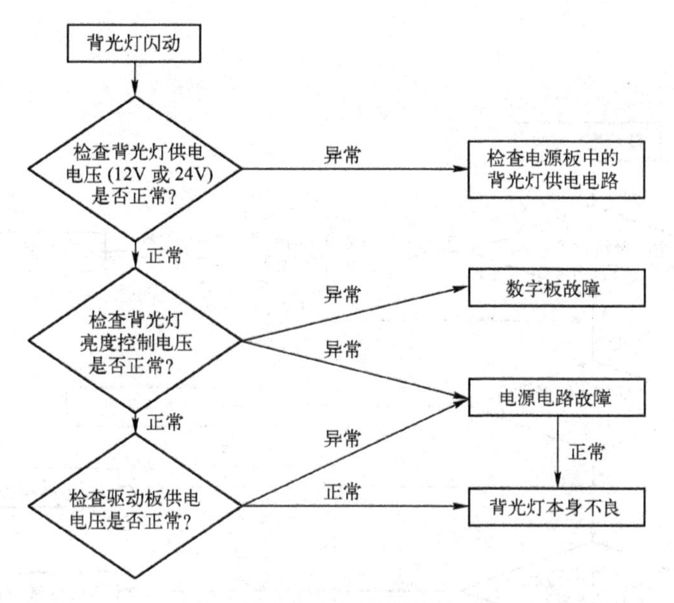

图 2-58　液晶电视背光灯闪动故障分析与检修流程

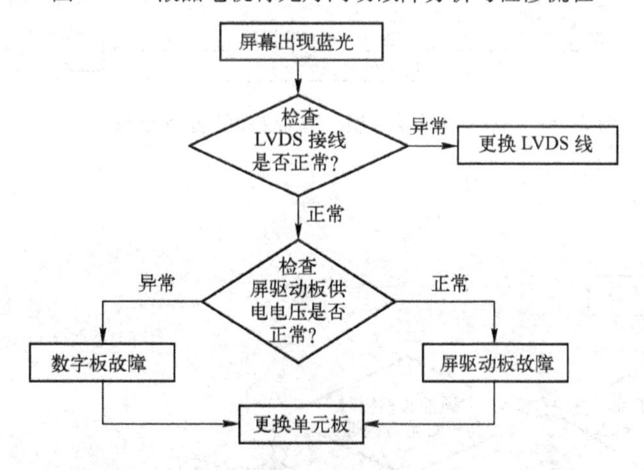

图 2-59　液晶电视屏幕出现蓝光的分析与检修流程

#活动 16　液晶电视遥控失灵的分析与检修

液晶电视出现遥控失灵故障时，其分析与检修流程如图 2-61 所示。

#活动 17　液晶电视黑屏的分析与检修

液晶电视黑屏故障时，其分析与检修流程如图 2-62 所示。

#活动 18　液晶电视白屏、花屏、缺色和少色的分析与检修

液晶电视出现白屏、花屏、缺色和少色等故障时，其分析与检修流程如图 2-63 所示（以海尔品牌 L33B6A - A1 液晶电视为例进行说明）。

#活动 19　液晶电视出现很亮白光栅的分析与检修

液晶电视出现很亮白光栅故障时，其分析与检修流程如图 2-64 所示。

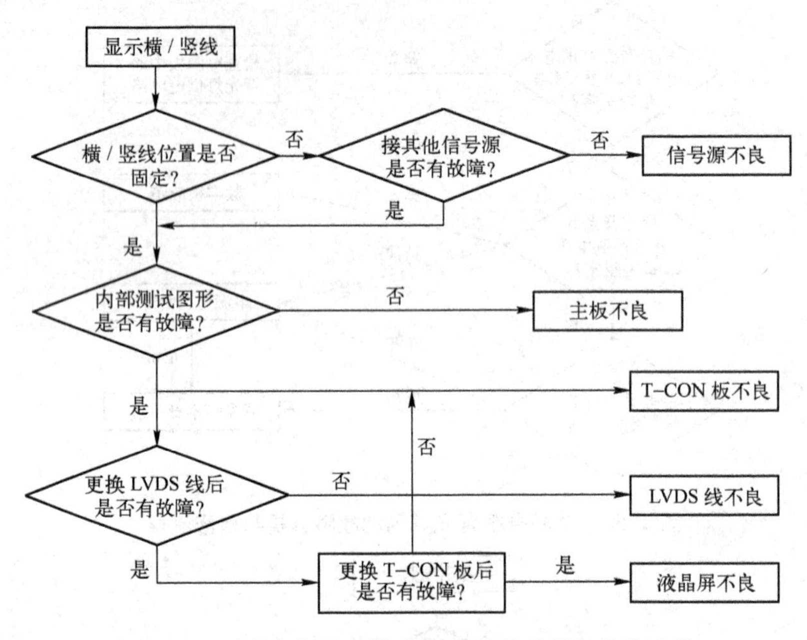

图 2-60　液晶电视显示横/竖线故障的分析与检修流程

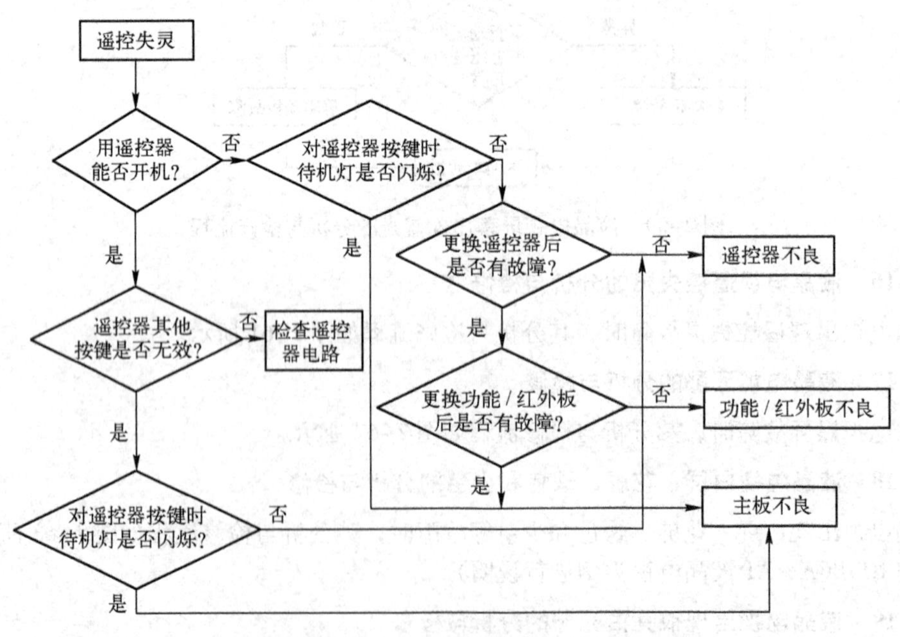

图 2-61　液晶电视遥控失灵的分析与检修流程

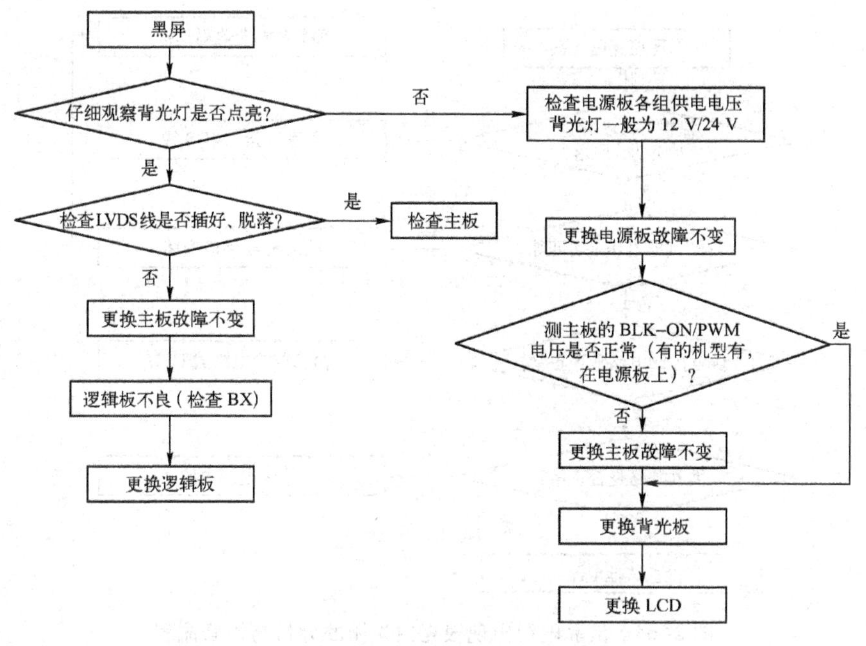

图2-62　液晶电视黑屏的分析与检修流程

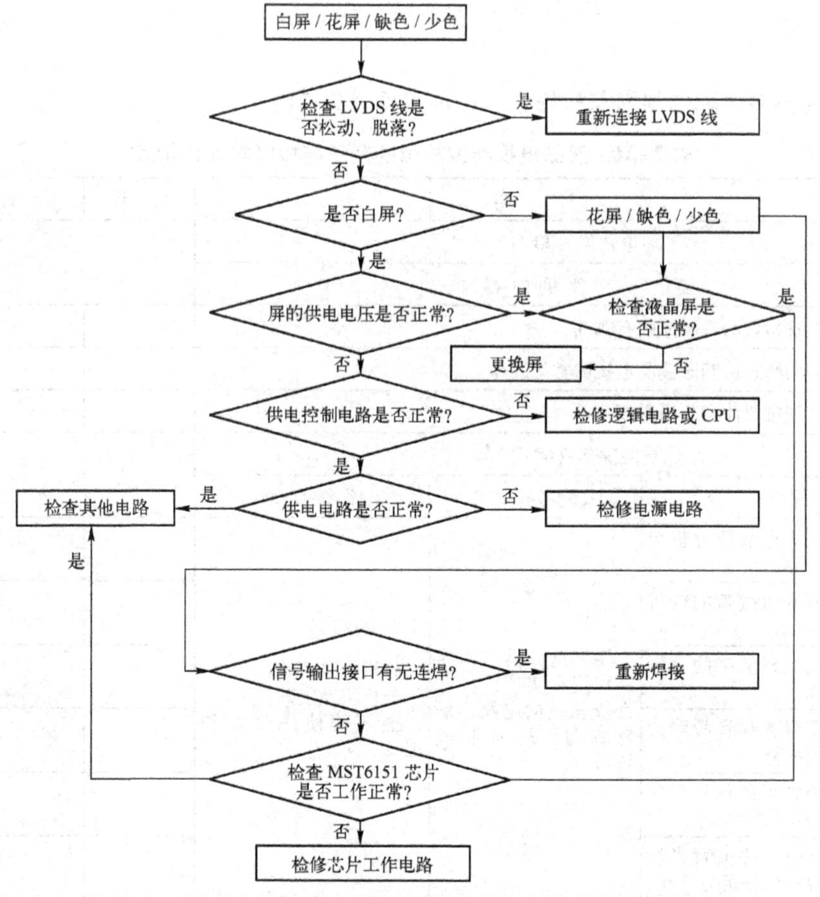

图2-63　液晶电视白屏、花屏、缺色和少色的分析与检修流程

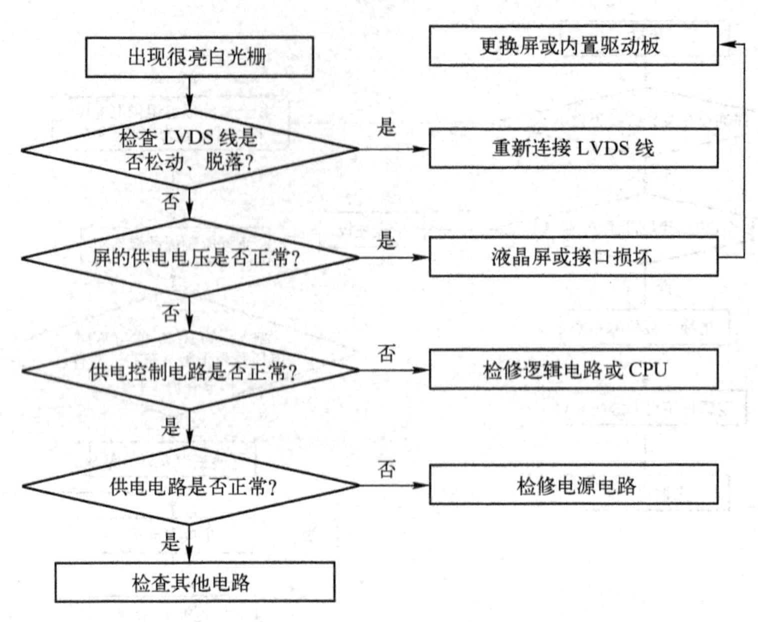

图 2-64　液晶电视出现很亮白光栅的分析与检修流程

任务评价

液晶电视典型故障的判断与检修学习评价表见表 2-21。

表 2-21　液晶电视典型故障的判断与检修学习评价表

姓名		日　期		自　评	互　评	师　评
理论知识（30 分）						
序号	评 价 内 容					
1	液晶电视检修的基本原则有哪些					
2	如何运用感官法判断液晶电视的常见故障					
3	液晶电视维修注意事项有哪些					
技能操作（60 分）						
序号	评 价 内 容	技能考核要求	评 价 标 准			
1	开机无电故障分析与检修	能根据分析与检修流程图在实训机型中查找相应的电路，反复练习，从而形成技巧	分析思路清楚； 分析步骤正确； 能正确使用仪表和工具			
2	不能开机故障的分析与检修					
3	自动关机故障的分析与检修					
4	有图像无伴音故障的分析与检修					
5	有声音无图像故障的分析与检修					
6	背光灯不亮或背光灯常亮故障的分析与检修					

续表

学生素养与安全文明操作（10分）						
序号	评价内容	专业素养要求	评价标准			
1	基本素养	参与度； 团队协作； 自我约束能力	参与度好； 团队协作精神好； 纪律好； 无迟到、早退； 服从实训安排			
2	安全文明操作	无设备损坏事故，无人员伤害事故；课后收拾好工具仪表及实训器材，做好室内清洁				
综合评价						

#任务五　认识与使用投影机

任务描述

随着数字高清时代的到来，很多人对于家庭影院的要求越来越高，传统的大屏幕电视已经难以满足先富裕起来的家庭的需求，应运而生的高清投影机将取代电视机成为主流的家庭影院视频设备。投影机可分为家用视频型和商用数据型两大类。

本任务主要介绍投影机的类型、功能及选用等常识，以拓宽同学们的视野。

相关知识

一、投影机的类型

根据所显示源的性质，投影机（又称投影仪）主要可分为家用视频型和商用数据型两类，见表2–22。

表2–22　投影机的类型

类　型	简要功能说明
家用视频型	家用视频型投影机针对视频方面进行优化处理，其特点是亮度都在1 000 lm（流明）左右，对比度较高，投影的画面宽高比多为16:9，各种视频端口齐全，适合播放电影和高清晰电视。 家庭用微型投影机本身就是一台微电脑，不仅能够连接DVD、DV、PSP、iPhone、数字电视、游戏机、数码照相机、手机等进行投影，也可连接USB鼠标/键盘操控，自带可扩展的内存装置。有的微型投影仪还支持CMMB数字电视信号，在没有连接外围设备的时候，也可使用自身内存的文件或通过接收CMMB数字型号来进行精彩赛事的投影

续表

类　型	简要功能说明
商用数据型	商用数据型投影机主要显示微机输出的信号，用来商务演示办公和日常教学，亮度根据使用环境高低都有不同的选择，投影画面宽高比都为4:3，功能全面，对于图像和文本以及视频都可以演示，所有型号的投影机都同时具有视频及数字接口

二、主流投影机技术

目前，主流的投影机技术有LCD技术、DLP技术、LCOS技术和LED技术4种，见表2-23。

表2-23　主流的投影机技术

投影技术	技术特点及优劣势
LCD技术	LCD投影机由主电源、灯电源、主板、液晶驱动板、液晶板、灯泡、光学系统及镜头组成。 LCD投影机又称模拟机，主要由三片液晶板成像。采用透射式投影技术，技术发展比较成熟。优点是色彩还原鲜艳，饱和度高；缺点是黑色表现层次不好，暗部细节几乎体现不出来，晶格明显，画面清晰度有局限性。 LCD投影技术被爱普生和索尼两生产厂家所垄断
DLP技术	DLP投影机由主电源、灯电源联体、光学系统、主板及DLP成像镜头组成。 DLP投影机又称全数字投影机，主要由色轮成像。DLP投影机可分为单片机（主要应用在便携式投影产品）和三片机（应用于超高亮度投影机）。 DLP技术的核心是由数以万计被微型链链接固定的镜片所组成的数字显微镜系统，这些镜片沿光源前后倾斜，反射出或亮或暗的灰色阴影，经过色轮过滤后投射出彩色图像。 DLP技术由美国的德州仪器公司独家垄断，其优点是对比度高，黑色的表现力好，画质细腻，是播放视频的最佳选择，DLP投影机的灯泡寿命比LCD高，一般能达到3 000 h左右
LCOS技术	LCOS是一项从LCD发展起来的技术，其结构是在基板上涂上一层硅晶。实际上LCOS技术可以看作是取LCD和DLP两家之长的改良型技术，它的基本原理于LCD技术相似，区别在于它利用的是与DLP相似的反射式架构。 LCOS投影技术具有高分辨率、高光效率、高对比度和高色彩饱和度等优点，而且目前尚未出现垄断状况，颇有市场发展潜力；但是，作为一种尚不完熟的新技术，它还存在生产成本高、性能不稳定等不足。LCOS投影机有胶片的画质感，适于影院使用
LED技术	最近几年LED投影机逐渐引起大家的关注，它的主体是一块电致发光的半导体材料，在它两端加上正向电压，电流会从LED阳极流向阴极，半导体晶体就发出从紫外到红外不同颜色的光线，电流越强，发光越强。 LED发光原理不同于传统UHE、UHP灯泡，它在发光过程中不会产生大量热量，因此寿命都可以达到10 000 h以上，LED投影机的发热量低，体积可以控制得很小，所以多应用于微型投影机中

三、投影机的重要参数

1. 分辨率

投影机的分辨率是指投影机可以投射出的物理像素点，目前主流的4:3投影机分辨率为1 024×768，不过由于近几年高清的迅猛普及，在不久的将来分辨率将进一步提高，1 280×800分辨率的机型目前市上已经有很多，典型的如松下FD635，1080P高清投影机产品线也逐渐在丰富。

2. 对比度

对比度是指画面黑与白的比值，也就是从黑到白的渐变层次。比值越大，从黑到白的渐变层次就越多，从而色彩表现越丰富。对比度高层次好，细节多。

3. 光输出

光输出是指投影机输出的光能量，单位为 lm（流明）。与光输出有关的物理量还有光照度，是指屏幕表面受到光照射发出的光能量与屏幕面积之比，光照度常用的单位是勒［克斯］（lx，$1\ lx = 1\ lm/m^2$）。当投影机输出的光光通量一定时，投射面积越大光照度越低，反之则光照度越高。决定投影机光输出的因素有投影及屏幕面积、性能及镜头性能。带有液体耦合镜头的投影机镜头性能好，投影机光输出也可相应提高。

4. 扫描频率

扫描频率由投影机内部的模拟数字转换器和图像处理芯片的性能决定。投影机可以对高规格的输入信号进行“降等级”处理。例如，输入 1 920 × 1 080 的信号，而按照 960 × 540 来显示。一些常用信号的扫描频率见表 2-24。

表 2-24　一些常用信号的扫描频率

显示区域	场频/Hz	行频/kHz	简　称
640 × 480	59.9	31.5	VGA
	72.8	37.9	VGA
	75.0	37.5	VGA
	85.0	43.3	VGA
	100.0	51.1	VGA
	120.0	61.3	VGA
853 × 480	60.0	31.0	WVGA
800 × 600	56.3	35.2	SVGA
	60.3	37.9	SVGA
	72.2	48.1	SVGA
	75.0	46.9	SVGA
	85.0	53.7	SVGA
	100.0	63.0	SVGA
	120.0	75.7	SVGA
1 024 × 768	60.0	48.4	XGA
	70.0	56.5	XGA
	75.0	60.0	XGA
	85.0	68.7	XGA
	100.0	80.5	XGA
1 366 × 768	60.0	48.4	WXGA
1 280 × 1 024	60.0	64.0	SXGA

四、投影机的选择

选择投影机需要考虑的因素很多，在先挑选确定好品牌后，可参照表 2-25 的要素进行选择。

表 2-25 投影机选择的要素

选择要素	说明
亮度的选择	一般来说，15～30 mm² 的房间，不需要太亮的投影机，1 500～2 000 lm 就足够了；30～60 mm² 的房间，最好选择 2 500～3 000 lm 的机型；超过 70 mm² 的房间则建议用 3 000 lm 以上的机型
短投功能的选择	一般投影机为 3 m 投到 80～100 英寸左右。如果想在离墙壁 2 m 远的地方投 100 英寸的画面，没有一款短投功能很强的投影机是不可能做得到的
核心技术的选择	对于选择哪种技术，要看最主要的演示用途。对于色彩的真实还原要求高，或者说是需要表现鲜艳亮丽的画面，建议选择 LCD。如果只是用于内部会议，演示内容多为纯文本，对于色彩的需求并不高，可以选择 DLP 投影机。 选择 DLP 技术的投影机，用户的损耗周期长，这意味着后期用户将承担的成本会更低
投影机的接口	投影机的接口丰富与否与投影机各种功能的实现和扩展息息相关。配备了 RCA 接口、DVI 接口、USB 接口、HDMI 接口的投影机使用就很方便
机身重量的选择	如果应用环境不需要吊装，那么选择的时候要特别考虑机身重量，以便能适应室内桌面便携使用和外出移动办公的需要。一般来说，机身重量建议控制在 3 kg 以内
功能和人性化操作的选择	一般来说，投影机的功能肯定要丰富，人性化操作更是不可少。例如，梯形校正功能可以通过光学或者数字的方法对图像进行校正，从而使投影图像是一个标准的矩形。有的产品还配备了 3D 校正功能，可以让机器自动梯形校正，更为便捷。 此外，像顶部换灯、快速开关机、黑白板功能、PIN 锁保护、高原模式、画中画等众多实用功能设计也都可以令机器的操作使用方便许多。有的产品具备一键式智能操作功能，只需要打开电源，就可自动进行投影角度的调整、信号的检测、竖方向的梯形修正和对焦调整，使用更为方便

任务实施

投影机的安装可以分为桌式安装和吊顶安装。桌式安装比较简单，这里不作介绍。

活动 投影机吊顶安装

1. 确定投影机和屏幕的安装位置

如图 2-65 所示，放置投影机时，将镜头中心位于图中以灰色标示的区域内，将会获得良好的图像质量。安装时具体的距离尺寸见说明书中的规定，注意屏幕纵横比为 4:3 和屏幕为 16:9时，距离尺寸不一样。

首先，在开始确定的安装位置上找到安装中心点，然后在天花板吊顶上开孔，确保吊架及线材能够穿过；其次，确保投影机和吊架能够被牢固地安装在天花板上。投影机吊架必须与天花板牢固连接，应使用配套的螺钉螺栓。

2. 信号线连接

将设备连接至分量视频输出连接器时的方法如图 2-66 所示。只要将投影机与音响、功放或其他多媒体视听设备进行正确连接即可。

3. 调试

首先调整分辨率，目前计算机最常用的分辨率是 1 024 × 768，如果投影机支持 1 024 × 768 分辨率，基本就不需要调整了。但如果投影机支持最高分辨率为 800 × 600，在这种情况下投影机将自动采用压缩功能显示图像，虽然我们能够正常看见图像，但是画面的显示质量却大打折扣。因此，要据投影机所支持的分辨率来设定视频源的分辨率，使之相互吻合来获得最佳效果。

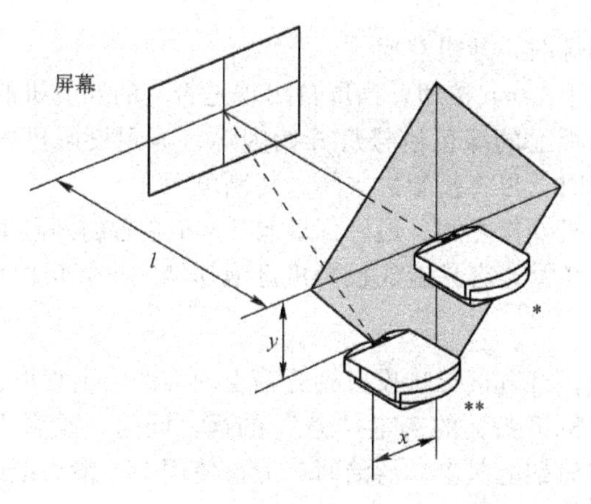

图 2-65　投影机和屏幕的安装位置的确定

l—屏幕与投影机镜头前端之间的距离；x—屏幕中心与投影机镜头中心之间的水平距离；
y—屏幕中心与投影机镜头中心之间的垂直距离

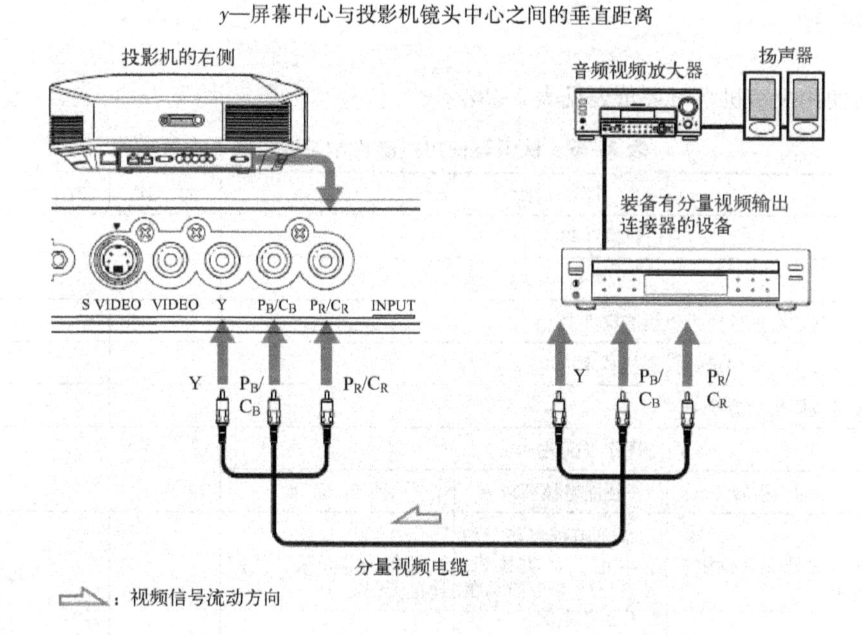

图 2-66　设备连接至分量视频输出连接器的方法

【知识窗】

投影机使用技巧

1. 选用合适的屏幕输出方式

开投影机电源之前，需要确认连接投影机电缆正常连接，同时要确保视频源已经正常输出。完成投影连接并开启投影仪后，还需要切换好输出方式。因为投影仪的输出方式有三种，可以同时按住 Win 徽标键与 F5 键（与笔记本电脑相连接时，可以按下 Fn 键与 F8 键），来选用合适的屏幕输出方式。

2. 正确开关机

正确开机顺序：先将投影机电源按钮打开，再按下投影机操作面板上的 Lamp 按钮，等到闪烁的绿色信号灯停止闪烁时，开机完成。

正确关机顺序：先按下 Lamp 按钮，当屏幕出现是否真的要关机的提示时，再按一下 Lamp 按钮，随后投影机控制面板上的绿色信号灯开始闪烁，等到投影机内部散热风扇完全停止转动、绿色信号灯停止闪烁时，再将投影机关闭，切断电源。

此外，在每次开、关机操作之间，最好保证有 3 min 左右的间隔时间，目的是让投影机充分散热。开、关机操作太频繁，容易造成投影机灯泡炸裂或投影机内部电器元件被损坏。

3. 保护投影机镜头

投影机镜头干净与否，将直接影响投影到屏幕上内容的清晰程度，遇到屏幕上出现各种圆圈或斑点时，多半是投影机镜头上的灰尘“惹”的祸。同时，投影机镜头非常娇贵，在不用的时候需要盖好镜头盖避免粘上灰尘。清洁时，应该使用专业镜头纸或其他专业清洁剂来清除投影机镜头上的灰尘。

任务评价

认识与使用投影机学习评价表见表 2-26。

表 2-26　认识与使用投影机学习评价表

姓名		日期		自评	互评	师评
理论知识（30 分）						
序号	评价内容					
1	根据所显示源的性质投影机有哪些类型					
2	选购投影机时如何选择投影机技术					
3	什么是投影机的分辨率					
技能操作（60 分）						
序号	评价内容	技能考核要求	评价标准			
1	在桌面是安装投影机并使用	能利用投影机、笔记本电脑、功放机、音箱组建一个简易的影音播放系统	设备安装正确，线路连接无误			
学生素养与安全文明操作（10 分）						
序号	评价内容	专业素养要求	评价标准			
1	基本素养	参与度； 团队协作； 自我约束能力	参与度好； 团队协作精神好； 纪律好； 无迟到、早退； 服从实训安排			
2	安全文明操作	无设备损坏事故，无人员伤害事故；课后收拾好工具仪表及实训器材，做好室内清洁				
综合评价						

项目三

知晓节目源设备

家庭影院系统是以声音和图像信号为基础的。家庭影院系统若没有优质的节目源设备提供良好的音频、视频信号，其他设备是不能正常发挥作用的。在组建家庭影院时，传声器、MP3/MP4/MP5、DVD、音乐U盘、计算机声卡、摄像机等设备都是比较常用的音源、视频信号源设备。

本项目引领同学们从学习常用音源设备的使用与检修入门，一步步进入电声技术的宝殿，领略电声技术的神奇魅力。

知识目标

△了解目前主流的音视频源设备的种类。

△了解传声器的种类、结构、特性。

△了解MP3的种类、结构。

△了解计算机声卡的基本组成，了解声卡各个接口的作用。

△了解声音的有关基本概念。

技能目标

△能识别音视频节目源的种类。

△能判断和排除传声器的常见故障。

△能利用MP3、U盘从计算机上下载音视频文件；能判断排除MP3的常见故障。

△能按要求选购传声器。

安全目标

△时时注意安全用电，电源、仪器及仪表放在工作台的左边，电烙铁、热风枪、焊锡丝等放在工作台的右边。暂时不用的仪器、仪表及工具放入工作台的抽屉内。

△电烙铁通电后，应注意防烫伤人或烫伤设备的塑料外壳。

情感目标

△激发学生浓厚的学习兴趣，训练学生良好的操作习惯，培养学生严谨的科学态度。

△培养学生好学向上、勤于思考、团结协作、吃苦耐劳等品质。

任务一　动圈式传声器的使用与维修

任务描述

同学们在卡拉 OK 演唱时，总是希望自己的歌声大一点、动听一点，让更多的人能够听清楚自己的歌声。这其中的关键器件之一就是传声器。许多同学都曾经多次使用过传声器，那么，你知道它的类型及内部结构吗？你会检修吗？我们不妨把它拆开看一看、学一学、修一修，你一定会有很大收获。从此之后，你不会再为传声器使用中遇到的各种问题而烦恼，你会因为能轻松选购或维修一支传声器而感到自豪，你会因为及时解决了演唱中的尴尬问题而得到朋友的赞赏……

本任务主要学习动圈传声器、驻极体传声器和无线传声器的使用与检修，在此基础上学习有关声音的一些基础知识。

相关知识

一、传声器的种类

传声器俗称话筒，又称麦克风，是一种把声音信号转换成电信号的换能器件。传声器的种类见表 3–1。

表 3–1　传声器的种类

分类标准	种　类	说　明
按工作方式分	电容式	利用电容器的一个电极作为传声器的振膜，当振膜振动时，振膜和固定的后极板间的距离随之变化，产生的可变电容量与传声器本身所带的前置放大器一起产生信号电压。特点：频率特性好，幅频特性曲线平坦，无方向性；灵敏度高，噪声小，音色柔和；输出信号电平比较大，失真小，瞬态响应性能好。但工作特性不够稳定，低频段灵敏度随着使用时间的增加而下降，寿命比较短；工作时需要直流电源造成使用不方便
	动圈式	又称电动式传声器，由振膜带动线圈振动，从而使在磁场中的线圈感应出电压。特点：结构牢固，性能稳定，经久耐用，价格较低；频率特性良好，50～15 000 Hz 频率范围内幅频特性曲线平坦；指向性好；无须直流工作电压，使用简便，噪声小
	履带式	这是一种速率型传声器，即通过对穿过其中的空气分子的运动速率做出反应来产生声音信号。其基本工作原理是将一小条皱皱的金属带子松垮地悬挂在磁场中，当空气分子运动时，它就随之运动，从而对磁场中的磁线通量形成切割，然后产生声音信号。履带式传声器是一款在商业上取得巨大成功的指向性传声器

续表

分类标准	种类	说明
按照信号传输方式分	有线式	连接传声器的导线通常为平衡式，称 XLR 卡侬线，这种线由三个端子构成，即 1 地、2 正、3 负，这种连接方式一般不会有噪声、磁场干扰等问题。但传输距离有限制
	无线式	按照发射使用频率可分为 UHF 无线传声器和 VHF 无线传声器；按照接收方式可分为自动选讯接收无线传声器和非自动选讯接收无线传声器；按照振荡方式可分为石英锁定和相位锁定频率合成传声器；按照接收机频道数可分为单频道、双频道和多频道传声器
按照制造组件分	真空管式	在场效应晶体管（FET）应用于传声器之前，真空管便已应用于传声器。较之采用半导体器件的传声器，真空管传声器的音色更有温暖感，对语言、单件乐器以及自然界许多声音的录音特别有效，所以许多录音师一直在追求真空管传声器的音色效果。为此，近年来许多厂家采用更高质量的真空管和电路元件，推出了噪声电平已大为降低、工作稳定可靠的真空管传声器
	晶体管式	场效应晶体管（FET）传声器又称驻极式传声器，其工作稳定性高，噪声小，使用寿命长，价格低廉。具有宽广的动态范围，出众的频率响应
按照使用方向分	前述式	使用时与音源成 90°，拾音时传声器正上方对着声源
	单面旁述式	使用时与音源成平衡状，拾音时传声器一侧对着声源
	双面旁述式	使用时与音源成平衡状，拾音时传声器两侧均可对着声源
	全方向式	在平面上 360°都能均匀拾音
按照外形分	手持式	应用最为广泛，使用灵活、耐用
	领夹式	又称纽扣式，适用于须运用双手的演讲者，一般用于演讲、播音、室内采访
	头戴式	常用于身体移动幅度大的场合，如歌舞表演、培训等场合，头戴式可比较牢固地让传声器贴近嘴巴，拾音清晰稳定，肢体也可灵活摆动
	鹅颈式	一般多用于会议、演讲等较为庄重的场合，因为它体积较小、造型优雅、语言拾音效果出色
	平面式	又称平板式或者界面式，多用于贵宾室、圆桌会议及视频会议中，由于它近似隐藏性的外型，不会抢走贵宾的风采，加上敏锐的拾音效果，说话者便不须扯着嗓门或凑近传声器说话

二、有关声音的基本知识

通过初中物理学习我们知道：声音是由物体的振动产生的，把振动的物体称为“声源”。声源产生声音后，还要通过其他物质进行传播，把传播声音的物质称为“媒质”，声源的振动将引起媒质的疏密变化，从而将声音传播出去。声音在媒质中的传播是以波动的形式进行的，因此称为“声波”。

产生声音必须同时具备的两个条件：要有振动的物体（声源）；要有传播声波的媒质。

对声音的描述方法有客观和主观两种方法。

1. 声音的客观描述

声波具有“波”的基本特性，可以用振幅、频率、声速、波长等属性进行客观描述，见表 3–2。

表 3–2 声音的客观描述

特性指标	描 述
声压	由声波引起的压强变化。用 P 表示，单位为帕斯卡（Pa），闻阈值（2×10^{-5} Pa）与痛阈值（2×10 Pa）之间相差 100 万倍；声压反映声波的强弱，决定声音的大小
声压级	用声压的相对大小来表示声压的强弱，这就是声压级。 声压级是实际声压和基准声压的比值，取常用对数乘以 20，一般用分贝（dB）表示；一般人耳能忍受的最大声压为 140 dB。计算声压级的公式为 $L_P=20\lg\frac{p}{p_0}$
频率	声波每秒内往复振动的次数称为频率。用 f 表示，单位为 Hz
声速	声音在媒质中的传播速度。用 c 表示，单位为 m/s，空气中的声速为 340 m/s
波长	经过一个周期的时间，声波在媒质中传播的距离。用 λ 表示，单位为 m。 波长、频率、声速之间的关系为 $\lambda=\frac{c}{f}=T_c$，即频率越高则波长越短

2. 声音的三要素

人耳对声音的主观感受，常用音量、音调和音色这三个要素来描述（见表 3–3），其特性波形如图 3–1 所示。

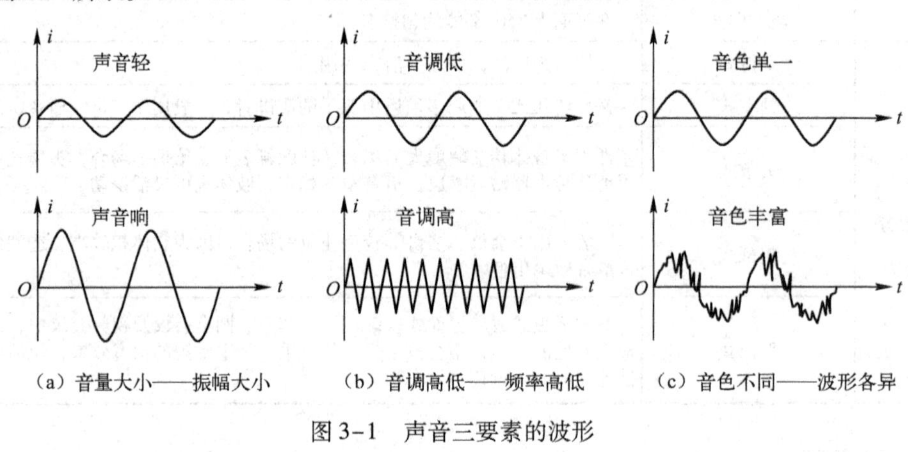

图 3–1 声音三要素的波形

表 3–3 声音的三要素

声 音 要 素	说 明
音量	又称响度或音强，它是指人耳对声音大小的主观感受，它主要由声波的振幅决定，其次还与声波的频率有关。相同声压的声音，频率不同，人们感受到的音量不同。人耳对 1～4 kHz 的声波感到最响，偏离这一频段的声波，响度将随之减小
音调	是人耳对声音频率高低的主观感受，频率越高则音调越高。为此，人们把音频分为低音、中音、高音三个频段
音色	又称音品，是人耳对声源发声特色的感受，它主要决定于声音中的谐波成分

此外，根据人的听音感受，可把声音分为乐音和噪音。乐音是指让人愉悦的声音，噪音是指对听觉和身心健康有损害的声音。

3. 声音的传播特性

声波在传播中会产生反射与吸收、折射、衍射和干涉等现象，见表 3–4。

表 3–4 声音的传播特性

传播特性	说明
声波的反射与吸收	由于声波遇到一个尺寸比其波长大得多的障碍物时将会被反射，即声波的反射与障碍物的特性有关。在设计成圆弧面形的墙面，声音会产生畸变、失真、共振、啸叫；在两平行墙面，会产生颤音。 同一障碍物对同一声音的高中低频分量的反射、吸收不一样。声音中的高频成分容易被吸收，在传播过程中高频容易被衰减
声波的衍射	当声波在传播过程中，遇到一个小于声波波长的障碍物时，声波将绕过该物体继续传播，这称为声波的衍射，又称绕射。 频率越低或者波长越长，声音越易衍射；声音在传播时低频声音易衍射，但没有方向性；高频声音不易衍射，但有较强的方向性
声波的干涉与叠加	在同一空间，有两个或多个频率相同的声源时，一个声源的波峰和另一个声源的波峰或波谷相遇就会形成加强和削弱，甚至抵消，这种现象称为声波的干涉与叠加

除了表 3–4 介绍的主要特性外，声波在传播过程中还有透过现象、谐振现象、衰减现象等特性。

三、动圈式传声器简介

1. 动圈式传声器音头的结构

动圈式传声器的核心器件是拾音头，其结构与电动式扬声器相似，也是由磁铁、音圈以及音膜等组成，如图 3–2 所示。

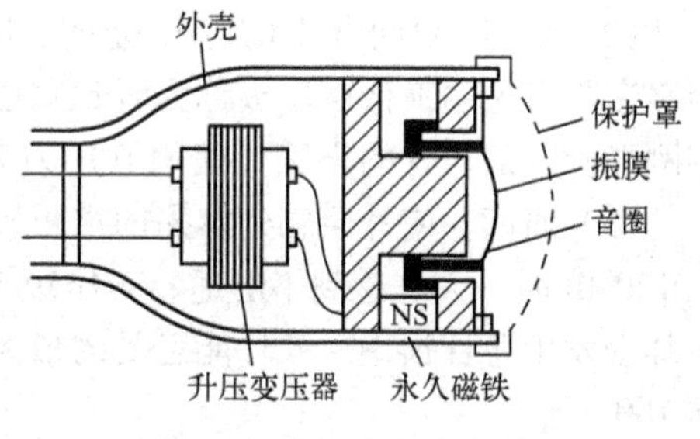

图 3–2 动圈式音头结构图

2. 动圈式音头的声电转换原理

根据音头的结构可知，音头是靠振膜感应声波引起的空气压力变化来工作的，这与人的耳朵的“工作”原理很相似。动圈传声器的振膜（相当于人的耳膜）位于一块圆柱形磁铁和一块软铁之间的环形空隙中，振膜上连接着一个悬于两磁极之间的可动线圈，这个线圈通常称为“音圈”。声波振动振膜，使音圈在运动中切割环行缝隙中的磁力线，感应出电流并输出，从而实现声电转换。

有的音头为了提高传声器的输出感应电动势和阻抗，还加装了一只升压变压器。

3. 动圈式传声器的主要性能指标

动圈式传声器的主要性能指标见表 3–5。

表 3–5 动圈式传声器的主要性能指标

性能指标	含义
灵敏度	传声器的灵敏度指的是传声器的声 – 电转化的能力。高灵敏度的传声器在同样的条件下可以拾得更大的声音，这样就可以减小后级放大器的负担，容易得到高的信噪比

续表

性能指标	含　义
指向性	传声器的指向性，又称传声器的方向性，用来表征传声器对不同入射方向的声信号检拾的灵敏程度。对多数动圈式传声器来说，当声音正对振膜入射时灵敏度最高，随着入射角的偏离，灵敏度逐渐减小。利用传声器的这一特性，可以用来调节传声器对不同声源拾音的大小
信噪比	传声器的信噪比指的是传声器在输出时，信号成分和噪声成分的比例。信噪比越高，传声器的质量越好
频率范围	传声器对不同频率声波的灵敏度往往是不同的。一般在中音频时灵敏度高，而在低音频或高音频时灵敏度降低。好的传声器要求对音频范围内的声波均有较高的灵敏度
输出阻抗	传声器的输出阻抗分成三类：高阻（10～20 kΩ）、中阻（600 Ω）、低阻（200 Ω），使用时要注意它与后级设备连接的阻抗匹配。高阻的传声器更容易感染噪声，专业用传声器往往采用低阻方式输出信号

【知识窗】

人耳的听觉范围

可闻声、听阈和痛阈决定了人耳的听觉范围。

（1）可闻声。可闻声是指正常人可以听到的声音，人耳听觉频率的范围为20 Hz ～ 20 kHz，称为音频。听觉最敏感的区域是 1 ～ 4 kHz 中频段。

（2）听阈。可闻声必须达到一定的强度才能被听到，正常人能听到的强度范围为 0 ～ 140 dB。使声音听得见的最低声压级称为听觉阈值，它和声音的频率有关。在良好的听音环境中，人耳刚刚能听到的声音的声压（闻阈值）为 2×10^{-5} Pa，把它称为基准声压或参考声压。

（3）痛阈。使耳朵感到疼痛的声压级称为痛阈，它与声音的频率关系不大。通常声压级达到 120 dB 时，人耳感到不舒适；声压级大于 140 dB 时，人耳感到疼痛；声压级超过 150 dB 时，人耳会发生急性损伤。人耳能忍受的最大声压（痛阈值）为 20 Pa。闻阈值和痛阈值这两者相差 100 万倍。

为了表示方便，常用声压级来表示声音的大小，声压级等于待测声压与基准声压比值取常用对数的 20 倍，单位是分贝（dB）。

$$声压级（L_{\mathrm{P}}）=20\lg\frac{p}{p_0}$$

式中，p 为待测声压；p_0为基准声压，其值为 2×10^{-5} Pa。

任务实施

活动 1　动圈式传声器的使用

小小传声器可传情达意，但若不注意使用方法，也难以达到预期的效果。使用传声器时应注意以下几个问题。

（1）传声器上设置有开关，演说时应将开关置于“ON”位置。使用完毕，应将开关置于“OFF”位置，并放置在比较安全的位置，如图 3-3 所示。

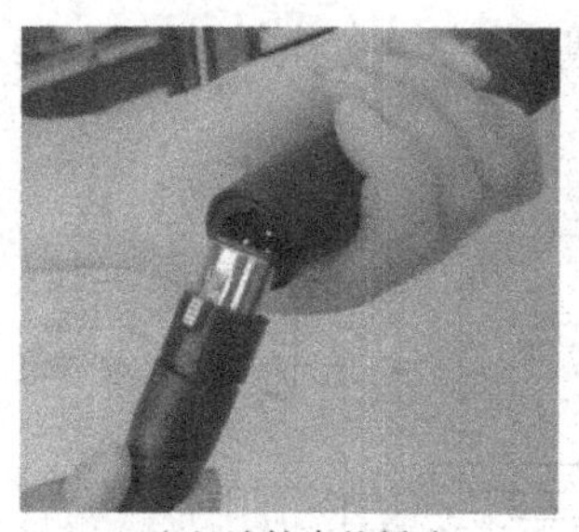
（a）连接卡侬插头

（b）调节开关位置

图 3-3　传声器卡侬插头的连接与开关的使用方法

（2）演说者距离传声器的最佳位置是 15 ～ 40 cm。如果距离太近，演说者的低音部分会因音量过大而失真。如果距离太近，会导致讲话含混不清，严重的则完全听不清。如果背景杂音太大不得不靠近传声器讲话时，可选用可衰减低音的传声器。这种传声器设置了一个低频衰减开关，当打开这个开关时，传声器就会衰减输出信号中的低音成分。该开关一般有 OFF、MUSIC 与 VOICE 三挡，后两者有时也简写为 M 与 V，前者是不衰减低频信号，后者是衰减低频信号。如果没有衰减低音的传声器，在放大器上压缩低音也很有帮助。

（3）应尽量避免出现回声啸叫。以下三种情形容易引起传声器啸叫：传声器与音箱之间距离太近；传声器之间距离太近；传声器音量太大。

（4）传声器应该对准嘴部，呈一条直线。

（5）必须使用专用电缆馈送信号，如图 3-4 所示。传声器输出的信号非常微弱，必须使用专用屏蔽电缆作信号传输线，并使屏蔽层与传声器的外壳良好连接，另一端与电声设备的外壳良好连接，这样才能有效减小周围电磁场的干扰。另外，传输线应尽量短且要避开干扰源。

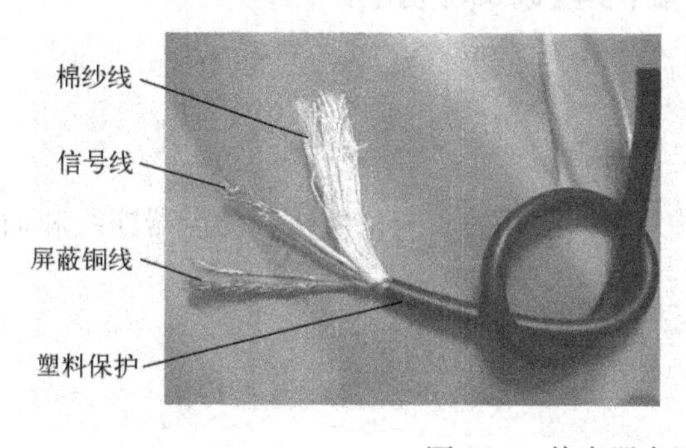

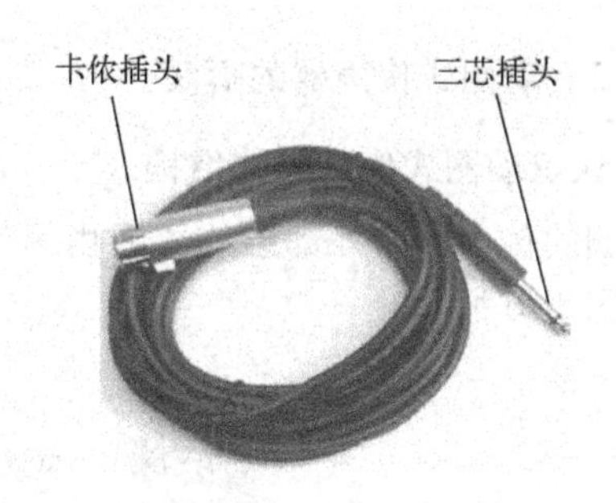

图 3-4　传声器专用电缆

（6）传声器有平衡式和非平衡式两种连接方式（见图 3-5），采用平衡输入可有效减小干扰。所谓平衡输入，是指传输线有两根信号线，它们上面的声音信号正好对参考点呈现数值相等而极性相反的电压，干扰信号可以互相抵消，达到抗干扰的目的。不平衡输入是采用一根芯线的电缆，用屏蔽层作为信号线的另一端。这种接法成本低，但容易产生干扰信号。

（7）注意防止震动。强烈的震动会使磁钢退磁而降低灵敏度，甚至会使磁钢移位或脱落而造成音头报废。使用时应做到轻拿轻放，不要用大力吹气或敲打传声器，避免传声器跌落到地上。

（8）注意传声器的极性。用几只传声器拾音时，要使各传声器的极性相同（即相位相同），以免各传声器的信号相互抵消。

（9）演说时尽量保持一定音量。音量过大或太小，均会影响拾音效果。

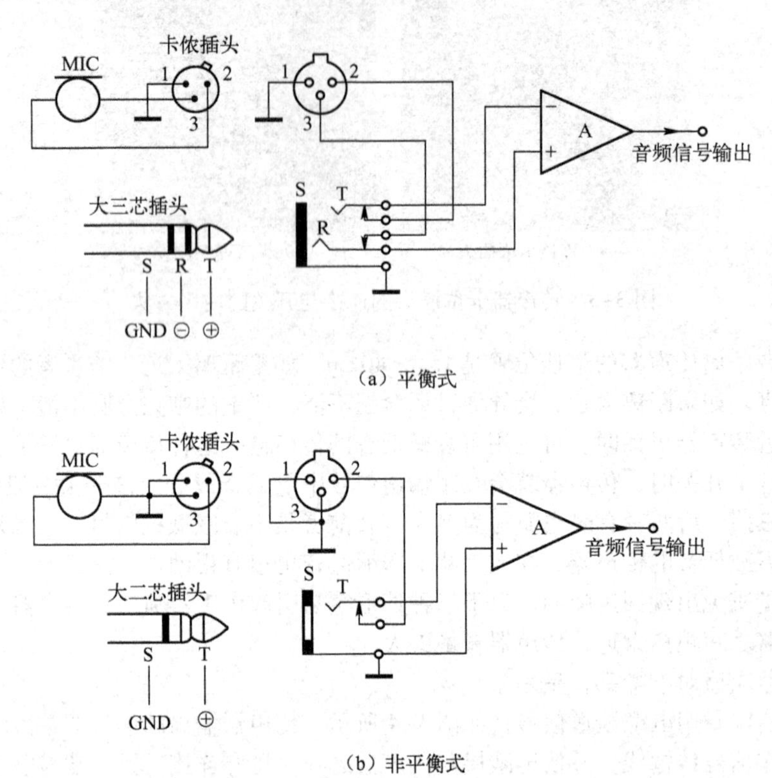

（b）非平衡式

图 3-5　传声器平衡连接和非平衡连接

活动 2　动圈式传声器的拆装

1. 认识动圈式传声器的结构

动圈式传声器的外部结构主要由风罩、传声器开关、卡侬插头、传声器连线和插头等组成，如图 3-6 所示。

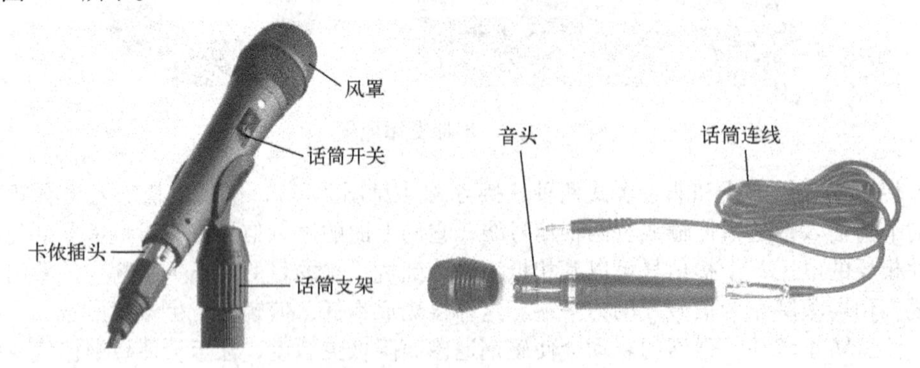

图 3-6　传声器结构图

2. 动圈式传声器的拆卸

动圈式传声器的拆卸方法及步骤见表 3-6。

表 3-6　动圈式传声器的拆卸方法及步骤

步　骤	图　示	说　明
第 1 步：取下话筒连线		用大拇指按住卡依插头的锁紧按钮，向外拔出插头
第 2 步：取下风罩		逆时针方向旋转即可卸下风罩
第 3 步：取下音头		记住要用电烙铁焊开连接引线
第 4 步：取下卡依座		先用梅花螺丝刀拧下卡依座固定螺钉，然后焊开连接引线，再取出卡依座
第 5 步：拆卸开关		此处的螺钉较小，拆卸和安装时注意用力不要过大，防止螺钉损坏或失落

3. 传声器的组装

传声器组装的步骤与拆卸步骤正好相反。

活动 3　动圈式传声器的检测

用万用表 R×1 挡测量传声器插头两端电阻，记下电阻值，同时仔细听是否在测量时伴随有较小的“咯咯”声。将测量结果记录在表 3-7 中。根据测量结果分析，你能判断故障的部位吗？并想一想为什么会是这样的测量结果。

表 3-7　传声器测试记录

传声器开关状态	使用挡位	正常电阻值/Ω	只断开传声器卡依头时的电阻值/Ω	只断开音头连线时的电阻值/Ω	是否有“咯咯”声
开					
关					

活动 4　动圈式传声器常见故障排除

动圈式传声器最常见的故障有无声音，传声器有声音、但有交流声，传声器音小且失真等几种。动圈式传声器常见故障的排除见表 3-8。

表 3-8　动圈式传声器常见故障的排除

故障现象	故障原因	排除方法
无声音	功放机电源没有打开	打开功放机电源开关
	传声器开关没有打开	打开传声器开关
	功放机上的传声器音量旋钮已经调在最小的位置	重新调节传声器音量旋钮
	传声器线有虚焊、断线等现象	焊接以处理虚焊；若传声器线断线应予以更换
	传声器音头连接线断线	重新焊接
	音圈开路	用相同阻抗的音头更换
有声音、但有交流声	传声器屏蔽线断线	重新焊接接地屏蔽线
传声器音小且失真	传声器音头质量变差，如音圈变形、磁芯移位	用相同阻抗的音头更换

任务评价

动圈式传声器的使用与维修学习评价表见表 3-9。

表 3-9　动圈式传声器的使用与维修学习评价表

姓名		日　期		自　评	互　评	师　评
理论知识（30 分）						
序号	评 价 内 容					
1	动圈式传声器的主要性能指标有哪些					
2	产生声音应具备哪些条件					
3	声音的三要素是什么					
4	什么是声压级					
技能操作（60 分）						
序号	评 价 内 容	技能考核要求	评 价 标 准			
1	动圈式传声器的拆装	操作步骤及方法正确，安装牢固	操作方法不正确，不能完成指定任务不得分			
2	动圈式传声器的检测	正确使用万用表，按照表 3-7 要求测试	测试数据基本正确得满分			
3	动圈式传声器模拟故障检修	能根据故障现象分析故障原因，并指出检修方法	思路正确，判断正确			

续表

学生素养与安全文明操作（10 分）						
序号	评 价 内 容	专业素养要求	评 价 标 准			
1	基本素养	参与度； 团队协作； 自我约束能力；	参与度好； 团队协作精神好； 纪律好； 无迟到、早退； 服从实训安排			
2	安全文明操作	无设备损坏事故，无人员伤害事故；课后收拾好工具仪表及实训器材，做好室内清洁				
综 合 评 价						

任务二　无线传声器的使用与维修

任务描述

无线传声器是把换能后的音频电信号调制在一个载波上，经天线发射到附近接收点。无线传声器不需电缆线与放大器相连接，可在一定距离内随使用者一起移动，使用方便，因此应用广泛。无线传声器多种多样，最常用的无线传声器有两种，一种是手持式无线传声器，另一种是佩戴纽扣式无线传声器。

本任务主要学习无线传送器的正确使用、维护和常见故障的维修，同时学习有关相关的声学知识。

相关知识

一、无线传声器简介

1. 无线传声器的种类

（1）按照接收方式分，无线传声器一般分为单接收式和双接收式两种。

所谓双接收器就是把两台接收器装在一个机箱里，每一个接收器各配一个接收天线，同时接收发射器发来的信号，在两台接收器之间安装了一个电压比较器和高速切换开关。当一台接收器的信号比较弱的时候，电压比较器就开始工作，高速切换开关自动切换到信号强的接收器上。两台接收器信号死点的概率要比一台小得多，因此双接收式无线传声器工作稳定，性能较好。

（2）按照使用频率分，无线传声器使用频率分为 VHF 和 UHF 两种。

VHF 频段的传声器频率一般在 165 ～ 216 MHz 范围内，UHF 频段的传声器频率一般在 450 ～ 960 MHz 之间。VHF 传声器频率较低，波长大约在 2 m 左右，电波具有一定的绕射能力，不易被使用者及周围的布景道具所挡；而UHF段的传声器工作频率较高，波长约为几十厘米，电波易被金属物遮挡，但是它具有较强的反射能力和狭缝穿透力，所以送到接收器的信号比较稳定。而且现在很多U段传声器带有频率可调功能，即使有频率干扰现象，把接收器和发射器的频率调整即可，即使很多传声器同时使用也无大碍。

2. 无线传声器的组成

无线传声器由无线传声头、便携式发射器、接收器等三部分组成。有的传声器发射器与传声头结合为一个整体，这样只由两个部分组成。无线传声器的传声头，可以是动圈式的，也可以是驻极体音头，它与有线传声器不同的是其信号靠无线电波进行传输。图3-7和图3-8为常用无线传声器的实物图。

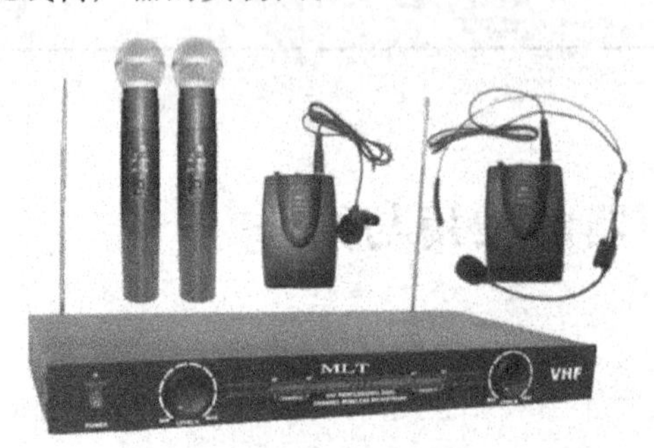

图3-7　演出型无线传声器

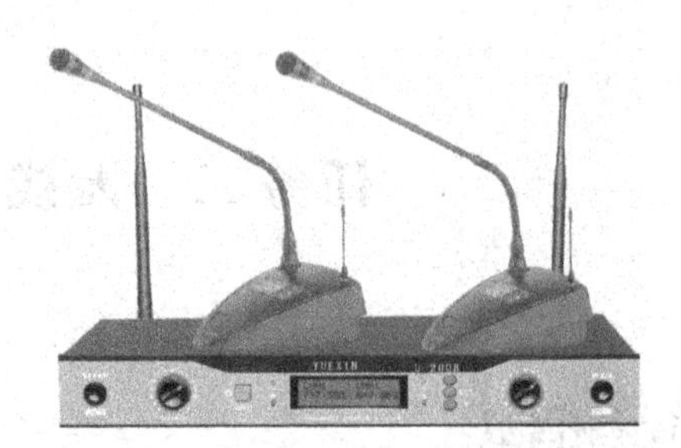

图3-8　会议型无线传声器

3. 无线传声器的主要技术指标

无线传声器是在前面讨论的有线传声器的基础上改进而成，因此有线传声器的指标是无线传声器最基本的指标。此外还包括工作频段、调制方式、载频特性、射频功率、声频输入电平、有效使用距离等主要指标。

二、人耳的主观听觉特性

1. 掩蔽特性

听觉的掩蔽特性是指一个较强的声音往往会掩盖住一个较弱的声音，使较弱的声音不能被听到。这种掩蔽特性有频域掩蔽和时域掩蔽。

（1）频域掩蔽，是指一个幅度较大的频率信号会掩蔽相邻频率处的幅度相对较小的频率信号，使小信号不能被听到。频域掩蔽特性如图3-9所示。

（2）时域掩蔽，是指在时间上，一个强信号会掩蔽掉前后一段时间内的较弱的声音，使之不能被听到。时域掩蔽特性如图3-10所示。

2. 等响特性

听觉的等响特性是反映人们对不同频率的纯音的响度感觉的基本特性，通常用等响曲线来表示，如图3-11所示。

（1）人耳对3～4 kHz频率范围内的声音响度感觉最灵敏，对低频和高频声音的灵敏度都要降低。

（2）声压级越高，等响曲线越趋于平坦，声压级不同，等响曲线有较大差异，特别是在低频段。所以，在放音时，特别是小音量放音时，需要等响控制电路来补偿。

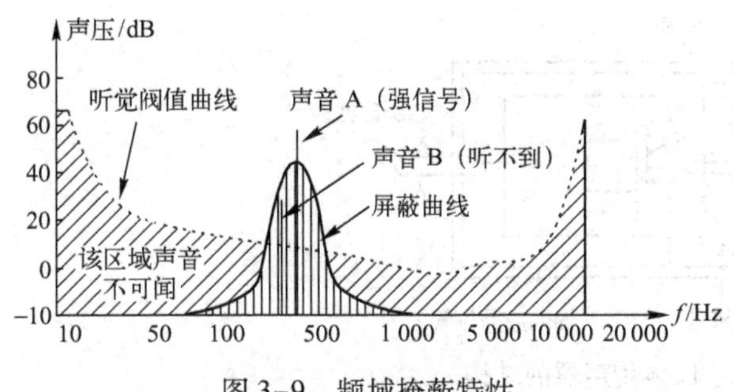

图 3–9　频域掩蔽特性

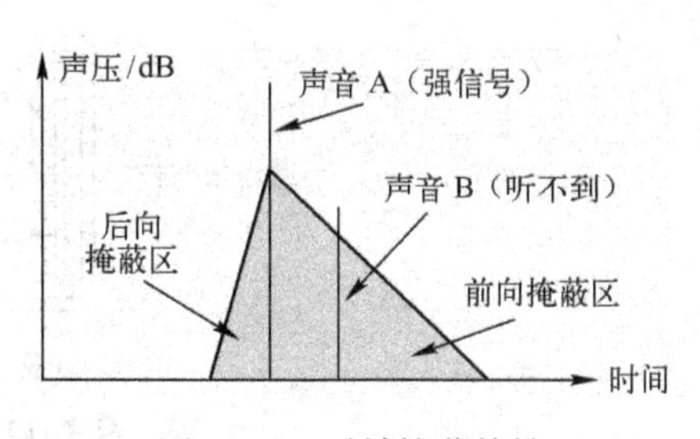

图 3–10　时域掩蔽特性

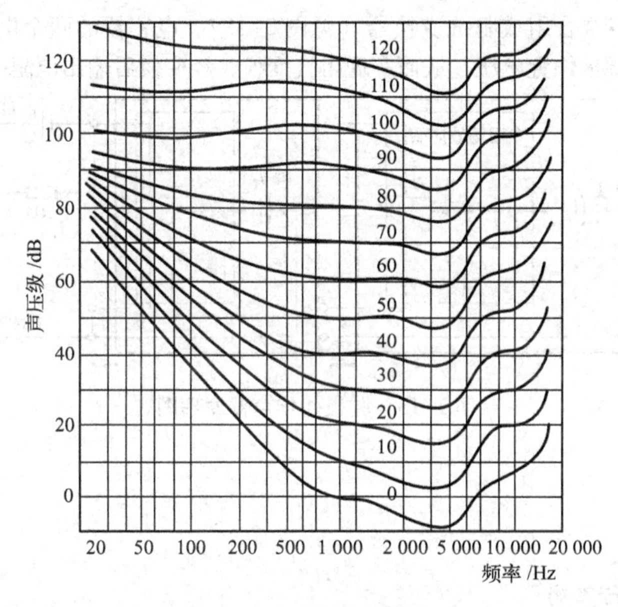

图 3–11　听觉等响特性

3. 哈斯效应

当两个强度相等而其中一个经过延迟的声音同时到聆听者耳中时，如果延迟在 30 ms 以内，听觉上将感到声音好像只来自未延迟的声源，并感不到经延迟的声源存在。当延迟时间在 30 ～ 50 ms 时，则听觉上可以识别出已延迟的声源存在，但仍感到声音来自未经延迟的声源。只有当延迟时间超过 50 ms 以后，听觉上才感到延迟声成为一个清晰的回声。这种现象称为哈斯效应，又称优先效应。

【广角镜】

驻极体传声器

驻极体传声器的内部结构如图 3–12 所示。

驻极体式传声器实质上是电容式传声器，它是利用能够永远保持电荷的物质（驻极体）来制成电容器的两极，这样的电容就无须外加极化电源，传声器体积可以做得很小，造价也低了很多，使之得到了广泛应用。由驻极体传声器电容器的电容量很小，输出的电信号极为微弱，输出阻抗极高，不能直接与一般放大电路相连接，必须连接阻抗变换器。通常用一个专用的

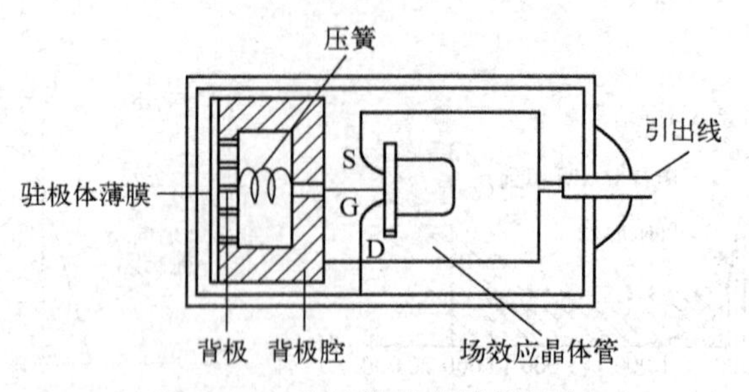

图 3-12　驻极体传声器的结构

场效应管和一个二极管复合组成阻抗变换器（见图 3-13），电容器的两个电极接在栅源极之间，电容两端电压即为栅源极偏置电压，从而实现阻抗变换，经变换后输出电阻一般会小于 2 kΩ。

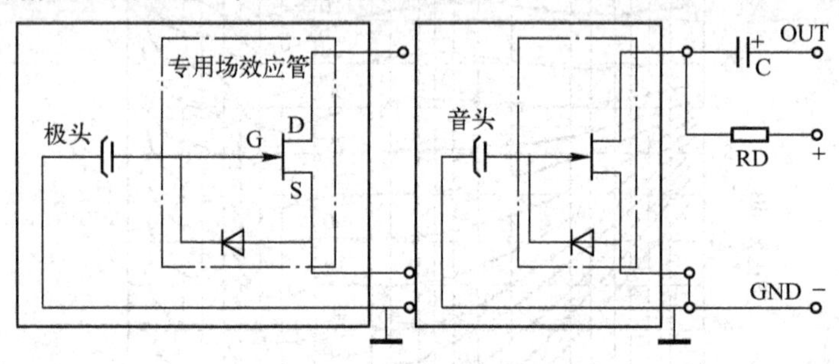

图 3-13　驻极体传声器原理图

任务实施

活动 1　使用无线传声器

1. 正确使用手持式无线传声器

手持传声器分两种，一种是尾部有天线的，一种是无天线的。有天线的传声器使用前要把天线装好。如果天线接触不好，在使用中会有很大的杂音，一定要认真检查。使用者的手不应接触天线，因为人体会接收电波能量，容易引起频率漂移。

传声器尾部没有天线的无线传声器，是利用传声器头部的防护罩作为天线，防护罩和传声器体是绝缘的，使用者手不能触防护罩，否则同样会发生频率漂移的现象。另外，无论是尾部有天线还是无天线的，使用者都不能手捂紧防护罩四周，否则会引起失真和啸叫。使用时，传声器和嘴的距离要基本保持一致，否则音量忽大忽小。

2. 正确使用纽扣式无线传声器

纽扣式无线传声器的发射机和接收机是分开的。传声器一般夹在使用者第二个纽扣处，过近或过远都会使音质发生不良变化。纽扣传声器戴在中间位置为宜，如果戴偏，在使用者转头讲话时容易发生声音忽大忽小的情况。

3. 应用技巧

无线传声器的使用方法与前面介绍的动圈式传声器和驻极体传声器有较大的差异，使用时应注意以下几点。

（1）选择好安放接收器的位置，接收器尽量靠近发射器，要使其避开“死点”。

（2）正确使用天线，确保信号稳定。无线传声器的接收天线有两种：一种是固定长度的天线，这种天线是根据无线传声器信号的波长而设计的，使用时将接收天线接到接收机上，将天线调成水平45°即可。另一种是任意放置的伸缩式拉杆天线，这种天线应根据无线传声器的频率计算出波长再调节天线的长度。有的无线传声器接收机和接收天线之间还备有一条延长屏蔽线，可将两副接收天线任意放置（分开和升高），这样会消除干扰和减少多径传播效应中的死点。

（3）使用前确保电池电量足够，避免使用中因电池电量不够引起信号不稳定或不能正常工作。使用完毕后一定记住要关闭电源，避免电池失效。

VHF 频段无线传声器的耗电量很少，一般用普通的9 V 电池就能够使用2 ～ 4 h；UHF 频段的无线传声器耗电量较大，要用9 V 碱性电池。近年来有使用5 号电池的 UHF 频段无线传声器，值得推荐。更换电池时要提前通知调音师，因为打开和关闭无线传声器电源开关时会有干扰和杂音。

（4）为使无线传声器发挥最佳的效果，必须处理好发射机输出电平增益、接收机输出增益和调音台输入增益三者间的关系，如处理不当的话可能会出现声音压抑、没有穿透力或声音失真，甚至自激。正确的操作方法是接通无线传声器接受接收机和音响系统电源，并将音响系统电平（0 dB 或 +4 dB）设定好后，把功放机开至最大输出，同时把调音台主输出音量定在0 dB，打开无线传声器发射机电源，再把无线传声器发射器的音频输出增益定在70% ～ 75%的位置上，并把调音台上无线传声器输入通道的通道电位器定在0 dB 处；最后仔细调整调音台输入增益，必要时也可小幅度调整发射机音频输出增益，直到传声器效果满意为止。

活动2　无线传声器的拆装

1. 无线传声器的拆卸

无线传声器的拆卸方法及步骤见表3-10。

表3-10　无线传声器的拆卸方法及步骤

步　骤	图　示	说　明
第1步：旋下传声器外壳		将传声器外壳向逆时针方向旋转，便可以取下外壳，这时可以进行更换电池等操作
第2步：取下电池和风罩		轻撬电池正极便可取下电池，逆时针方向旋转风罩即可卸下风罩
第3步：取下音头		逆时针方向旋转即可取下音头。 注意：有的音头和电路板间有连线，需要焊开后才可拿下音头

续表

步　骤	图　示	说　明
第4步：观察无线发射电路板		对照相关理论知识，认真观察电路板各组成部分，熟悉其结构和简单调试方法
第5步：熟悉开关和指示灯		这是无线传声器与有线传声器外观区别较大的部分，无线传声器通常有两个开关，分别是电源（POWER）开关和静音（MUTE）开关，同时有两个相应的指示灯指示其工作状态。当电源指示灯处于闪烁状态时表明电池电量不足，需更换电池

2. 无线传声器的组装

无线传声器的组装过程是拆卸过程的逆过程，装配完毕后进行一次完好性实验，传声器能够正常工作表明拆装任务完成。

活动3　无线传声器简单故障的维修

当使用无线传声器出现无声或者其他声音不正常的现象时，首先要判断故障出自无线传声器系统本身，还是扩音系统。可换用已知正常的传声器对扩音机进行试验，若正常，说明是无线传声器系统有故障；若故障不变，则是扩音系统有故障。

当确定故障在无线传声器系统后，还需进一步确定故障是在传声器发射机，还是在接收机，把故障范围再一次缩小。可以用另一支相同型号与频点的正常传声器测试，若是使用正常，表示原先传声器有故障；或用另一台相同型号与频点的接收机测试，若可正常使用则表示原先接收机有故障。

无线传声器常见简单故障的维修见表3-11。

表3-11　无线传声器常见简单故障的维修

故障现象	故障原因	维修方法
开机无电源显示	用户使用后，未及时取出电池并长期搁置，导致电池漏液腐蚀所致	检查供电系统，发现电源未通，查看电池接触片，发现腐蚀严重。维修方法是更换同规格的电池片
传声器电源显示正常，接收机显示正常，但接收机无输出	（1）传声器因多次摔落或碰撞，引起晶振损坏。 （2）音头失效。 （3）传声器因多次摔落或碰撞，引起MIC损坏	（1）选用相同频率的晶振予以更换。 （2）更换同规格的音头。 （3）用同规格的音头更换已损坏的音头
使用时有杂音，信噪比低	（1）电解电容器失效或引脚有虚焊，引起信号失真。 （2）电池电压不足。 （3）音头损坏	（1）更换已失效的电解电容器；电容器引脚虚焊应重新焊接。 （2）对电池进行充电。 （3）凡是摔落过的传声器出现音质不正常，首先应考虑更换音头

任务评价

无线传声器的使用与维修学习评价表见表 3-12。

表 3-12　无线传声器的使用与维修学习评价表

<table>
<tr><td>姓名</td><td></td><td>日　期</td><td></td><td>自　评</td><td>互　评</td><td>师　评</td></tr>
<tr><td colspan="4">理论知识（30 分）</td><td colspan="3" rowspan="2"></td></tr>
<tr><td>序号</td><td colspan="3">评 价 内 容</td></tr>
<tr><td>1</td><td colspan="3">什么是掩蔽特性</td><td></td><td></td><td></td></tr>
<tr><td>2</td><td colspan="3">什么是哈斯效应</td><td></td><td></td><td></td></tr>
<tr><td>3</td><td colspan="3">什么是听觉的等响特性</td><td></td><td></td><td></td></tr>
<tr><td colspan="4">技能操作（60 分）</td><td colspan="3" rowspan="2"></td></tr>
<tr><td>序号</td><td>评 价 内 容</td><td>技能考核要求</td><td>评 价 标 准</td></tr>
<tr><td>1</td><td>使用手持式无线传声器</td><td>操作方法正确</td><td>操作方法不正确不得分</td><td></td><td></td><td></td></tr>
<tr><td>2</td><td>使用纽扣式无线传声器</td><td>操作方法正确</td><td>操作方法不正确不得分</td><td></td><td></td><td></td></tr>
<tr><td>3</td><td>无线传声器简单故障的维修</td><td>能根据故障现象分析故障原因，并指出检修方法</td><td>思路正确，判断正确</td><td></td><td></td><td></td></tr>
<tr><td colspan="4">学生素养与安全文明操作（10 分）</td><td colspan="3" rowspan="2"></td></tr>
<tr><td>序号</td><td>评 价 内 容</td><td>专业素养要求</td><td>评 价 标 准</td></tr>
<tr><td>1</td><td>基本素养</td><td>参与度；
团队协作；
自我约束能力</td><td>参与度好；
团队协作精神好；
纪律好；
无迟到、早退；
服从实训安排</td><td></td><td></td><td></td></tr>
<tr><td>2</td><td>安全文明操作</td><td colspan="2">无设备损坏事故，无人员伤害事故；课后收拾好工具仪表及实训器材，做好室内清洁</td><td></td><td></td><td></td></tr>
<tr><td colspan="2">综 合 评 价</td><td colspan="5"></td></tr>
</table>

任务三　MP3/MP4 的应用与维修

任务描述

从磁带收录机到 CD 随身听，从 CD 随身听到 MP3 播放器，从 MP3 到 MP4 播放器，随着时间的推移，进步的不仅仅是科技技术，与此同时人们的需求也在提高，从简单的听到音质的追求，进而到感官的享受。对于普通用户来说，MP3/MP4 属于多功能的高整合度的娱乐机型，不仅可随身听，也可用于家庭影院系统，一机多用，相当“给力”且实用，可避免重复投资。有专家预测，基于互联网的流媒体技术是未来音视频发展的主流技术路线。

本任务主要学习 MP3/MP4 播放器，了解这些设备的基本功能及性能、使用及维护常识等，以拓宽大家的知识视野。

相关知识

一、MP3 播放器

1. MP3 的概念

所谓 MP3，就是国际标准 MPEG 中的第三层音频信号压缩解码模式标准。MPEG 中的第三层音频压缩模式比第一层和第二层编码要复杂得多，但音质要比第一层和第二层高，甚至可与 CD 音质相比，而其文件大小却只有 CD 的 1/12 左右。

现在人们提到 MP3，有时是指 MP3 播放器（机），有时是指 MP3 音频编码方式，有时是指采用 MP3 编码方式的音频文件。

2. MP3 播放器的功能

MP3 播放器是利用数字信号处理器 DSP 来完成对 MP3 播放器文件处理传输和解码的设备，它有自己的解码芯片（即主控芯片）和 Flash 芯片（内存储器）。DSP 能够在非常短的时间里完成多种处理任务，而且此过程所消耗的能量极少，非常适合于便携式播放器。

MP3 播放器出现的最初目标是减少文件大小，以便于资料在网络上传输，并且保持和原来相近的播放品质。

MP3 播放器除了具备基本的音乐播放、歌词同步显示功能外，还具有 FM 调频收音功能、录音功能、复读功能、文本阅读功能、移动存储功能等。

3. MP3 播放器的结构

MP3 播放器的基本结构如图 3-14 所示。

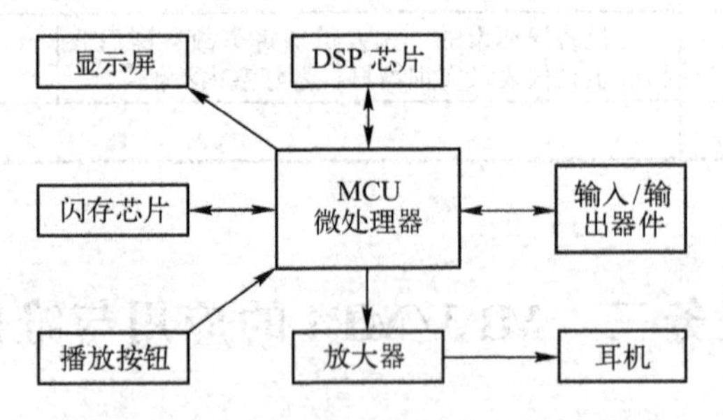

图 3-14　MP3 播放器基本结构框图

一个完整 MP3 播放器主要由以下几部分组成：中央处理器、解码器、存储设备、主机通信端口、音频 DAC 和功放、显示界面和控制键等。其中中央处理器和解码器是整个系统的核心。

中央处理器通常为 MCU（单片机），它能够运行 MP3 播放器的整个控制程序，又称固件程序，控制 MP3 播放器各个部件的工作。

存储设备是 MP3 播放器的重要部分，通常的 MP3 播放器都是采用半导体存储器（Flash）

作为存储设备的。它接收存储主机通信端口传来的数据，回放的时候 MCU 读取存储器中的数据并送到解码器。

主机通信端口是 MP3 播放器与 PC 交换数据的途径，PC 通过该端口操作 MP3 播放器存储设备中的数据，进行删除、复制文件等操作。目前最广泛使用的是 USB 总线。

音频 DAC 是将数字音频信号转换成模拟音频信号，以推动耳机、功放等模拟音响设备。MP3 播放器经解码器解码后的信息属于数字音频信号，需要通过 DAC 转换器变成模拟信号才能推动功放，才能被人耳所识别。

MP3 播放器的显示设备通常采用 LCD 或者 OLED 等来显示系统的工作状态。控制键盘通常是按钮开关。键盘和显示设备合起来构成了 MP3 播放器的人机交互界面。

MP3 播放器的软件结构与硬件是相对应的，即每一个硬件部分都有相应的软件代码，这是因为大多数的硬件部分都是数字可编程控制的。

4. MP3 播放器的组合方案

近年来 MP3 播放器发展非常迅速，各大厂家也形成了各种不同的组合方案，目前较为流行的有 PHILIPS（飞利浦）方案、WINBOND（华邦）方案、SUNPLUS（凌阳）方案、ATMEL 方案等，不同方案对应不同的芯片组合。通过 MP3 播放器中的主芯片类型，就可识别出该机型的组合方案。表 3-13 提供了常见 MP3 播放器的典型组合方案，供同学们参考。识别了该机的组合方案，就可通过查阅技术资料，了解该机的工作原理，为维修提供必要的技术支持。

表 3-13　常见 MP3 播放器典型组合方案

组成方案	主控芯片	存储器芯片	音频处理芯片	电源芯片	收音机芯片	LCD 显示驱动芯片
飞利浦（PHILIPS）	SAA7750、SAA7752	TC58512FT		TEA1202TS TEA1208T	TEA5767HN	
华邦（WINBOND）	W9986D	W27L520 K9F1208UOM K9F5608UOM	UDA1344TS BH3544H LM358	IPF7404 LM339 R1210N332		S6A0093
凌阳（SUNPLUS）	SPCA751A SPCA757A	AT29LV010A	SPCA713A MS6308	LF33CV MAX1675		S6A0093
ATMEL	T89C51SD1	K9F1208UOM	BH3544H LMV358 MS6308	SOT89 IMP525		HT1621COB
TELECHIPS	TCC730、TCC731	SST39VF400A K9K5608UOM	CM8662 DA101 XWM8731EDS	RT9167 －3.3 XC6366A302MR MAX1706	TA5767HN	
SAGMATEL	STMP3 播放器 410、3420、3520	K9F5608UOM		IMP525		HT1621B

5. MP3 播放器的工作原理

首先将 MP3 音乐（文件）下载到 MP3 存储器中，按下播放开关，主控芯片从存储器中取出，送到解码芯片对信号进行解码，通过数模转换器将解出来的数字信号转换成模拟音频信号，再把转换后的模拟音频信号进行功率放大，最后加到耳机输出插口，可以直接驱动耳机发声。

也可以将 MP3 播放机作为信号源，通过数据线与功放机等设备连接起来使用。

二、MP4 播放器

1. MP4 的概念

（1）音频 MP4 格式——AAC

MP4 最初是一种音频压缩格式，即 MPEG-2 AAC，这种音频压缩格式增加了对立体声的完美再现、多媒体控制、降噪等新特性，最重要的是，MP4 通过特殊的技术实现了数码版权保护，这是 MP3 播放器所无法比拟的。

（2）视频 MP4 格式——MPEG4

目前市面上的 MP4 多数是能播放 MPEG4 等视频格式的多媒体播放器，而不是能播放音频 MP4 AAC 的随身听。原因是 AAC 有版权保护功能，要使自己的播放器支持 AAC，需要支付一定的版权费。另外，AAC 的来源也不像 MPEG4 那么开放，网上资源极少。

（3）MP4 播放器

MP4 播放器其实是 MP3 播放器衍生而来的，即可以把 MP4 看作是在 MP3 单纯的音频播放功能的基础上，增加了视频播放功能，其实质是对 MP3 功能的一个延伸和细分。

2. MP4 的功能

MP4 播放器除了具有看电影的基本功能外，还支持浏览图片和电子书、音乐播放、FM 收音等传统 MP3 的功能，甚至部分产品还具有数码照相机伴侣功能、视频录制功能、电视收看功能、DV 功能等。

MP4 播放器的数码照相机伴侣功能可以实现用 MP4 播放器拍照，对于 MP4 的数码照相机功能一般是通过内置读卡器或通过 USB 连线 USB 复制实现的。

MP4 播放器的视频录制功能可以从电视或其他视频源录制节目，而且支持定时录制等功能。

MP4 播放器的电视收看功能可以外接闭路电视，同时也可能通过卫星信号收看无线电视。

MP4 播放器的 DV 功能可以实现数码摄像机的摄录功能，不过此功能一般需要外接设备来实现局限性放大。

3. MP4 的结构

在不考虑 OTG 数码伴侣、数码照相等附加功能的情况下，MP4 播放器的基本电路结构与视频 MP3 大体相同。图 3-15 所示是典型的 MP4 播放器电路结构框图。图中，主芯片中包括微处理器 CPU，编、解码器，D/A、A/D 转换器等电路。主芯片起主导控制作用，它控制 MP4 解码器，D/A、A/D 转换器和 LCD 等电路，由解码器等把内置存储器（闪存或硬盘），或者是外部插接的 FlashROM、HD（硬盘）等存储介质之中的视频文件，读出和进行解码，然后经数/模转换器（DAC）转换，将数字信号转换成模拟信号。转换后的模拟音频信号被送到音频功率放大器进行放大，最后被送到耳机输出插口，由耳机发出音乐等信号。现在有不少 MP4 都有内置扬声器（俗称外响喇叭），这类播放器的音频功率放大器输出的信号还被加到内置扬声器，通过内置扬声器发出响亮的声音；如果插入耳机则由耳机放声，内置扬声器停止工作。

SDRAM 缓存（或相似功能的缓存）是 MP4 的必备器件。因为 MP4 首先要保证视频播放的质量，主芯片解码电路在处理视频信号时，需要读取大量“闪存”中的数据，而直接从“闪存”读取数据的速度较慢，会影响视频播放的效果，使画面出现马赛克、“掉帧”、“卡顿”、“拖影”和“色块”等现象。而 SDRAM 缓存读取数据的速度很快，能与解码电路的速

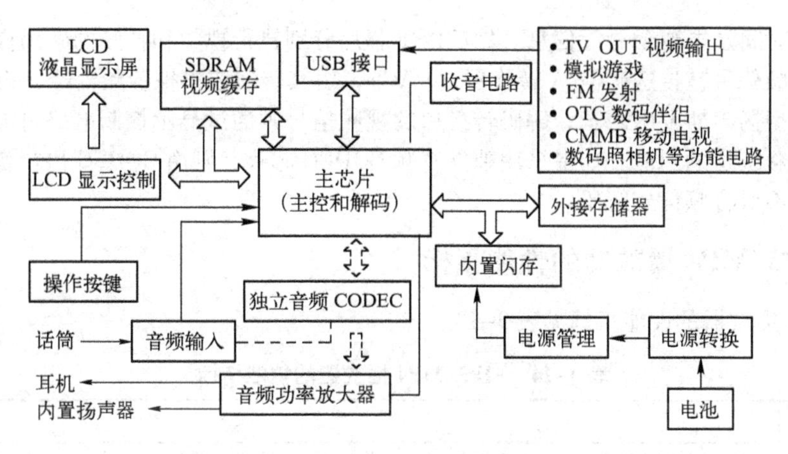

图 3-15　典型的 MP4 播放器电路结构框图

度匹配，把它设置在主芯片解码器和 Flash 存储器之间，起到数据缓冲之用（相当于计算机内存），就能明显提高播放器视频性能。主芯片解码后的视频信号加到显示控制电路处理，然后送到 LCD 液晶显示屏，显示出五彩缤纷的图像。

现在有一些 MP4 还采用了独立音频 CODEC（编、解码器）芯片。如不采用这种芯片，主芯片输出信号直接加到音频功率放大器；采用独立 CODEC 时，则如图 3-15 中虚线连接所示。这种“主芯片 + 独立 CODEC 芯片”的“双芯”方案，是由一个芯片主要处理系统和视频编解码等问题，而另一芯片则处理音频信号编解码，两个芯片各司其职。由于独立音频芯片的性能优异，故可拥有比同类播放器更加出色的音质。目前 MP4 应用的独立 CODEC 主要有两类，一是英国欧胜电子公司的 WM8XXX 和 WM9XXX 系列；二是美国 Cirrus Log IC 公司的 CS42XX 系列。例如，“台电” M30 型播放器应用 RK2706 + WM8987 “双芯” 方案；而 “艾诺” V3000HD 型和 “驰为” M50 型等播放器则采用了 “华芯飞 CC1600 主芯片 + CS42L52 音频芯片” 的 “双芯” 方案。

图 3-15 中的 USB 接口、按键电路、内置内存、收音电路、电池电源转换和电源管理等部分的基本原理都和 MP3 大同小异。

目前的一些 MP4 还设置了 TV OUT 视频输出、模拟游戏、FM 发射、OTG 数码伴侣、CMMB 移动电视、数码照相机等辅助功能电路，如图 3-15 中右上的方框内所示。

4. MP4 的基本工作原理

图 3-16 所示为 MP4 播放器在播放数字视频、音频文件时的主要工作流程。播放器加电启动后，微控制器 MCU 加载引导程序，随后加载操作系统程序，接收操作指令，访问存储介质，读取视频和音频文件数据，同时读取外围 LCD 控制器等的状态及显示相关信息，并监测电池电量，再显示音量、

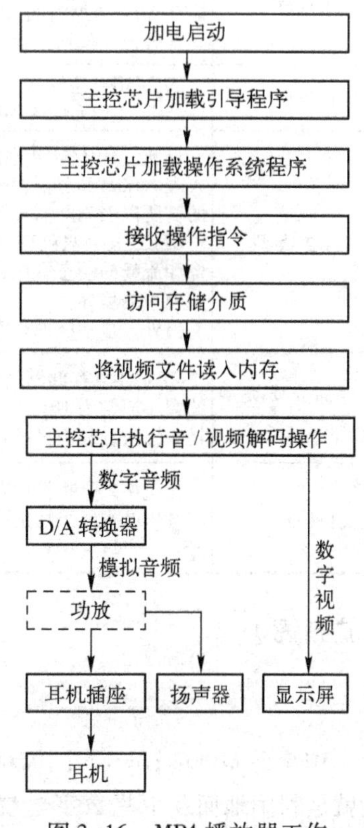

图 3-16　MP4 播放器工作原理示意图

片名或曲目、时间及电池余量等信息。然后由主芯片分别执行视频和音频的解码操作任务，解码后的数字音频信号被传送到 D/A 转换器（DAC），由其转换成模拟音频信号，再经过放大后推动耳机或微型扬声器发出声音；解码转换后的视频信号则通过显示控制电路再加到液晶显示屏，显示出五彩缤纷的图像。如果采用独立音频 CODEC 芯片，则由 CODEC 执行音频解码操作任务，主芯片不对音频信号解码。

三、MP3/MP4 播放器的性能指标

MP3/MP4 播放器的性能指标见表 3–14。

表 3–14　MP3/MP4 播放器的性能指标

性能指标	说　　明
信噪比	对 MP3/MP4 播放器来说，信噪比是一个非常重要的参数。信噪比越高表示产品质量越好，常见的 MP3/MP4 播放器的信噪比都在 60 dB 以上，高端 MP3/MP4 播放器的信噪比都在 90 dB 以上
频率响应	频率响应又称频率特性或频率范围，是指音响系统能够记录和重放音频频率的范围，以及在此范围内允许的振幅偏差（允差或容差）。频率范围越宽，振幅允差越小，则频率特性越好。一般的 MP3/MP4 播放器的频响范围为 20 Hz～20 kHz，而这一范围正好是人耳所能听到的声音频率范围
采样频率	采样频率越高，所能描述的音频信号的频率就越高。MP3/MP4 系统的采样频率一般为 44.1 kHz，与 CD 系统的采样频率相同
数字音效	数字音效简称 EQ 模式，即 MP3/MP4 不同的声音播放效果，不同的 EQ 模式具有不同的声音播放效果，同时 EQ 模式也是最能突出个人特性的模式，能给用户带来更多的享受。数字音效能够弥补 MP3/MP4 压缩时的信号损失，所以带数字音效的 MP3/MP4 播放器可以满足不同个人喜好。常见数字音效模式包括正常、摇滚、流行、舞曲、古典、柔和、爵士、金属、重低音和自定义等
接口类型	MP3/MP4 播放器与计算机连接的接口是 USB 接口，而 USB 接口又分为 USB 1.1 标准、USB 2.0 标准等，所以 MP3/MP4 播放器的接口类型会直接影响其传输速度
显示屏类型	目前，MP3/MP4 播放器使用的显示屏类型主要有液晶屏（LCD）、有机发光显示器（OLED）两大类。LCD 又分黑白屏和彩屏两种。由于液晶本身不发光，若无外光源，液晶屏是无法完成显示的，所以液晶屏需设置背光源。 OLED 又分双色/三色屏和彩色屏两种。OLED 显示技术无需背光源就能够显示生动逼真的静态图像和流畅的动态影像，显示屏更薄、更轻、更清晰，色彩更艳丽，更大可视角度，更省电，几乎达到完美的境界。 另外，显示屏的长宽比例也有 4:3 和 16:9 两种。目前多采用 16:9 的
存储介质类型及容量	MP3/MP4 存储器的存储介质主要包括闪存和硬盘，目前闪存的大小通常为 256 MB～4 GB，硬盘的大小通常为 10～120 GB。闪存的优点是体积小，耗电较小；硬盘的优点是容量大，但是发热、耗电较大，相应的机器体积也大，重量大，携带不太方便
支持格式	支持格式是指播放器所能播放的音乐或视频的格式。不同型号的机器支持的格式都不尽相同。目前音乐及视频采用的格式主要有 MP3、WMA、APE、FLAC、MPEG1/2/4、MPG1/2/4、VOB、AVI、ASF、WMV、DIVX、RM、RMVB 等

【广角镜】

MP5 播放器

MP5 是 MPEG Layer 5 的简称，可以把 MP5 通俗地理解成为能收看电视的 MP4，其核心功能就是利用地面及卫星数字电视通道实现在线数字视频直播收看和下载观看等功能；同时，MP5 内置 4 ～ 10 GB 硬盘，能够接收并保存音视频、图片、文本等多种文件，保存到内置的存储区，用户可以在本地随时随地进行观看新闻、文本信息。

MP5 播放器可以播放 1080P 高清视频，支持 RM、RMVB、AVI、VOB、ASF、3GP、MPEG、FLV、MP4、DAT、MKV、MOV 多种格式视频直接播放，无须转换；支持 MP3、WMA、OGG、WAV、ACC、AC3 及 APE、FLAC 双无损压缩音乐格式播放，歌词同步显示，支持 JPG、BMP、GIF、PNG 等格式图片，进行幻灯片观看。

某品牌 MP5 播放器如图 3-17 所示。

图 3-17　某品牌 MP5 播放器

任务实施

活动 1　MP3 播放器的使用

MP3 播放器的使用方法及步骤见表 3-15。

表 3-15　MP3 播放器的使用方法及步骤

步　骤	图　示	说　明
第 1 步：熟悉 MP3 播放器各功能键	音量加减　按键锁定　方式选择、快进倒退　播放与暂停 Volume　Hold　Mode	结合使用说明书，熟悉 MP3 播放器各功能键的作用，明确常见符号的含义
第 2 步：为 MP3 播放器供电		打开 MP3 播放器电池盖，为其装上合适的电池，请注意电池的正负极。有的 MP3 播放器内带可充电电池，可以不装电池
第 3 步：连接音频输出设备	音频输出插口	将耳塞或连接功放机的音频线插入 MP3 播放器的音频输出插口，将 MP3 播放器作为音频信号源使用
第 4 步：对 MP3 播放器进行功能操作	00:01/04:25　ALL　A-B MENU/ON/OFF　A-B	对照 MP3 播放器使用说明书，逐一实验其各项功能，熟悉常见功能键的作用和使用方法

活动 2　认识 MP3 播放器的结构

要求：打开后盖后，观察 MP3 的内部结构，如电池的额定电压、各芯片的型号，分析判断主要芯片的主要功能，并记录在实训报告中。

1. MP3 播放器的拆卸

拆卸 MP3 播放器的方法及步骤见表 3-16。

表 3-16 拆卸 MP3 播放器的方法及步骤

步　骤	图　示	说　明
第 1 步：取下电池盖		轻按电池盖的锁扣，便可拿下电池盖，切忌用力过猛损坏电池盖
第 2 步：撬开 MP3 播放器外壳	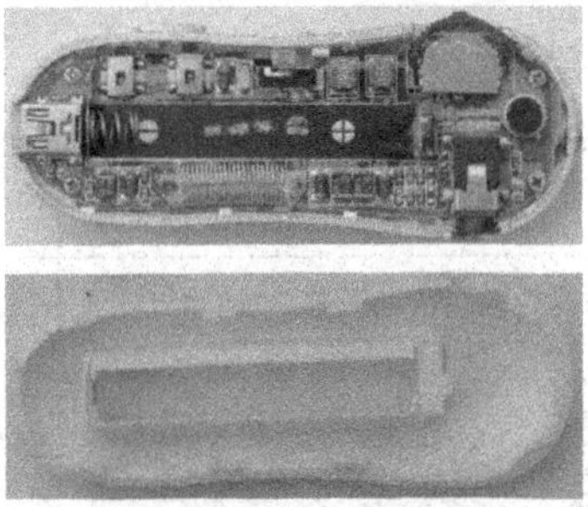	MP3 播放器外壳一般是通过塑料锁扣铆合起来的，有的有固定螺钉，需先卸下固定螺钉，然后轻撬后盖可拿下后盖
第 3 步：拆卸 MP3 播放器主板	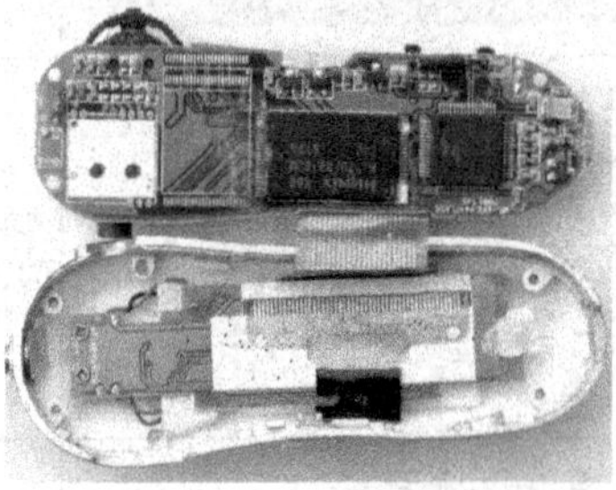	卸下主板固定螺钉，便可拿下主板。主板固定螺钉很小，需注意妥善保管，防止丢失，可将其吸附到较大的磁体上。翻转主板时用力要轻，以免将连接排线拉断
第 4 步：拆卸 MP3 播放器显示屏	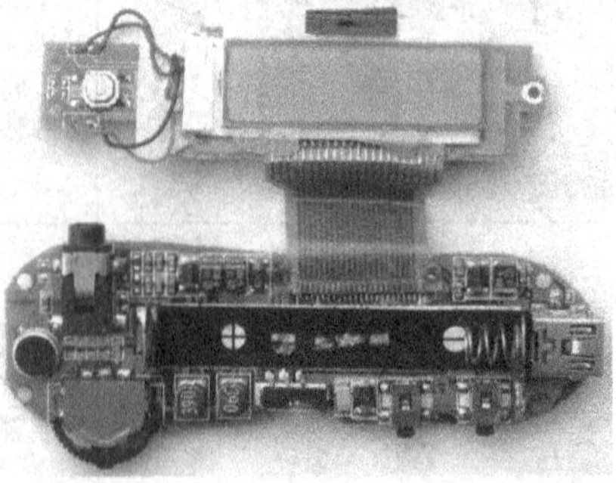	卸下显示屏固定螺钉，可拿下显示屏。显示屏为液晶显示屏，注意不能敲打和碰撞，显示屏所在的电路板与主板靠软排线连接，翻动时用力一定要轻。此步完成后便可观察到 MP3 播放器的完整结构

2. 认识 MP3 播放器的主要部件

MP3 播放器的主要部件如图 3-18 所示。

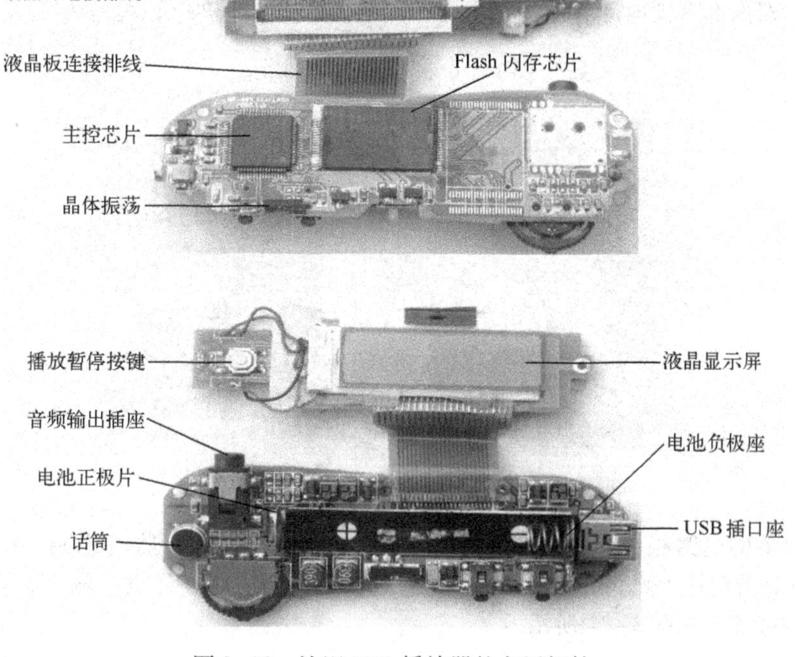

图 3-18　认识 MP3 播放器的主要部件

3. MP3 播放器的组装

MP3 播放器的组装，与以上拆卸步骤相反，请注意不要漏装。开机测试，保证装配无误。

活动 3　认识 MP4 播放器的结构

MP4 播放器的结构与 MP3 播放器的结构相似。从外部看，MP4 播放器主要包括功能按键、液晶显示屏、USB 接口、耳机接口等。图 3-19 所示为典型的 MP4 播放器外部结构。

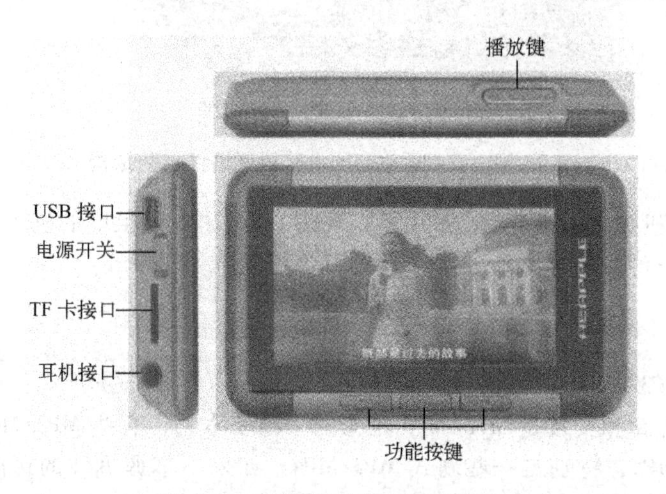

图 3-19　MP4 播放器的外部结构

液晶显示屏用于显示音乐及视频信息；USB 接口用于与计算机连接传输文件或与电源适配器连接对锂电路进行充电；功能按键用于控制 MP4 播放器；耳机接口用于连接耳机输出音频。

MP4 播放器内部有锂电池、液晶显示屏和电路板，如图 3-20 所示。

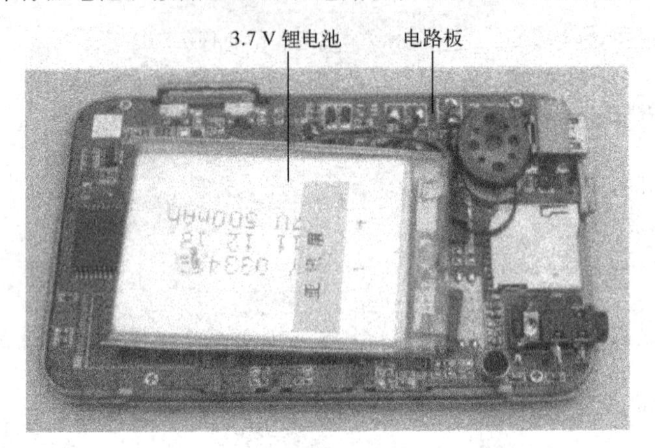

图 3-20　MP4 播放器的内部结构

MP4 播放器的电路板主要有主控芯片、闪存（Flash）芯片、收音电路、LCD 显示电路（主要包括 LCD 背光电路和液晶屏接口电路等）、USB 接口电路、耳机（输出）电路、电源电路以及各种按键等，如图 3-21 所示。

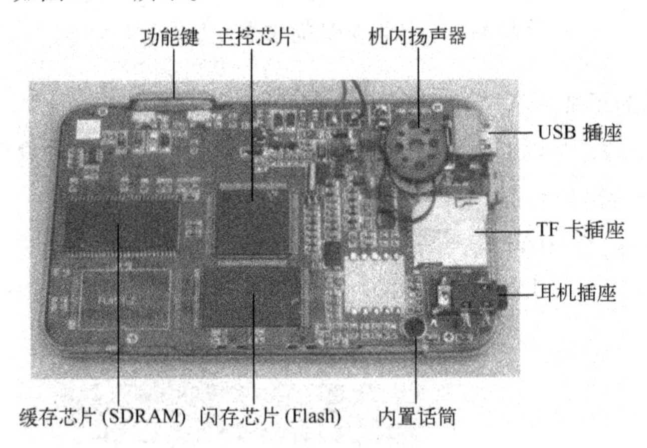

图 3-21　MP4 播放器的电路板元器件组装结构

内置扬声器的机型，还有音频功放电路；采用 1.5 V 干电池供电的机型，还有电池升压电路；带外置插卡的有 SD 卡电路和缓存（SDRAM）芯片。

【应用技巧】

不同型号的 MP3/MP4，拆卸方法可能不同。

MP3/MP4 的拆卸和安装是 MP3/MP4 维修的一项基本功，有些 MP3/MP4 是易拆易装的。但也有不少 MP3/MP4，特别是一些新式 MP3/MP4，如果不掌握拆装的窍门，是很容易拆坏的。由于 MP3/MP4 的外壳一般采用薄壁 PC - ABS 工程塑料，它的强度有限，再加上 MP3/MP4 外壳的机械结构各不相同，有螺钉紧固、内卡扣、外卡扣的结构，所以对于 MP3/MP4 的安装和拆卸，同学们一定要心细，事先看清楚，在弄明白机械结构的基础上，再进行拆卸，否则极易损坏外壳。

活动 4　MP3/MP4 的电路检测

1. 充电电路检测

先在电路板上找到锂电池充电电路部分，然后连接好电源适配器给播放器中锂电池充电，此时测量 USB 插座的 +5 V 引脚电压和锂电池正、负极之间的电压，并记录在实训报告中，见表 3-17。

表 3-17　充电电路检测记录

端　　口	电压/V
USB　+5 V 端电压	
锂电池正、负极间电压	

2. 稳压电路、电源开/关控制电路检测

先在电路板上找到电源控制开关管和稳压集成电路，然后分别测量电源控制开关管和稳压集成电路各脚在开机和关机时的电压，并记录在实训报告中，见表 3-18。

表 3-18　开关管和稳压集成电路检测记录

元　器　件	型　　号	引　　脚	开机/V	关机/V
电源控制开关		G		
		D		
		S		
稳压集成块 1		①		
		②		
		③		
		④		
		⑤		
稳压集成块 2		①		
		②		
		③		
		④		
		⑤		

3. 整机工作电流检测

先焊开电池正极引线，再串入一个电流表（选择合适量程）后开机，然后分别测量 MP4 播放器在显示菜单、音频播放、视频播放状态下的整机工作电流，并记录在实训报告中，见表 3-19。

表 3-19　整机工作电流检测记录

工 作 电 流	显示主菜单	音 频 播 放	视 频 播 放
整机工作电流/mA			

4. 时钟电路检测

先清理时钟电路，并画出时钟电路图，然后测量晶振两引脚对地电压，最后用示波器测量晶振两引脚的波形，注意观察在测量电压和波形时振荡电路有无停止的现象，并记录在实训报告中，见表 3–20。

表 3–20　时钟电路检测记录

时钟电路	检测对象	数　值	电路图
时钟电路 1	晶振标称频率		
	晶振两端电压		
时钟电路 2	晶振标称频率		
	晶振两端电压		

5. 音频功放 IC 的检测

用万用表测量音频功放 IC 各引脚对地电阻和电压，并记录在实训报告中，见表 3–21。

表 3–21　音频功放 IC 检测记录

引　脚		①	②	③	④	⑤	⑥	⑦	⑧
在线电阻 /kΩ	黑表笔测								
	红表笔测								
电压/V									

活动 5　MP3/MP4 的故障检修

1. 检修流程

MP3/MP4 电路较为复杂，印制线很细，集成电路采用表面安装，电路多为数字电路且相互间的关系也极为复杂，这给维修工作带来了一定的难度，要把 MP3/MP4 修好，除掌握其基本原理和正确的维修手段之外，还应注意合理的维修步骤，使维修工作有条不紊地进行。检修时，可按图 3–22 所示检修流程判断故障范围。

【应用技巧】

MP3/MP4 播放器检修的基本原则见表 3–22。

表 3–22　MP3/MP4 播放器检修的基本原则

序　号	基本原则	说　明
1	先清洁后维修	MP3/MP4 的很多故障都是由于工作环境差或进水进潮气而引起的，所表现出的故障现象也往往比较复杂，因此，在检修时，首先应把电路板清洁干净，排除了由污染或进水引起的故障后，再动手检测其他部位

续表

序　号	基本原则	说　明
2	先机外后机内	检修 MP3/MP4 时要从机外开始，逐步向内部深入。即应首先检查菜单是否被人为调乱，电池是否正常，或者显示屏、卡座、电源触片、按键、耳机线、电源适配器、USB 连接线等有无问题。在确认一切正常无误之后，再仔细观察。经分析、推断确认有可能是某部分电路存在故障的情况下，再开机对有可能存在故障的部位进行有的放矢的检测。这样既能避免盲目性，减少不必要的损失，又可大大提高检修的效率
3	先补焊后检测	MP3/MP4 由于其构造的特殊性，虚焊已成为最常见的通病之一，正因为如此，许多 MP3/MP4 维修人员都是靠一台热风枪和一台恒温烙铁加焊、补焊维修好 MP3/MP4 故障的。特别是摔过的 MP3/MP4，根据其故障的表现，有目的地对故障部位进行补焊和加焊有时会起到事半功倍的效果
4	先静态后动态	所谓静态，就是机器处于不通电的状态，也就是在切断电源的情况下先行检查，如插座、簧片是否接触良好，机内有无断线及焊接不良，元器件有无烧黑及变色等。动态就是指待修机处于通电的工作状态，动态检查必须经过静态时的必要检查及测量后才能进行，绝对不能盲目通电，以免扩大故障
5	先电源后负载	电源系统是整机的能量供给中心，负载的绝大多数故障往往是其电源供给不畅通所致。因此，在检查故障时，应首先检查电源电路，确认供电无异常后，再进行各功能电路的检查。如不开机、不识卡和不显示故障，很大一部分原因都是由于电源供电不正常造成的
6	先简单后复杂	维修实践证明，其单一原因或简单原因引起故障的情况占绝大多数，而同时由几个原因或复杂原因引起故障的情况要少得多。因此，当接到待修机后，首先要检测那些最直接、最简单的可能引发故障的原因，绝大多数故障经此处理之后都能找出原因。如经上述步骤仍未找到故障点，说明故障是由一些较复杂原因引起的，不过这种情况在维修中很少会遇到。尽量不要把简单故障复杂化，否则不但不能排除故障，还会对主板造成永久性的损坏

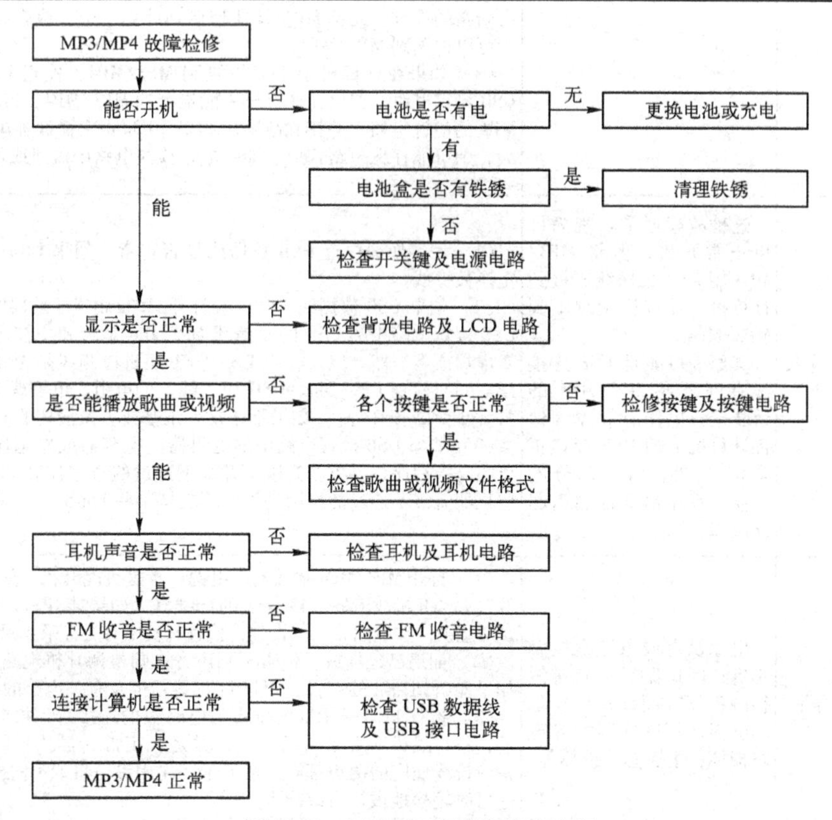

图 3-22　MP3/MP4 故障检修流程

2. 常见故障检修

MP3/MP4 常见故障的检修见表3-23。

表3-23 MP3/MP4 常见故障的检修

序号	故障现象	故障原因	检修步骤及方法
1	不能开机	电池没电；锂电池引线断（采用干电池的电池盒有铁锈或接触不良）；电源开关按钮损坏；电源电路中有损坏的元器件；时钟电路故障（晶振或谐振电容损坏）；主控芯片损坏；USB 接口插座脱焊或损坏；USB 连接线损坏；固件损坏等	（1）检查电池有无电，如果没电，更换电池或充电。 （2）检查电池盒的接口是否因铁锈造成接触不良（采用干电池供电的机器）。如果有铁锈，清除电池盒的铁锈。 （3）检查电源开关是否正常。如果电源开关损坏或接触不良，应更换。 （4）如果电源开关正常，按住电源开关按键，测量电源电路的输出电压（VCC、VDD 等）是否能升高。如果输出电压 VCC、VDD 正常，则电源电路正常。 （5）如果输出电压不能升高，观察 MP3/MP4 播放器电路板中有无虚焊或烧焦等明显的故障现象。如果有，针对故障的位置进行维修（更换烧毁的器件、连接虚焊的地方等）。 （6）如果 MP3/MP4 中没有明显损坏的元器件，测试 MP3/MP4 电路中有无电流。如果 MP3/MP4 电路中有电流，且电流稳定，则故障是由程序问题造成的，把 MP3/MP4 播放器的固件重新刷新一下即可。 （7）如果 MP3/MP4 电路中有电流，但电流不稳定，则说明 MP3/MP4 的晶振可能有故障。检查晶振是否虚焊、晶振连接的谐振电容是否正常、晶振是否损坏等。 （8）如果 MP3/MP4 电路中没有电流，则可能是 MP3/MP4 电路中有断路的地方。先将 MP3/MP4 连接到计算机中，检查在计算机中是否可以检测到 MP3/MP4。 （9）如果在计算机中不能检测到 MP3/MP4，检查 USB 数据线及 USB 接口电路。如果在计算机中能检测到 MP3/MP4，接着检查 MP3/MP4 的电源电路，并排除故障。如果 MP3/MP4 播放器电路中电流过大，则可能存在短路，应立即断电，检测电路中短路或连焊的地方
2	不能连接计算机	这种故障通常表现为可以正常开机，但将 MP3/MP4 用 USB 数据线连接到计算机，计算机检测不到 MP3/MP4。 其原因可能是 USB 连接线有问题或 MP3/MP4 的 USB 接口电路有故障（保证计算机上的 USB 接口正常）。另外，有少部分的机器，程序错乱也会引起此故障	（1）用替换法检查 USB 数据线是否正常。如果 USB 数据线损坏，更换数据线。 （2）如果 USB 数据线正常，应打开 MP3/MP4 播放器的外壳，检查 USB 接口电路中的 USB 的通信线 DP、DM 是否和主控芯片连接，是否虚焊或者短路，以及检查 USB DET 联机检测线是否和主控芯片连接。同时检查 DP、DM、USB DET 线上的电阻、电容或电感等是否正常（虚焊或损坏等），如果不正常，维修或更换损坏的部件。 （3）如果 USB 接口电路中的电阻器、电容器或电感器等正常，则可能是掉程序，要重新升级。升级不通过的查主控和 Flash 电路。有些机器升级不通过的原因是程序不支持某些 Flash
3	显示异常	电池没电或电池盒接触不良；LCD 显示屏软排线接触不良或断线；LCD 显示屏损坏；LCD 屏背光电路损坏；主控芯片损坏等	（1）打开 MP3/MP4 播放器的电源，看是否能开机。如果不能开机，按照无法开机故障的维修方法进行维修；如果能开机，按下播放键，试着播放一首歌曲或一段视频，检查耳机中有无音乐或视频声音。 （2）如果已经播放，但听不到声音，则检测耳机电路及主控芯片，如果能听到播放的声音，则是 LCD 显示屏及有关电路的故障。 （3）检查 LCD 显示屏的排线与电路板的连接有无松动。如果有松动，将排线拔下后重新插一次，看是否正常（插拔排线时，要注意一般排线插座的两边都有 1 个卡子，先用镊子将卡子向外拉出，排线才可以轻松地被拔出或插入。 （4）检查排线有无折断或接触不良故障。如果有，更换排线。

续表

序号	故障现象	故障原因	检修步骤及方法
3	显示异常	电池没电或电池盒接触不良；LCD 显示屏软排线接触不良或断线；LCD 显示屏损坏；LCD 屏背光电路损坏；主控芯片损坏等	（5）如果排线正常，检查 LCD 显示屏的背光电路是否正常。对于连接计算机后有可移动磁盘，但屏不亮的故障，测 LED +、LED - 两点有没有电压，有电压就是屏坏；电压低和没有电压就是背光电路不正常，就要查背光电路；另外，程序写错也会出现此故障。对于连接计算机后有可移动磁盘，但白屏的故障，一是屏坏，二是程序升级错误。 （6）如果背光电路正常，可以使用替换法检测 LCD 液晶屏的好坏。如果 LCD 液晶屏损坏，更换显示屏；如果显示屏正常，则可能是主控芯片损坏。用示波器测量主控芯片视频输出接口的各输出信号是否正常，判断主控芯片是否损坏。 提示：显示不正常是在连接计算机后有可移动磁盘时才查显示电路；连接计算机后没有可移动磁盘时就要查供电、主控和 Flash 电路
4	不能播放音乐或视频	音乐或视频文件格式不对或损坏；MP3/MP4 播放器存储器格式不对；电池没电；耳机不正常；耳机电路有问题（耳机插座接触不良，音频放大及输出电路损坏）；主控芯片损坏	（1）打开电源开关，检查 MP3/MP4 播放器显示屏有无显示。如果没有显示，按照无法开机故障维修方法进行检修。 （2）如果 MP3/MP4 播放器的显示屏可以显示内容，播放一首歌曲或一段视频，看显示屏有无播放进度等内容。如果没有播放进度，转至第（4）步。 （3）如果显示屏有播放进度，则可能是耳机的问题。检查耳机是否正常（是否连接好，是否损坏等），如果耳机不正常，更换耳机。如果耳机正常，则可能是 MP3/MP4 播放器耳机电路的故障，应检修耳机电路。 （4）如果在播放音乐或视频文件后，显示屏没有播放进度，则可能是文件格式问题。检查是一部分音乐/视频无法播放，还是全部音乐/视频无法播放。如果是一部分音乐/视频无法播放，则可能是不能播放的音乐/视频的格式不对，或音乐/视频文件损坏，更换音乐/视频文件即可。 （5）如果是所有音乐/视频都无法播放，则先对 MP3/MP4 进行格式化操作，之后再存入歌曲检查是否能播放。如果能播放，则是播放器文件系统不对（一般 MP3/MP4 都不支持 FAT32 格式，只支持 FAT16 格式）。 （6）如果格式化后，还是不能播放音乐/视频，则可能是 MP3/MP4 按键电路的故障，检修按键电路即可。 （7）如果按键正常，则可能是主控芯片的故障，先为主控芯片加焊，如果不行，更换主控芯片
5	FM 收音不正常	FM 收音模块和主控芯片的通信有问题；FM 收音模块的走线开路或短路	（1）如果在自动搜台时频率变化很慢，说明 FM 收音模块和主控芯片的通信有问题。检查 I^2C 线是否连接正常，上拉电阻器是否正常。 （2）如果通信正常但无声，应检查 FM 收音模块有无音频输入、音频输出，走线有无开路、短路
6	录音有杂音	传声器 MIC 损坏；相关电路的电容有漏电；主控芯片故障	检查 MIC 的偏置电压有无异常，经过一级 RC 滤波后的 MIC 电压一般在 2 V 左右。检查 MIC 是否损坏或是否与 MIC 并联的高频旁路电容误配，耦合电容器是否漏电以及一级 RC 滤波电路参数是否异常，特别是滤波电容器容量是否失效。 如以上检查均未发现异常，并且排除软件上的相关设置错误后，可以将主控的 MIC 引脚交流对地短接（用 10 μF 左右的电容），再录音，如果还存在噪声，可能为主控被损坏
7	播放音频、视频、收音时无声音	功放供电不正常；功放损坏；芯片故障	主控有音频输出，应检查功放有无供电，检查静音控制电路是否异常，以及软件控制方式是否和电路的控制方式一致。在以上判断未发现异常时，检查功放交流旁路电容器是否击穿，或者是电容器的容量变值，功放有无损坏。如主控芯片无音频输出，检查解码器的外围器件、音频输出引脚是否对地短路

续表

序号	故障现象	故障原因	检修步骤及方法
8	播放视频时出现马赛克	SDRAM 的地址线与主控芯片的连接出现了开路/短路；LCD 屏损坏	根据马赛克块的大小可以大致确定地址线异常的部位（高位地址线或低位地址线），一般越高位地址线出现开/短路，马赛克的块越大。该原因引起的马赛克不会影响其他功能，包括播放视频时音频仍然是正常的。 如果是 LCD 屏损坏，应予以更换
9	播放视频时出现横条花屏	LCD 屏的读写不同步；软件有故障	该故障是由 LCD 屏的读写不同步造成的，一般是 LCD 屏的读写速度太慢造成，可以考虑更换 LCD 屏，或者是在软件上调整 LCD 的读写时间
10	连接计算机后，出现死机	内部芯片故障；USB 信号线接触不良	（1）如果是在连接到计算机后出现“黑屏关机”故障，一般是由于播放器内部芯片受到震动，或者操作不当，导致固件程序丢失所致，对固件进行更新即可。 （2）如果在 MP3/MP4 播放器进行文件传输时，突然死机或无任何反应，则可能是由于静电放电或 USB 线接触不良或拔出了播放器的 USB 信号线所致。一般重新连接即可
11	自动关机	菜单设置错误；电池电量不足；内部文件过多；内部电路故障	（1）检查设置菜单中是否设置了自动关机选项。 （2）检查电池电量，因为电池电量不足，播放器将自动关机。 （3）检查是否是内部文件过多导致关机。因为存储器中如果没有空间，开机后就会自动关机，删除两个文件后就恢复正常。 （4）如果以上情况正常，拆开 MP3/MP4，检查播放器的内部电路有无短路的地方（如由于潮湿或进水等情况可能会造成播放器的内部电路短路）。 （5）如果未发现明显的短路点，可以用无水酒精擦拭电路板及芯片引脚，排除由于潮湿等原因造成的短路

任务评价

MP3/MP4 的应用与维修学习评价表见表 3-24。

表 3-24　MP3/MP4 的应用与维修学习评价表

姓名		日　期		自　评	互　评	师　评
理论知识（30 分）						
序号	评价内容					
1	比较 MP3 播放器和 MP4 播放器的功能有何异同					
2	MP3/MP4 播放器的主要性能指标有哪些					
技能操作（60 分）						
序号	评价内容	技能考核要求	评价标准			
1	拆装 MP3 播放器	操作方法及步骤正确	操作方法不正确不得分			
2	拆装 MP4 播放器	操作方法及步骤正确	操作方法不正确不得分			
3	MP3/MP4 的电路检测	正确使用仪表，按照实训报告的要求完成检测任务	根据所填写的实训报告进行评分			

续表

学生素养与安全文明操作（10分）						
序号	评 价 内 容	专业素养要求	评 价 标 准			
1	基本素养	参与度； 团队协作； 自我约束能力	参与度好； 团队协作精神好； 纪律好； 无迟到、早退； 服从实训安排			
2	安全文明操作	无设备损坏事故，无人员伤害事故；课后收拾好工具仪表及实训器材，做好室内清洁				
综 合 评 价						

任务四　DVD 机的应用与维修

任务描述

DVD 影碟机是一种集光、机、电于一体的高精密数字家用电子产品，它凝聚了数字家电的新成就。喜欢追逐时尚新潮的年轻人，如果离开了 DVD，怎么能在第一时间内欣赏画面清晰、音效震撼的最新好莱坞大片？怎么能领略到歌星、明星、巨星演唱会的风采？怎么能陶醉在柔情脉脉的韩剧中？怎么一睹为快最新出版的某专辑呢？

尽管目前使用 DVD 影碟机的家庭在逐渐减少，但对于电子电器专业的学生来说，学会 DVD 影碟机与电视机、功放机的正确连接方法，熟悉 DVD 影碟机的使用与维护方法等知识，还是非常重要的。因为 DVD 仍然是目前播放视频图像效果较好的信号源设备之一，不至于在短时间内全部淘汰。

相关知识

一、影碟机原理基础

1. 模拟音频信号的数字化存储过程

模拟信号的数字化处理就是通常所说的模/数转换，简称 A/D 转换，它包括采样、量化、编码三个过程，经 A/D 转换后的信号再经过一系列数字处理，最后刻制成相关的光盘，如图 3-23 所示。

（1）采样

采样是将时间上、幅值上都连续的模拟信号，转换成时间上离散（时间上有固定间隔）、但幅值上仍连续的离散模拟信号，即在一定的时序段上对连续的模拟信号用分散电平的样本值来替代的过程。所以，采样又称波形的离散化过程。

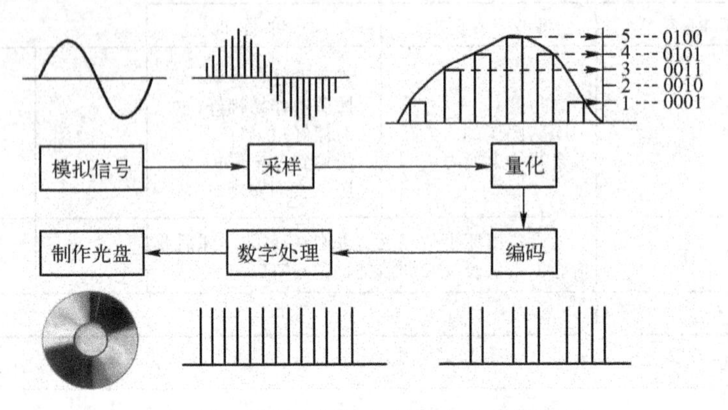

图 3-23　模拟音频信号的数字化存储过程

我们把单位时间（1 s）内对模拟信号采样的次数称为采样频率，很明显，采样频率越高，就越能准确反映模拟信号的波形特征，重放的效果就越好。但采样频率提高后信息传送量也会增大。在 VCD 中音频信号的采样频率为 44. 1 kHz；在 DVD 中，为了满足不同的等级需要，音频信号的采样频率有 4 种：32 kHz、44. 1 kHz、48 kHz、96 kHz。

（2）量化

将采样点所对应的模拟信号的电平值（样本值）用四舍五入法归并到邻近一个整数，再用二进制数（量化电平）来表示的过程称为量化。用来表示采样点电平值的二进制位数称为量化位数。

量化过程中不可避免地出现采样点模拟信号的值不在量化电平值上，而在其间，用四舍五入法进行归并到邻近的一个量化电平来代替，就会产生量化误差，由量化误差所引起的噪声称为量化噪声。减小量化噪声的方法是提高采样频率和增加量化位数。CD 机声音信号的量化位数常采用 16 位。

（3）编码

将量化后的电平值用二进制数码来表示的过程称为编码。在电路中 1 表示有脉冲，0 表示无脉冲，常把这种宽度不同、幅度相等的脉冲信号称为脉冲编码调制信号（PCM 信号）。

与模拟信号相比，PCM 信号抗干扰能力得到了很大的提高，各种外来干扰、电路放大过程中的非线性因素等只会影响信号的幅度，不会影响其数码值。

音频信号数字化后，由各种数字设备进行处理。重放时，必须把数字信号还原成模拟信号，这个过程称为数字/模拟转换，简称 D/A 转换。

【知识窗】

视频信号数字化的标准见表 3-25。

表 3-25　VCD、DVD 视频信号数字化标准

参 数 名 称	DVD		VCD	
	625 行	525 行	625 行	525 行
编码信号选择	Y、(R—Y)、(B—Y)			

续表

参数名称	DVD		VCD	
	625行	525行	625行	525行
全行样点数	Y：864 C：432	Y：858 C：429	Y：432 C：216	Y：429 C：215
采样频率/MHz	Y：13.5 C：6.75		Y：6.75 C：3.375	
有效行样点数	Y：720 C：360		Y：360 C：180	

2. MPEG 标准

MPEG 是动态图像专家组（Moving Picture Experts Group）的缩写，于 1988 年成立。目前 MPEG 已颁布了三个动态图像及声音编码的正式国际标准，分别称为 MPEG－1、MPEG－2 和 MPEG－4。其中 VCD 的压缩标准为 MPEG1，DVD 的压缩标准为 MPEG2。

不同的标准所规定的动态图像和声音的质量有很大的差异。

3. 视频信号的数据压缩

从本质上来说，视频就是一种彩色像素点的三维排列。其中两个维度反映画面在空间上（水平和垂直）的运动方向，另一维度则反映数据域。数据帧是指某一时间点下的一组像素点。视频数据中必然会包含一些有关空间和时间的重复数据。因此只要通过记录一帧中（空间差别）或几帧之间（时间差别）的差别，就可以对相同之处统一编码。这种基于空间差异的编码利用了人眼对颜色细微变化的识别不如对亮度变化那么敏感的原理，将画面中颜色相近的不同色块替换成某一种颜色的色块，替换方法类似 JPEG 图像压缩技术 JPEG（图像压缩成 FAQ）。在基于时间差异的编码中，被编码的只是帧与帧之间变化的部分，因为通常在连续的多帧中很大一部分像素点都没有变化。

通常视频压缩要处理的就是一组组相邻的正方形像素点，称为宏块。视频压缩编解码器对这些一组组、一块块的像素点进行逐帧比较，然后仅对有差别的部分进行处理。如果视频中没有运动画面，这种方法非常有效。例如，一个包含静止文字的帧重复显示时只需要传递极少的数据。对于含有大量动作的视频，帧与帧之间会有大量像素点发生变化。发生变化的像素点越多，编解码器需要处理的数据越多，只有这样才能记录下大量像素点的变化，如图 3-24 所示。

4. 光盘结构

DVD 的规格与 VCD、CD 一样，直径都是 12 cm，厚度为 1.2 mm（由两片粘合而成），内孔直径为 15 mm，数据起始记录区从 46 mm 开始，最大结束于 116 mm 处。DVD 盘片有 4 种结构（见表 3-26），由于采用高密度记录方式，改进了数据压缩和解压缩技术，其存储容量很大。一张与 CD 一样大小的 DVD，有 4.7 GB 存储空间，相当于 CD 的 7 倍，可以存储 133 min 的高清晰度图像；若为双面双层，最多有 17 GB 存储空间，可提供长达 8 h 的节目。

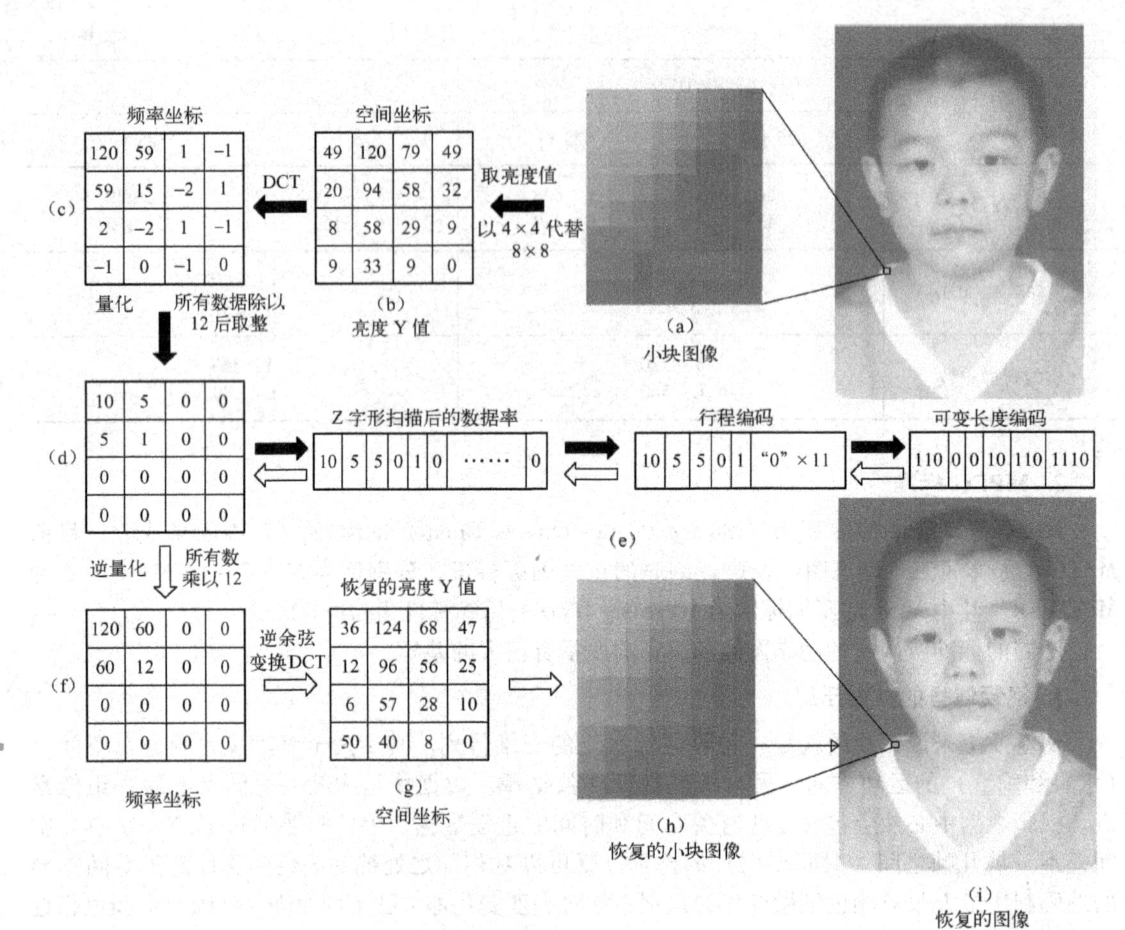

图3-24　视频信号压缩技术

表3-26　DVD盘片的结构及容量

播　放　面	信　号　层	盘 片 结 构	容量/GB
单面播放盘	单层	SD-5 0.6 mm 0.6 mm	4.7
	双层	SD-9 0.6 mm 0.6 mm	8.5
双面播放盘	单层 （总计2层）	SD-10 0.6 mm 0.6 mm	9.4
	双层 （总计4层）	SC-18 0.6 mm 0.6 mm	17

5. 光盘信号记录与读取

在光盘上，用不同长度的“坑”和“岛”来记录视频信号和音频信号。信息以二进制的方式存储在光盘上，“1”和“0”以反射层的“坑”和“岛”来表示。在反射层上，每次坑岛的跳变处表示数字1，不跳变处表示数字0。连续的信息坑就构成了信息纹迹，数字信息以连接成螺旋状的一条坑岛纹迹的形式记录在光盘上，信号记录从内圈开始，以螺旋状逐渐向外。

当激光头对光盘上的信息进行读取时，如果激光束的焦点落在信息纹迹的坑槽上，反射光会被削弱，此时读出对应的数字信号1；如果激光束的焦点落在信息纹迹的“岛”上，反射光较强，则激光头读出对应的数字信号0。当光盘高速旋转时，光盘上信息坑的变化转换成反射光强弱的变化，经过激光头处理后，就可以得到相应的电信号，从而实现对光盘上信息的读取。

对于DVD，存在双层记录的情况，在读取信号时，激光束的焦点首先聚焦在第一层上，当第一层的数据读完后，通过改变激光束焦点的方法，将其焦点聚焦在第二层上，再读取第二层的数据。

二、DVD影碟机的整机电路及工作原理

1. DVD影碟机的整机电路

DVD影碟机一般由稳压电源、机芯、解码板、操作显示板等4部分组成，如图3-25所示。

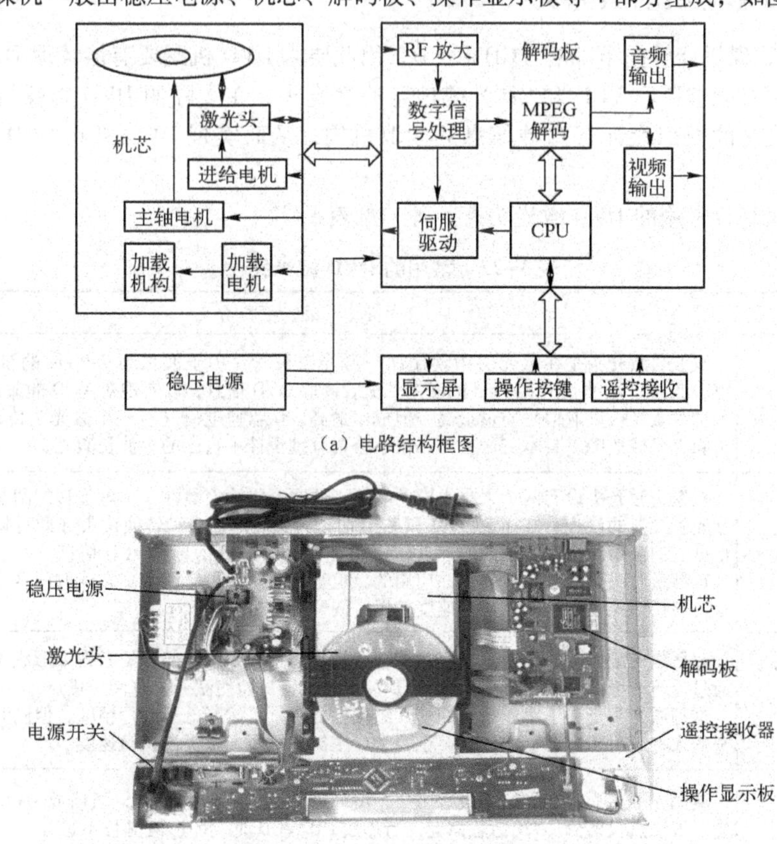

（a）电路结构框图

（b）实物图

图3-25 影碟机的整机电路

2. DVD 影碟机的工作原理

激光头从光盘中读取数据，然后送至射频（RF）放大进行数据处理，数据处理后输出各伺服误差信号去驱动伺服系统，达到保证激光束始终准确跟踪轨迹并成像在光电检测器的目的。同时，输出信号进入解码单元进行系统解码（压），将主画面信号与未解码的副画面数据（画面中叠加的文字、符号等）、音频数据分离，对音频数据做杜比 AC－3 解码并输出，副画面数据解码后与主画面信号混合，然后进行 NTSC/PAL 编码，输出视频信号，以及目录等数据在显示屏上显示。

DVD 的音频处理方式常用的有杜比 AC－3 和 DTS。这些处理方式可提供包括左声道、右声道、中置音和左后环绕、右后环绕和超重低音的音效。目前市场有的普及型 DVD 影碟机对音频处理进行了简化，只采用普通的双声道立体声市场。

三、DVD 影碟机机芯的结构

机芯是 DVD 影碟机的关键部件，是集光、机、电于一体的精密部件，用于快速、准确地读取光盘信息，灵活、方便地装卸光盘。机芯主要由托盘进出及光盘加载机构、光盘夹持机构、光头进给机构、光盘旋转机构和物镜机构等组成，如图 3-26 所示。

四、DVD 影碟机的激光头

由于 DVD 影碟机能够向下兼容 VCD 和 CD，因此要求 DVD 机既要有能读取 DVD 光碟信息的激光头，也要有能够读取 VCD 和 CD 光碟信息的激光头。在实际的 DVD 影碟机中，都使用一个激光头，在它的内部设计有两种信息的读取机构，从而实现 DVD 机和 VCD 机（CD 机）的兼容。

为了实现兼容，常用的 DVD 激光头有 4 种，见表 3-27。

表 3-27　常用的 DVD 激光头

种　类	简　介
双波长激光头	双波长激光头是在激光头中使用两只激光二极管，用于波长为 780 nm 的激光二极管读取 VCD 信息，用波长为 650 nm 的激光二极管读取 DVD 信息，以实现对 VCD 的兼容。 这种激光头读取信号质量最高，但成本最高、认盘速度慢（有一个激光头传动过程）、激光头隐含机械故障。日本三洋公司和松下公司分别设计了自己的双波长激光头
双镜头激光头	双镜头激光头设有两个大小不同的物镜，这两个物镜安装在一个可旋转的圆盘上。对同一个激光管发射的激光，在播放 DVD 和 VCD 时通过旋转圆盘自动转换镜头（即对物镜进行切换），根据它们会聚所得到的不同的焦点，分别用于识读 DVD 信息和 VCD 信息。 这种激光头是东芝最早提出并应用的，也是目前使用最广泛的。它读取信号质量较高，但由于要转换聚焦物镜，所以认盘速度较慢，同样隐含机械故障
双聚焦点激光头	双聚焦点激光头采用特别的全息综合透镜，通过透镜中间部分的激光束形成 VCD 的聚焦点，通过透镜边缘部分的激光束形成 DVD 的聚焦点，从而使激光头有两个焦点。 这种激光头是松下率先采用的，其结构很复杂，虽然降低了读片精度，但同时也降低了激光头的成本；由于没有机械传动，也不会产生机械故障，可提高认盘速度
液晶光圈激光头	液晶光圈激光头在光路中设置了一个由环形液晶板制作的快门，当播放 DVD 时，液晶板透光，聚焦点投射到 DVD 信息面上；当播放 CD/VCD 时，环形液晶板不透光，只有中间的光束通过，使聚焦点位于 CD、VCD 信息面上。液晶板的透光性可以由控制电压改变

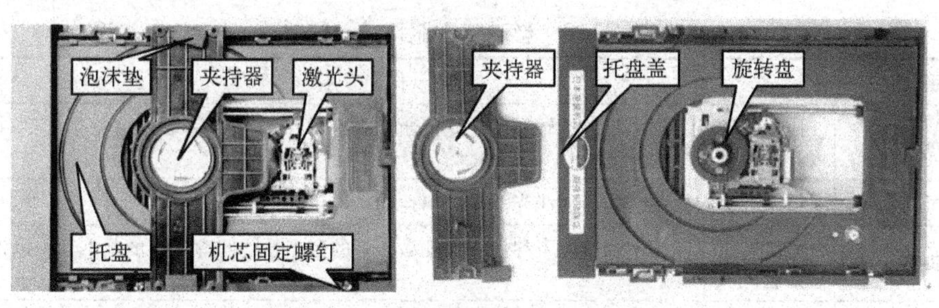

（a）正面观察

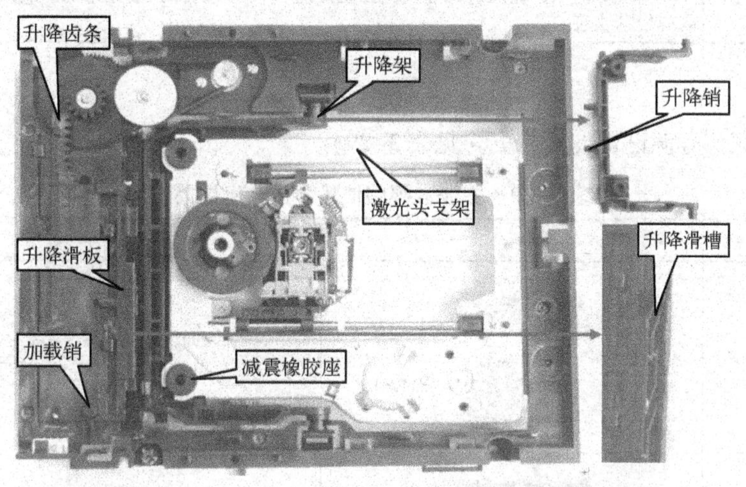

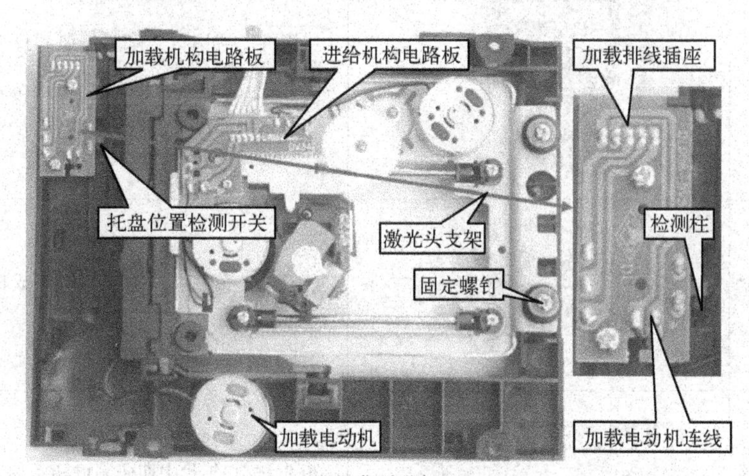

（b）背面观察

图 3-26　DVD 的机芯

五、伺服系统

伺服系统的作用是在激光头读取信息期间，随时对聚焦、循迹、进给、主轴等出现的误差进行自动校正，确保激光头准确读取信息。

DVD 影碟机伺服系统主要包括主轴伺服、进给伺服、聚焦伺服和循迹伺服，见表 3-28。有的伺服系统还具有高度伺服和倾斜系统。

表 3-28　影碟机伺服系统比较

伺服系统	作　用
主轴伺服	控制和调整主轴电机的旋转速度，保证激光头在单位时间内读取的信息量相同（为一个常数）
进给伺服	控制进给电机的转速，使激光头做径向运动
聚焦伺服	通过聚焦线圈控制物镜上下移动，保证激光束的焦点始终跟踪光盘的信息面，以正确读取光盘信息
循迹伺服	又称跟踪伺服，它通过循迹线圈控制物镜水平移动，保证激光束的焦点始终准确地跟踪所读取的信息纹迹

【知识窗】

主流音视频信号源设备发展简史（见表 3-29）。

表 3-29　主流音视频信号源设备发展简史

序号	设备名称	图　示	设备简介
1	手摇留声机		1877 年，美国发明家爱迪生发明留声机，录音介质是锡箔筒或蜡筒，唱片置于转台上，在唱针之下旋转，爱迪生是个耳聋之人，能发明这样一个“会说话的机器”，轰动了全世界
2	矿石收音机		1910 年，美国科学家邓伍迪和皮卡尔德发明了矿石收音机。矿石收音机无须电池，结构简单，几乎所有的无线电爱好者都可自己装配制做。但它只能供一人收听，而且接收性能也比较差
3	盒式磁带录音机		1962 年，荷兰飞利浦公司研制成功了盒式磁带录音机
4	盒式磁带录像机		20 世纪 70 年代中期研制成功了使用 1/2 英寸磁带的彩色盒式录像机
5	LD 影碟机		LD 影碟机最早于 1978 年上市，LD 为 Laser Disc 的缩写，翻译成中文为激光影碟、激光视盘。其图像和声音信号均采用模拟形式，但信息的读取靠激光读取方式，LD 影碟机播放的画面清晰度达 420 线，影碟片有直径为 20 cm 和 30 cm 两种形式

续表

序号	设备名称	图　示	设备简介
6	CD 播放器		1982 年，世界上第一台 CD 播放器诞生了，CD 的全称是 CD－DA，与以前音频系统的区别在于该系统的信号记录和处理是把模拟音频信号数字化后进行的，存储于 CD 唱片上的声音信息是 0、1 数据流，信息读取采用光学方式，数字信号采用了纠错编码处理，解决了模拟音频系统所存在的拾音头磨损大、传输失真大、信噪比低、抗干扰能力弱等问题
7	VCD 影碟机		20 世纪 90 年代初，VCD 影碟机研制成功。VCD 影碟机是继 LD 影碟机和 CD 激光唱机之后开发出的一种新型光盘机，它的机芯、激光头及其伺服电路、数字信号处理电路与 CD 机相同，只是在 CD 机的基础上增加了一套 MPEG1 解码电路，兼容 CD 光盘。图像水平清晰度为 250 线，音质略逊色于 CD 机，但它价格低廉、性价比高、软件节目丰富，获得人们的认可，在中国当时有很大的产销售量，是符合当时中国国情的影碟机
8	DVD 影碟机		1996 年研制出 DVD 影碟机。DVD 采用 MPEG2 标准对音视频图像信号进行数字压缩处理，图像清晰度达 500 线，音频采用杜比 AC－3（5.1 声道）数码环绕声或 MPEG2 音频。DVD 的规格与 VCD、CD 一样，直径都是 12 cm，厚度为 1.2 mm。由于采用高密度记录方式，存储容量很大，可刻录多角度、多情节图像。DVD 影碟机一般兼容 CD、VCD，性价比很高，目前已经得到普及应用，并逐渐取代 VCD 影碟机
9	MP3 随身听		1998 年推出了世界上第一台的 MP3 随身听播放器，其音质接近高保真的 CD
10	MP4/MP5		2002 年出现了全球首款手持式 MP4 播放器。MP4 播放器是一种集音频、视频、图片浏览、收音机等于一体的多功能播放器

任务实施

活动 1　观察 DVD 影碟机的结构

1. 观察 DVD 影碟机外部结构

影碟机外部结构如图 3-27 所示。

2. 观察 DVD 内部结构

卸下 DVD 机盖紧固螺钉（一般6 ～8 个），认真观察机盖的连接关系和结构，轻轻用力取下外壳，即可观察到 DVD 内部结构，如图 3-28 所示。根据机芯在启动与工作过程中的传动关系分析主要机构的作用，并将分析结果记录在表 3-30 中。

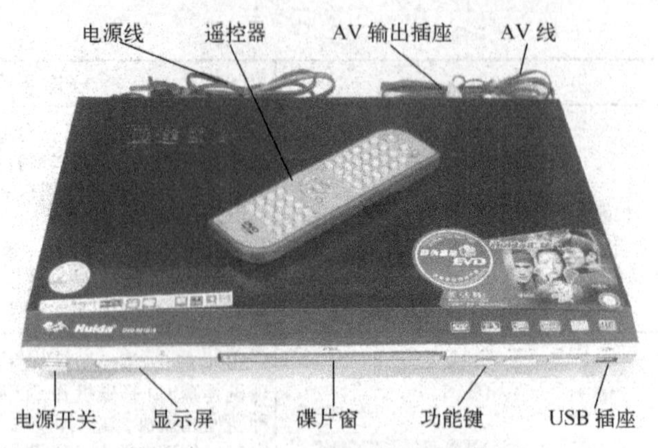

图 3-27　DVD 影碟机外部结构图

（a）卸下螺钉，取下 DVD 机的外壳

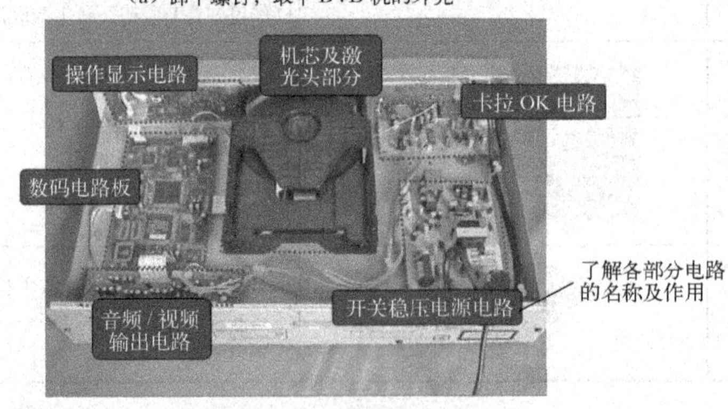

（b）观察各种电路的位置

（c）拆下机芯，观察其结构

图 3-28　观察 DVD 的内部结构

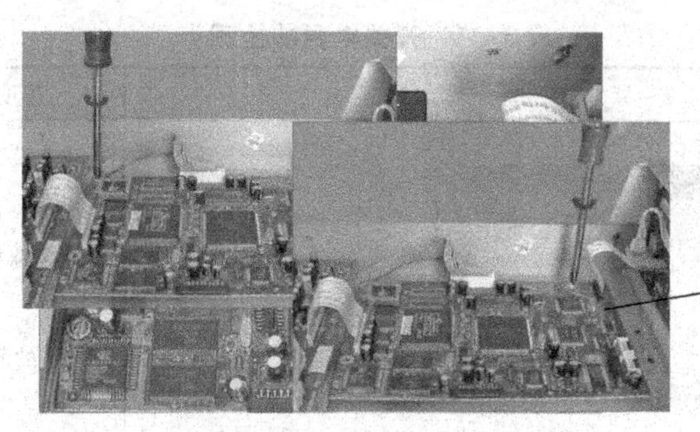

（d）依次拆下其他各部分的电路板，观察其结构

图 3-28　观察 DVD 的内部结构（续）

表 3-30　DVD 机芯结构观察与分析记录

机 构 名 称	主要组成部件	主 要 作 用
托盘进出机构		
光盘装卸机构		
夹持机构		
进给机构		
物镜机构		

活动 2　DVD 开关电源的认识和检测

开关电源的元件，一般都有较明显的外部特征，熟练认识开关电源的元件特征，能够更快地找到关键测试点，有助于迅速排除故障。图 3-29 是常见的 DVD 影碟机开关电源板，各重要元件均已做了标注，请认真对照实际开关电源进行认识。

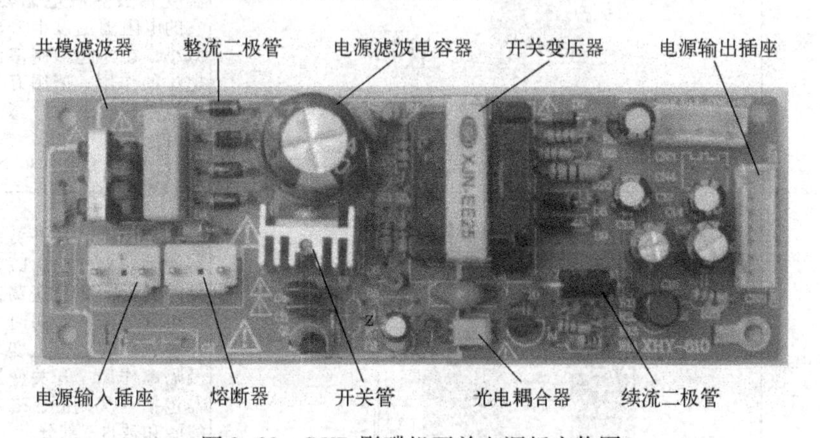

图 3-29　DVD 影碟机开关电源板实物图

请同学们按照表 3-31 的要求完成对开关电源的检测任务。

表 3–31　开关电源的检测

序号	检测点	图　示	说明及要求	检测记录
1	电源输入插座和交流保险	 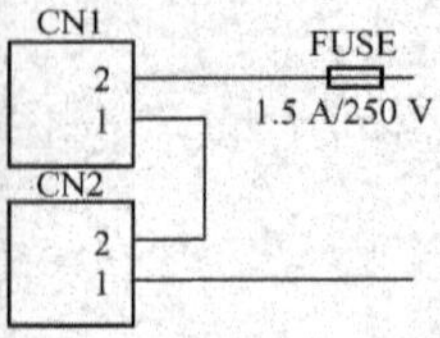 CN1 2 1 FUSE 1.5 A/250 V CN2 2 1	CN1、CN2 分别接 220 V交流电源和电源开关，熔断器与它们串联，可以用万用表电阻挡进行通断的测量	
2	共模滤波电路	 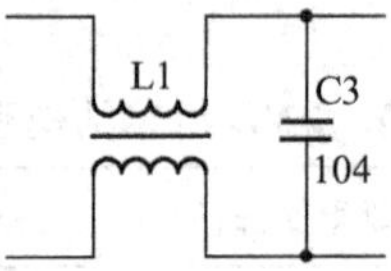 L1 C3 104	L1 为共模滤波器，用万用表测量它的 4 个引脚，应两两相通，L1 与 C3 共同组成共模滤波电路，其作用是消除开关电源特有的开关干扰	
3	低频整流滤波电路	 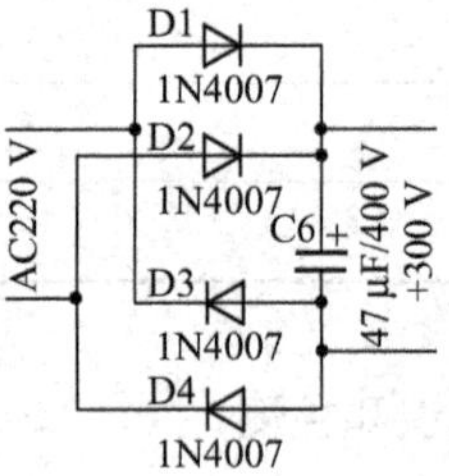 D1 1N4007 D2 1N4007 D3 1N4007 D4 1N4007 AC220 V C6 47 μF/400 V +300 V	D1 ～ D4 组成桥式整流电路，C6 组成滤波电路。它们共同完成将 220 V 交流转变为 300 V 非稳直流的作用，D1 ～ D4 和 C6 可以用电阻挡进行在路测量，请大家试一试，并交流经验	
4	NTC 限流电路	  NTC 8D-9 RT T	NTC 热敏电阻器为负温度系数热敏电阻器，它的电阻随温度上升而减小，在此起抑制浪涌电流的作用。请用万用表检测其热态和冷态电阻值	
5	开关变压器	 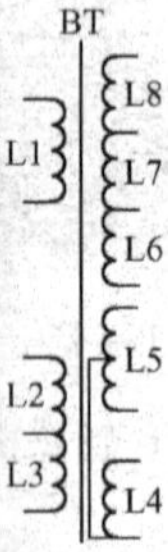 XJN-EE25 BT L1 L2 L3 L4 L5 L6 L7 L8	开关变压器是开关电源的关键器件，它既是储能元件，又是振荡器的正反馈器件，同时又起输入、输出电压变压及隔离作用。开关变压器包括一次线圈、二次线圈和磁芯三部分。 请检测各个绕组的电阻值及绝缘电阻值	

续表

序号	检测点	图　示	说明及要求	检测记录
6	开关管		开关电源功率调整管简称开关管，工作在高频开关状态，要求采用高频高反压大功率三极管或场效应管。正常工作时集电极电压约为300 V，这是维修开关电源的关键测试点	
7	启动电路	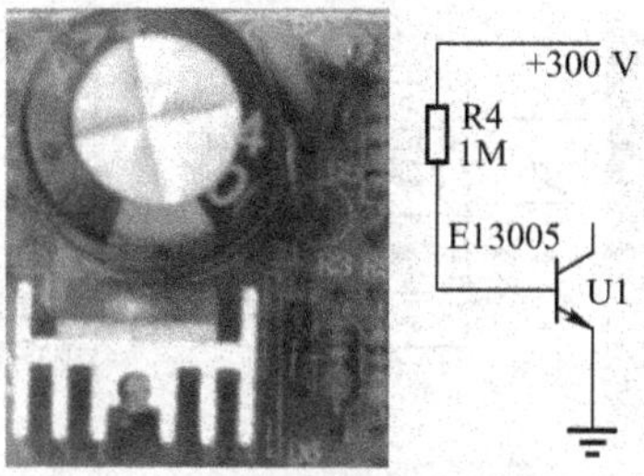	R4和U1组成启动电路，开关电源在刚刚启动的时候需要R4向U1基极提供一个启动电流，电路才能进入自激振荡状态。当R4开路时开关电源将不能启动，无电压输出。请在路检测开关管各电极的电阻值	
8	自激振荡电路	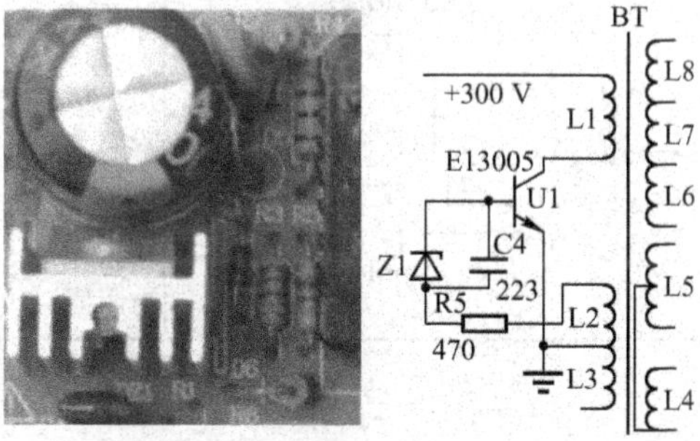	Z1、C4、R5、U1、L2组成正反馈电路，L2称为一次反馈线圈，它通过L1获得正反馈信号，与L1和启动电路一起构成自激振荡电路。请检测这些元件的在路电阻值	
9	尖峰电压吸收电路	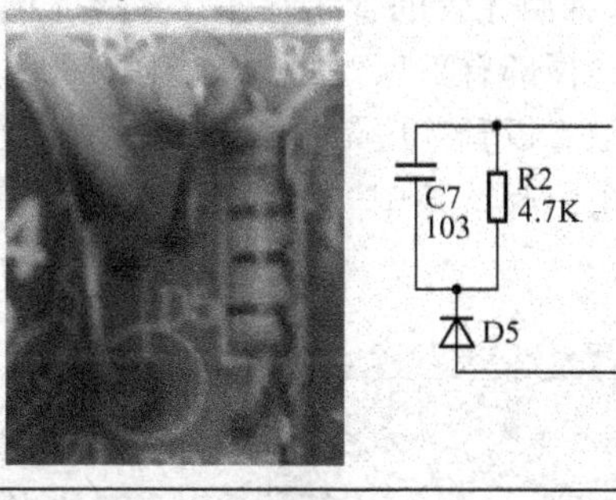	开关管集电极尖峰电压吸收电路由C7、R2、D5构成，是开关电源对开关管的保护措施之一，防止因开关变压器一次线圈产生的瞬间过高电压击穿开关管。请在路检测这些元件的电阻值	
10	光耦合器	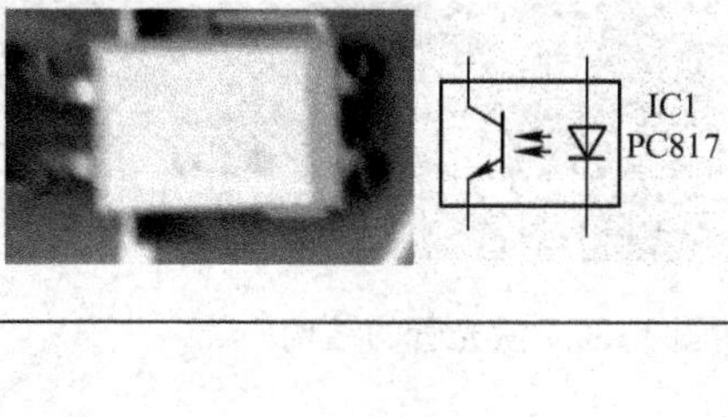	光耦合器本质是一个集成电路，在电路中起隔离传输作用。请不在路检测各引脚的电阻值	

续表

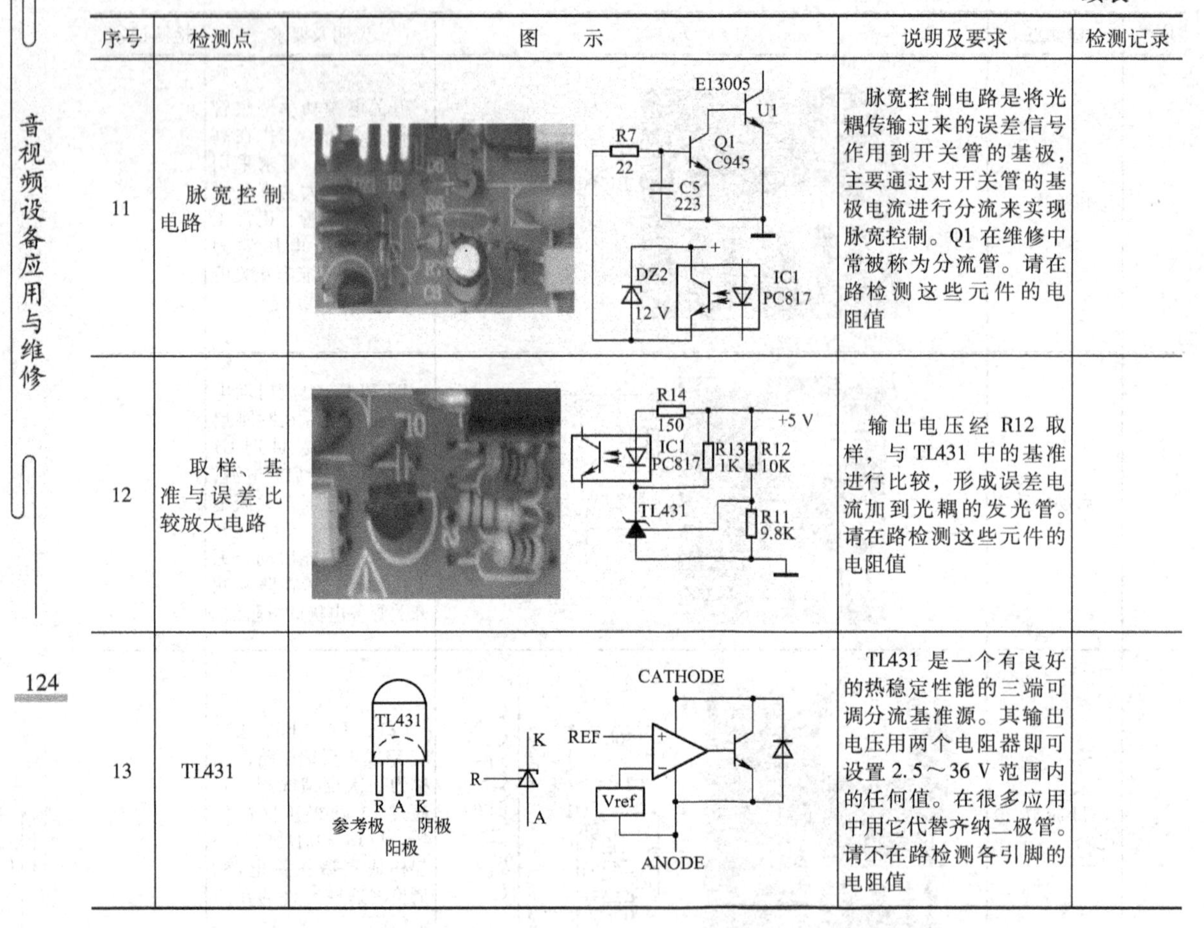

序号	检测点	图示	说明及要求	检测记录
11	脉宽控制电路	E13005 U1 R7 22 Q1 C945 C5 223 DZ2 12 V IC1 PC817	脉宽控制电路是将光耦传输过来的误差信号作用到开关管的基极，主要通过对开关管的基极电流进行分流来实现脉宽控制。Q1 在维修中常被称为分流管。请在路检测这些元件的电阻值	
12	取样、基准与误差比较放大电路	R14 150 +5 V IC1 PC817 R13 1K R12 10K TL431 R11 9.8K	输出电压经 R12 取样，与 TL431 中的基准进行比较，形成误差电流加到光耦的发光管。请在路检测这些元件的电阻值	
13	TL431	TL431 R A K 参考极 阳极 阴极 K R A CATHODE REF Vref ANODE	TL431 是一个有良好的热稳定性能的三端可调分流基准源。其输出电压用两个电阻器即可设置 2.5～36 V 范围内的任何值。在很多应用中用它代替齐纳二极管。请不在路检测各引脚的电阻值	

活动 3　激光管好坏的判断

激光管的结构如图 3-30 所示。这种激光管的管芯制作在金属壳内，引线接在下面，管壳的上部开有圆形窗口以便射出激光束，顶部有平顶形的，也有倾斜形的。为了检测激光二极管的发光强度，在管壳内还设有一个光敏二极管，这是为了通过检测激光的强度来控制供给激光二极管的电源。激光二极管一般有三个引脚，其中一个为激光二极管的供电端 AL，一个为光敏二极管的输出端 AP，一个为接地端 K。

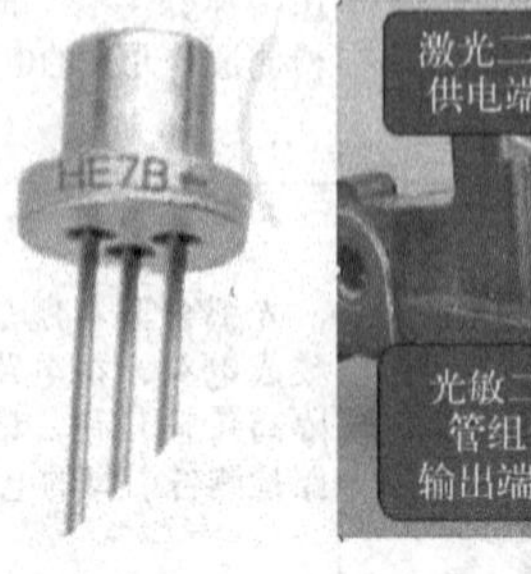

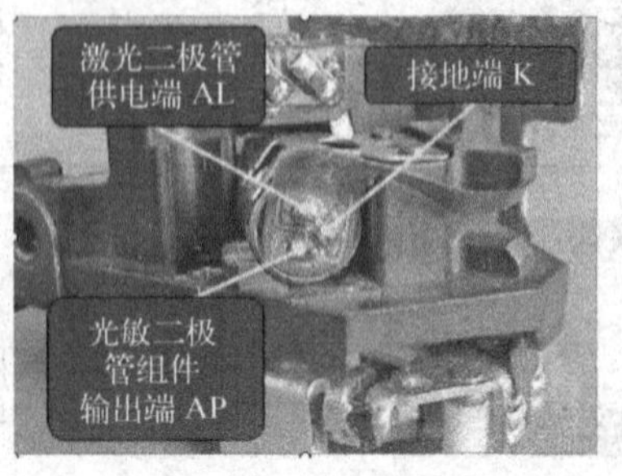

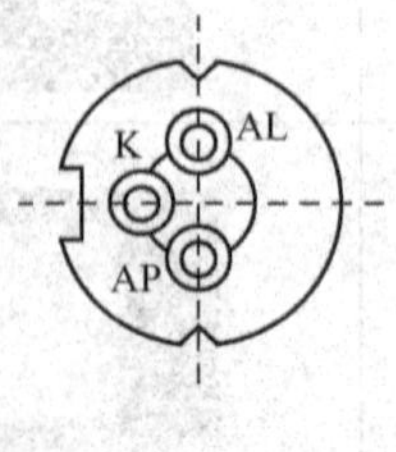

图 3-30　激光管的结构

请同学们分别采用表 3-32 的 4 种方法判断激光管的好坏，并将检测结果记录在表中。

表 3-32　激光管好坏的检测与判断记录

检 测 方 法	说　明	检测结果记录	激光管好坏评价
电流法	测量其工作电流，正常时为 50～70 mA，若电流大于 100 mA，则不正常		
电阻法	用指针式万用表测激光二极管的电阻，正常时，其正向电阻为 20～30 kΩ，反向电阻为无穷大。如果正向电阻大于 50 kΩ，则已经开始老化；若正向电阻大于 100 kΩ，则完全不能使用。检测激光二极管组件时，可检测激光二极管组件输出端 AP 和接地端 K 之间的电阻值，正常阻值为 220 kΩ		
观察法	在激光头开始自检时，通过观察光斑情况来做判断，当光斑较暗淡时，则可能是激光二极管老化。在观察有无激光发射时应注意，眼睛与光束要保持 30°～45° 的夹角，以免损害眼睛		
功率检测法	在开始自检时，用激光功率计对准物镜进行激光功率检测，正常时其发射的激光功率应不小于 1 mW		

活动 4　清洗激光头物镜

在光盘良好的情况下，如果 DVD 机经过长时间使用之后出现读盘不良或有时能读盘有时不能读盘的情况，可能与激光头上有污物粘堵有关。这时可以将 VCD、DVD 机的上盖打开，使激光头露出来，用棉签对激光头物镜进行擦拭，如图 3-31 所示，将激光头物镜上的灰尘和污物擦掉，这样就可以排除故障。

图 3-31　清洁激光头物镜

活动 5　激光功率的微调

DVD 机使用时间过长，激光管的发光效率可能降低，其输出的信号幅度就会减小，此时就容易产生光盘读取不良的故障。在这种情况下，除了要清洁激光头的物镜之外，还应微调激光二极管的供电功率。在激光头上有一个电位器，可以对其进行微调，如图 3-32 所示。注意，微调这个电位器时应该进行试调，一次调整的角度不要过大。如果属于激光头、激光二极管严重老化的故障，则微调电位器也是无效的。应该注意的是，新的激光头如果被认为是功率不足，则调整的角度过大时，可能将激光二极管烧坏，所以这个部位一般不要随意调整。

如果在开机状态下激光头的物镜不工作，即不能搜索光盘信息且激光头不能发射激光束，则表明聚焦环路有故障，此时主要应该检查聚焦线圈驱动集成电路。

图 3-32　激光头微调电位器

如果激光头不能发射出红色的激光束，则应检查激光二极管的供电电路，也可能是激光二极管损坏。如果确定是激光二极管损坏，就应对其进行代换。

【应用技巧】

DVD 检修注意事项

（1）维修前的注意事项

首先要向用户询问机器的一些基本情况，以确定故障的部位。维修者应尽可能熟悉故障机的电路原理，了解机内各个集成电路的功能，切忌在对故障机功能和作用原理都不了解的情况下动手乱拆乱焊。对于保险丝烧坏、机内有焦糊味等故障，尽量用直观法和在路电阻法查找故障。同时，注意静电对机器的危害，以保证机器和人身安全。

（2）维修中的注意事项

① 不要轻易拆卸器件，特别是激光头、光敏接收组件等精密组件。也不要轻易更换大规模集成电路，避免造成新故障。

② 一般不调电位器，非调不可时，必须做好初始位置的记号。

③ 在拆卸排线时必须做好记录。

④ 拆卸器件时，不要用力过猛。

⑤ 要充分利用 DVD 的自诊断功能，通过故障代码提示来帮助维修。

任务评价

DVD 机的应用与维修学习评价表见表 3-33。

表 3-33　DVD 机的应用与维修学习评价表

姓名		日　期		自　评	互　评	师　评
理论知识（30 分）						
序号	评 价 内 容					
1	DVD 影碟机一般由哪些部分组成					
2	DVD 影碟机的机芯由哪些部分组成					
3	常用的 DVD 激光头由哪几种？你所拆装的 DVD 采用的什么类型的激光头					
4	DVD 影碟机的伺服系统有何作用					

续表

技能操作（60分）						
序号	评价内容	技能考核要求	评价标准			
1	观察DVD内部结构	先观察整体结构，再观察各机构的组成及传动关系	操作方法不正确不得分			
2	DVD开关电源的检测	先观察电路结构，元件型号，再进行检测	操作方法不正确不得分			
3	激光头检测，物镜清洁	按表3-32的要求进行	根据所填写的实训报告进行评分			
学生素养与安全文明操作（10分）						
序号	评价内容	专业素养要求	评价标准			
1	基本素养	参与度； 团队协作； 自我约束能力	参与度好； 团队协作精神好； 纪律好； 无迟到、早退； 服从实训安排			
2	安全文明操作	无设备损坏事故，无人员伤害事故；课后整理工具仪表及实训器材，做好室内清洁				
综合评价						

#任务五　认识其他节目源设备

任务描述

在组建家庭影院时，能够作为音视频节目源的设备有很多种，除了前面已介绍的传声器、MP3/MP4、DVD外，比较常用的还有家用数码摄像机、计算机、音乐U盘等节目源设备。使用家中的电视机、DVD机，只能看别人提供给自己的节目，使用摄像机则可以看到自己录制的节目。互联网上丰富多彩的影视作品，为将计算机作为节目源设备在大屏幕电视机上欣赏最新影片提供了便利。

本任务要求同学们了解家用数码摄像机、计算机、音乐U盘等节目源设备的基本性能及基本使用方法，以加深对现代家庭影院设备配置的完整认识。

相关知识

一、家用数码摄像机简介

1. 数码摄像机的主要功能

图3-33所示为某品牌家用数码摄像机的外形结构。

图 3-33　某品牌家用数码摄像机的外形结构

家用数码摄像机的品牌及型号很多，必备的功能应该包括：自动、手控聚焦，自动、手控白平衡，多模式程序曝光，光学变焦，40 倍以下的数码变焦，光学、电子防抖，淡出淡入，逆光补偿，字符添加，日期、时间显示，目镜寻像器。相对不太重要但应用范围较广的有液晶显示屏、高保真录音。

2. 数码摄像机的使用注意事项

不管是出行还是家庭聚会，数码摄像机的使用频率都是很高的。使用家用摄像机应注意的问题可归纳为“十防”，即防腐、防磁、防强光、防高温、防低温、防惰性、防水防潮、防震防碰、防烟避尘、防 X 射线。

二、个人计算机简介

家用个人计算机可分为台式计算机和笔记本式计算机。下面主要介绍台式计算机。

虽然计算机的外形不一样，但其组成部件基本相同，常用的台式计算机主要由主机、显示器、键盘、鼠标和音箱几个关键部件组成，如图 3-34 所示。

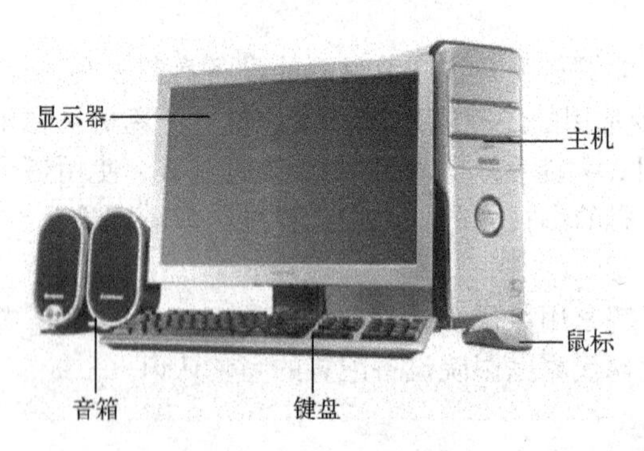

图 3-34　台式计算机的结构

下面主要介绍台式计算机中与音视频有直接关系的声卡、显卡和光驱及其接口。

1. 声卡

（1）声卡的作用

声卡是计算机进行声音处理的适配器，可以把来自传声器、MP3 播放器、DVD 影碟机等设备的语音、音乐等声音变成数字信号交给计算机处理，并以文件形式存盘，还可以把数字信号还原成为真实的声音输出。

声卡有三个基本功能：一是音乐合成发音功能；二是混音器（Mixer）功能和数字声音效果处理器（DSP）功能；三是模拟声音信号的输入和输出功能。

声卡处理的声音信息在计算机中以文件的形式存储。声卡工作应有相应的软件支持，包括驱动程序、混频程序（mixer）和 CD 播放程序等。

（2）声卡的接口

声卡尾部的接口从机箱后侧伸出，上面有连接传声器、扬声器、游戏杆和 MIDI 设备等接口，如图 3-35 所示，这些接口的作用见表 3-34。

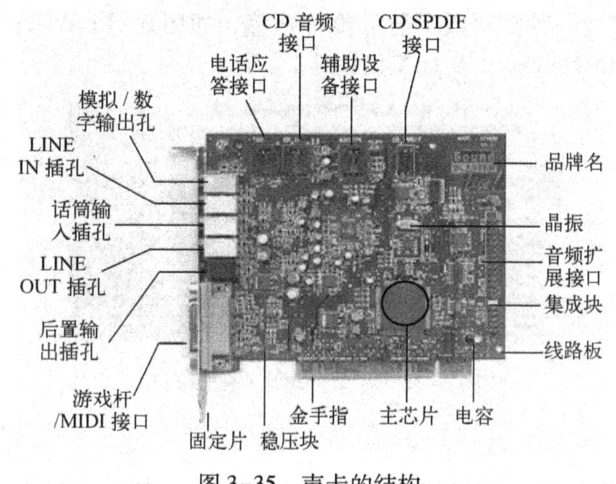

图 3-35　声卡的结构

表 3-34　计算机声卡接口的作用

接　口	符　号	作　用
游戏杆插口	MIDI	用于连接游戏杆/手柄/方向盘等外界游戏控制器或 MIDI 键盘/电子琴，也可用光纤 MIDI 套件来插入上述设备
线性输出插孔	LINE OUT	将音频信号输出到有源音箱/耳机或功率放大器，通常采用 ϕ3.5 插头转莲花插头线进行连接
传声器输入插孔	MIC IN	用于连接传声器，主要用于语音输入
线性输入插孔	LINE IN	用于将 MP3 随身听或影碟机等外围设备的声音信号输入到计算机
电话应答设备接口	TAD	用来提供标准语音 MODEM 的连接并向 MODEM 传送传声器信号，配合 Modem 卡和软件，可使计算机具备电话自动应答功能
模拟 CD 音频输入接口	CD - IN	使用 CD 音源线将来自 CD/DVD 光驱的模拟音频信号接入
辅助设备接口	AUX - IN	用于将电视卡、解压卡等设备的声音信号输入声卡并通过音箱播放
数字 CD 音频输入接口	CD - SPDIF	用来接收来自光驱的数字音频信号
音频扩展接口	SPDIF - EXT	接到数字 I/O 子卡，实现数字信号的输入和输出，并可输出 AC - 3 信号等

2. 显卡

（1）显卡的作用

显卡又称显示适配器，是个人计算机最基本组成部分之一。显卡的用途是将计算机系统所需要的显示信息进行转换驱动，并向显示器提供扫描信号，控制显示器的正确显示。显卡作为主机与显示器的桥梁，承担输出显示图形的任务。

(2) 显卡的类型

目前常用的有集成显卡和独立显卡。

集成显卡是将视频处理芯片组集成在了主板上，而独立显卡则独立成块。独立显卡的性能要比集成显卡好得多，因为它独立工作，受外部影响较小。

(3) 显卡的接口

显卡的接口可分两种，一种是信号输入/输出接口（与显示设备连接），例如 D - SUB 接口（又称 VGA 接口，属于模拟信号接口）、DVI 接口、HDMI 接口（高清晰度多媒体接口）、DisplayPort 接口（一种高清数字显示接口）等，如图 3-36 所示；另一种是总线接口（与主板连接），如 PCI Express 2.0 16X 接口等。

图 3-36　显卡的输入/输出接口

3. 光驱

光驱是光盘驱动器的简称，近年来的基本配置是 DVD 光驱，主要用于读/写 CD、DVD 等光盘中的数据信息，如图 3-37 所示。

图 3-37　光驱

4. 计算机的主机

把 CPU、内存、显示卡、声卡、网卡、硬盘、光驱和电源等硬件设备，通过计算机主板连接，并安装在一个密封的机箱中，称为主机。主机包含了除输入/输出设备以外的所有计算机部件，是一个能够独立工作的系统。

(1) 主机前面板

主机前面板上有光驱、前置输入接口（前置 USB 接口、前置话筒和耳机接口）、电源开关和 Reset（重启）开关等，如图 3-38（a）所示。

（2）主机后部

主机的后部有电源以及显示器、鼠标、键盘、USB、音频输入/输出和打印机等设备的各种接口，用来连接各种外围设备，如图 3-38（b）所示。

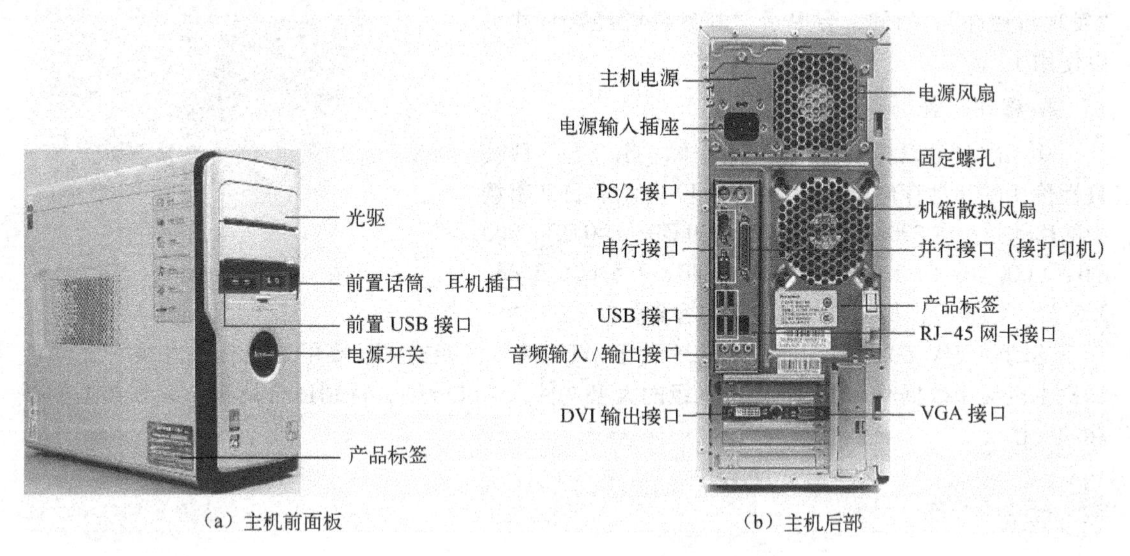

（a）主机前面板　（b）主机后部

图 3-38　计算机主机外部接口示意图

三、音乐 U 盘和移动硬盘

1. U 盘

U 盘，全称 USB 闪存驱动器，是一种使用 USB 接口的无须物理驱动器的微型高容量移动存储产品，通过 USB 接口与计算机连接，可实现即插即用。

U 盘由外壳和机芯两大部分组成，如图 3-39 所示。一般的 U 盘容量有 1 GB、2 GB、4 GB、8 GB、16 GB、32 GB、64 GB 等。

（a）外部结构　（b）内部结构

图 3-39　U 盘的结构

U 盘主要是用来存储数据资料的，近年来开发出的音乐 U 盘，是一款既有 U 盘的全部存储功能，同时还具备音乐文件的播放功能。一般的音乐 U 盘外观和普通 U 盘并无异样，不同之处在于其内置了电池，并多出一个耳机插孔，接入配备的耳机即可听 MP3、WMA 等常见格式音乐，支持上下曲播放选取，也可设置随机播放功能。

音乐 U 盘的优点在于：相比起普通 U 盘它具备了音乐播放功能，而相比 MP3 又具有低廉实惠的优势，是将U盘的功能作了延伸和发展的新一代移动存储产品。

在一台计算机上第一次使用某U盘（当把U盘插到USB接口时），系统会发出一声提示音，然后报告“发现新硬件”。稍候，会提示“新硬件已经安装并可以使用了”。

2. 移动硬盘

移动硬盘可以提供相当大的存储容量，是一种较具性价比的移动存储设备，如图3-40所示。目前市场中的移动硬盘有320 GB、500 GB、600 GB、640 GB、900 GB、1 000 GB（1 TB）、1.5 TB、2 TB、2.5 TB、3 TB、3.5 TB、4 TB等，最高可达12 TB的容量。

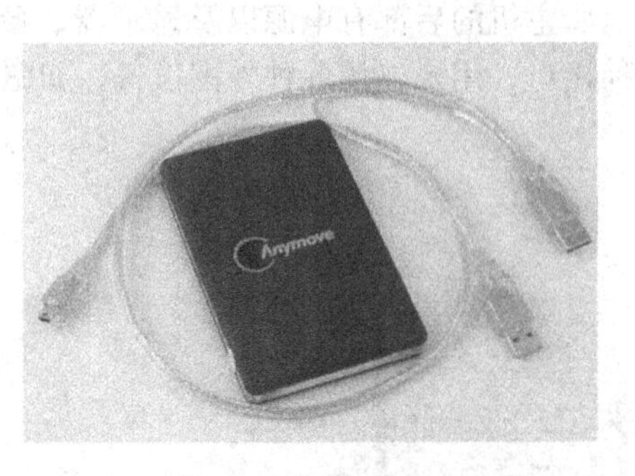

图3-40 移动硬盘

移动硬盘大多采用USB、IEEE1394、ESATA接口，能提供较高的数据传输速度。在与计算机主机交换数据时，读取GB数量级的大型文件只需几分钟，特别适合视频与音频数据的存储和交换。

任务实施

活动1 用数码摄像机摄制一段视频

活动基本要求如下：

（1）内容健康，摄像效果好，画面流畅，主体突出，变焦得当。

（2）正确将录制的视频传输到计算机并保存，能对内容进行简单处理、取舍，并保存。

（3）设备维护方法得当（维护镜头以及滤光镜、液晶显示屏以及操作键的周围、磁头、电池、磁带等）。

（4）时间安排：30 min。

（5）本活动以小组为单位进行，活动结束后将作品进行演示、展评。

【应用技巧】

数码摄像机摄制操作要点

（1）摄像机的录制操作是由右手大拇指来完成的，当拇指按下REG（录制）红色按钮时，摄像机便进入录制状态，在寻像器中出现REG字样或移动的“》》》”图样。

（2）拍摄机前的红色指示灯亮提醒被摄对象已经开机录制。

（3）当再次按下REG（录制）键时录制停止，进入录制等待状态，寻像器出现“PAUSE”字样。

（4）将录制开关由CAMERA转为VTR，此时设置为录像机操作方式，操作机器上的REW、FFW、PLAY等功能键放像，录制内容就会从寻像器上播放出来，有声音监听功能的摄像机，还可以听到录制的同期声。

（5）开始拍摄第一个镜头时应使用广角方式，这样画面影像较稳定，且不会因变焦出现模糊的现象。更容易让别人了解画面中的整体环境。接下来再拍摄主体，这样会更容易突出主体。

（6）在有需要时才变焦，频繁使用变焦镜头会令观众难于了解画面，具备恰当理由才使用变焦，并习惯在变焦前后先定镜5 s。

（7）为方便观众了解画面，转拍另一场面前请固定镜头停留5 s时间。但请谨记，若拍摄同一主体太长，录像会显得呆滞和沉闷。一般来说，5 ～ 10 s是拍摄每个镜头的理想长度。

（8）保持摄像机处于水平，这样拍摄出来的影像不会歪斜，尽量让画面在观影器内保持平衡。最好是用两只手来把持摄影机，这绝对比单手要稳，或利用身边可支撑的物品或准备摄影机脚架，无论如何就是尽量减轻画面的晃动，最忌讳边走边拍的方式，这也是最多人犯的毛病。这种拍摄方式是针对特殊情况下才运用的，千万记住画面的稳定是动态摄影的第一要件。

（9）切勿过分移动摄像机。

（10）把摄好的视频传输到计算机硬盘上，进行取舍后进行保存。

使用液晶电视播放U盘、移动硬盘中的视频

目前液晶电视只要带USB接口都是可以播放U盘、移动硬盘（当然有些液晶电视USB接口供电不足，带不起来部分移动硬盘的情况也有，大部分移动硬盘都可以外接供电电源，即可解决问题）中指定格式的文件（如AVI \ JPEG \ DAT视频及图片文件，但并不是所有的.DAT文件都支持），不过不够流畅。

活动2　在大屏幕液晶电视上播放自制视频

请按照以下操作步骤进行。

1. 连接硬件

（1）S端子视频线的连接

将S端子线的一头插到显卡上的S端子口上，同时将S端子线的另一头插到电视机后面的S端子口上，连接完毕。

（2）音频线的连接

将音频线的两个莲花头分别插入电视机后的左右声道音频输入口，同时将音频线的3.5 mm音频头插入计算机声卡的音频输出口上，连接完毕。

2. 打开电视机

硬件连接好后，必须先打开电视机，在下一步启动计算机后计算机才会找到电视机这个硬件。

3. 启动计算机

如果是在计算机启动后连接电视机的，必须先打开电视机并把电视机调为AV1、AV2、AV3或S－端子视频模式（各电视机显示的名称可能不一样），再重新启动计算机，让计算机找到电视机这个硬件，否则在下一步的显卡设置里可能找不到设置选项。

4. 设置显卡

（1）打开计算机后，右击桌面，在弹出的快捷菜单中选择“属性”命令。在弹出的“显示 属性”对话框中依次选择“设置”“高级”选项，进入下一个对话框，如图3–41所示。

（2）单击GF5200（根据显卡不同该内容会不同），如图3–42所示，按标号的顺序依次进行设置，最后单击“确定”按钮，设置完毕。

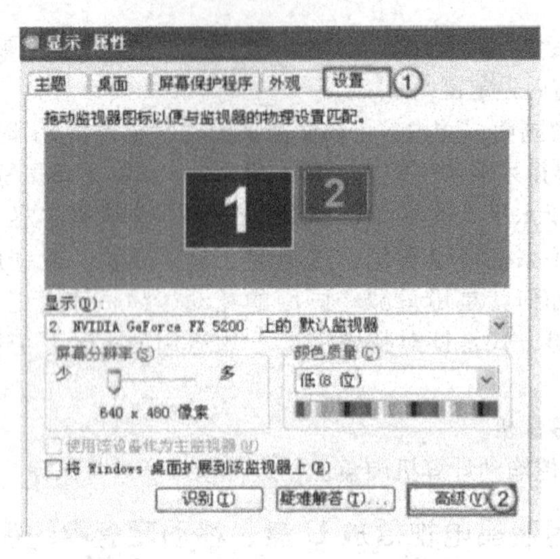

图 3-41 “显示 属性”对话框

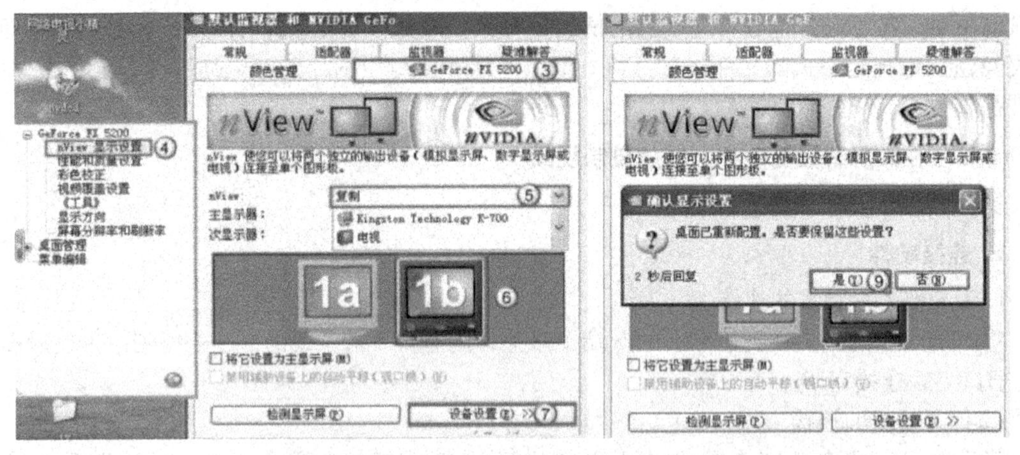

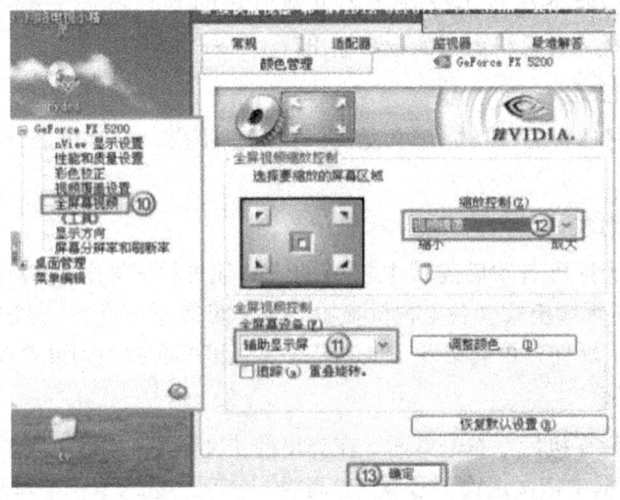

图 3-42 显示设置

5. 播放自制作视频

推荐使用暴风影音播放器，即使把它最小化，而电视上仍然是全屏播放。

任务评价

认识其他节目源设备学习评价表见表 3-35。

表 3-35　认识其他节目源设备学习评价表

姓名		日　期		自　评	互　评	师　评
理论知识（30 分）						
序号	评 价 内 容					
1	使用数码摄像机的注意事项有哪些					
2	计算机声卡的接口有哪些					
3	计算机显卡的接口有哪些					
技能操作（60 分）						
序号	评 价 内 容	技能考核要求	评 价 标 准			
1	视频制作	正确使用设备；将作品下载保存到计算机；维护镜头和液晶显示屏	主体是否突出；变焦是否得当；画面是否流畅；画面是否有模糊			
2	播放视频	按照操作步骤进行	操作方法不正确不得分			
学生素养与安全文明操作（10 分）						
序号	评 价 内 容	专业素养要求	评 价 标 准			
1	基本素养	参与度； 团队协作； 自我约束能力	参与度好； 团队协作精神好； 纪律好； 无迟到、早退； 服从实训安排			
2	安全文明操作	无设备损坏事故，无人员伤害事故；课后整理工具仪表及实训器材，做好室内清洁				
综 合 评 价						

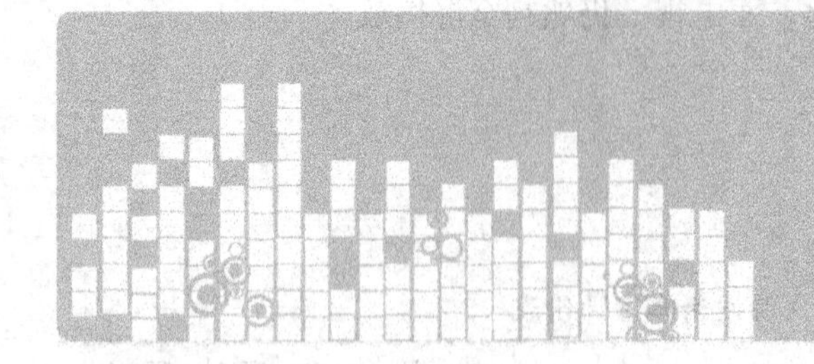

项目四 解剖音频放大器

音频功率放大器俗称功放，是指在给定失真率条件下，能产生最大功率输出以驱动某一负载（如扬声器）的放大器。功率放大器在整个音响系统中起到了“组织、协调”的枢纽作用，在某种程度上主宰着整个系统能否提供良好的音质输出。

本项目通过对常用音频功率放大器的性能及结构的介绍，引导同学们学习 OTL 和 OCL 音频功率放大器的组装、调试、检测和维修，同时学习音响技术的基础知识。

知识目标

△ 了解立体声与环绕立体声的概念、种类。

△ 熟悉前置放大器、功率放大器的组成框图。

△ 了解典型 OTL、OCL 功率放大器的原理。

△ 知道功率放大器维修的常用方法。

技能目标

△ 能按要求选购功率放大器。

△ 会正确使用常见的功率放大器。

△ 能排除功率放大器的简单故障（如整机不工作、无声音输出、音轻等）。

△ 能独立组装、调试集成电路立体声功率放大器。

安全目标

△ 遵守实训室守则，强化安全意识，特别要注意用电安全和使用工具的安全。

△ 不发生人为损坏实训设备的行为。

△ 发现有安全隐患，应及时报告老师后再进行处理。

△ 由小组长负责保管好本小组的工具及元器件。

情感目标

△ 小组成员分工协作，努力完成老师布置的任务。

△ 进一步激发学生学习专业课的兴趣，对学生进行实践能力及创新精神的培养，提高学生的综合素质。

△ 激发学生的学习兴趣，培养良好的职业道德。

任务一 认识常用音频放大器

任务描述

当今，凡是集会庆典、文体表演几乎都离不开音频功率放大器来扩声，就连家庭的视听AV与休闲娱乐，利用高保真音响扩声和播放音乐也已经是一件很平常的事了。如果没有音频功率放大器，扬声器（音箱）就不能放声，也就无扩声可言。在日常生活中，手机、电视机、收音机等均有音频功放电路。为满足不同类别电子产品的不同功用，有多种类型的音频功率放大器。

本任务主要了解音频功率放大器的基本要求及类别，学习立体声与环绕立体声的基础知识，初步练习按照要求模拟选购家用音频功率放大器。

相关知识

一、音频功率放大器的要求、分类及组成

1. 音频功率放大器的基本要求

简单地说，对音频功率放大器的要求是信号能进去（放大器），能放大（电流或者电压，要求电压乘以电流大于输入功率），最后被放大的信号能出得来（不失真），具体的要求见表4–1。

表4–1 音频功率放大器的基本要求

序号	基本要求	说明
1	输出功率足够	为了得到足够大的输出功率，功放管的工作电压和电流接近极限参数。功放管集电极的最大允许耗散功率与功放管的散热条件有关，改善功放管的散热条件可以提高它的最大允许耗散功率。 在实际使用中，功放管都要按规定安装散热片
2	效率要高	扬声器获得的功率与电源提供的功率之比称为功率放大器的效率。功率放大器的输出功率是由直流电源提供的，由于功放管具有一定的内阻，所以它会有一定的功率损耗。功率放大器的效率越高越好
3	非线性失真要小	由于功率放大器中信号的动态范围很大，功放管工作在接近截止和饱和状态时，超出了特性曲线的线性范围，必须设法减小非线性失真

2. 音频功率放大器的分类

音频功率放大器的分类方法有多种，见表4–2。

表4-2　音频功率放大器的分类

序号	分类方法	种　类	说　明
1	按功率放大器与音箱的配接方式分	定压式功放	为了远距离传输音频功率信号，减少在传输线上的能量损耗，该方式以较高电压形式传送音频功率信号。一般有75 V、120 V、240 V等不同电压输出端子供使用者选择。使用定压功放要求功放和扬声器之间使用线性变压器进行阻抗匹配
		定阻式功放	功率放大器以固定阻抗形式输出音频功率信号，也就是要求音箱按规定的阻抗进行配接，才能得到额定功率的输出分配
2	按功率放大器的使用元件分	电子管式功放	电子管放大器具有音色柔和、富有弹性和空间感强等优点
		晶体管式功放	晶体管功率放大器具有体积小、功率大、耗能少等特点，技术参数指标很高，具有良好的瞬态特性等优点。这是功放机的主要电路形式
		集成电路式功放	随着集成电路生产工艺的成熟，集成大功率优质功放得以大量应用，它具有结构简单，功能完善等特点
		V－MOS式功放	场效应管制作的功放具有噪声低、动态范围大、无须保护等特点，性能十分优越
3	按晶体管工作特性分	A类（甲类）功放	指电流连续地流过所有输出器件的一种放大器。这种放大器，由于避免了器件开关所产生的非线性，只要偏置和动态范围控制得当，仅从失真的角度来看，是一种良好的线性放大器，但效率很低，一般为30%～40%，这是它的致命弱点
		B类（乙类）功放	这类放大器采用两只互补对称管，每个功放管的导通时间为50%。这类放大器工作效率高，可达到78%，但由于无静态偏置，输出信号存在交越失真，即在正负半周的波形连接处，由于晶体管的非线性，波形的合成总是存在着一些不够平滑的现象。所以，B类放大器不是一种真正实用的放大器
		AB类（甲乙类）功放	AB类（甲乙类）放大器实际上是A类（甲类）和B类（乙类）的结合，每个器件的导通时间在50%～100%之间。AB类放大器在输出低于某一电平时，两个输出器件同时导通，其状态工作于A类（甲类）；当电平增高时，一个器件将完全截止，而另一个器件将供给更多的电流。这样，真正解决了甲类功放效率低和乙类功放存在交越失真的问题，工作效率高为78%，是一种真正实用的放大器
		C类（丙类）功放	C类（丙类）放大器是指器件导通时间小于50%的工作类别。这类放大器一般用于射频放大，很难找到用于音频放大的实例
		D类（丁类）功放	这类放大器的特点是功率器件工作在开关状态，理论上效率很高。工作频率超过音频，它是通过控制信号的占空比，使它的平均值能代表音频信号的瞬时电平，这种情况称为脉宽调制（PWM）。随着高频大功率开关器件生产技术的提高，这类功放将会越来越普遍
		T类功放	T类功率放大器的功率输出电路和脉宽调制D类功率放大器相同，功率晶体管也是工作在开关状态，效率和D类功率放大器相当。它和普通D类功放有以下不同之处： （1）T类功放采用了数码功率放大器处理器Digital Power Processing（DPP）的数字功率技术，它是T类功率放大器的核心。输入的音频信号和进入扬声器的电流经过DPP数字处理后，用于控制功率晶体管的导通关闭。从而使音质达到高保真线性放大。 （2）T类功放的功率晶体管的切换频率不是固定的，无用分量的功率频谱是散布在很宽的频带上，使声音的细节在整个频带上都清晰可“闻”。 （3）T类功放的动态范围更宽，频率响应平坦。 DDP的出现，把数字时代的功率放大器推到一个新的高度。在高保真方面，线性度与传统AB类功放相比有过之而无不及

续表

序号	分类方法	种　类	说　明
4	按末级电路结构分	OTL 功放	OTL 电路为单端推挽式无输出变压器功率放大电路。通常采用单电源（一组电源）供电方式，从两组串联的输出中点通过电容耦合输出信号
		OCL 功放	OCL 电路是无输出电容直接耦合的功放电路，由一只 PNP 三极管和一只 NPN 三极管组成的互补推挽放大电路，其输出级直接与负载耦合。 OCL 是 OTL 的升级，优点是省去了输出电容，使系统的低频响应更加平滑。缺点是必须用双电源供电，增加了电源的复杂性
		BTL 功放	BTL 意为桥接式负载，负载的两端分别接在两个放大器的输出端。其中一个放大器的输出是另外一个放大器的镜像输出，也就是说加在负载两端的信号仅在相位上相差 180°。负载上将得到原来单端输出的 2 倍电压。从理论上来讲，电路的输出功率将增加 4 倍
5	按适用范围分	家用功放	家用功放主要用于家庭音乐欣赏和家庭娱乐，它又可分为高保真（Hi－Fi）功放和 AV 功放。 家用高保真功放用于家庭音乐欣赏或放送背景音乐，通常只有两个声道。家用高保真功放在设计和制造上对放音的音质较为注意，因此在电路设计和用料方面比较考究。但家用高保真功放在输出功率的设计上，裕量比较小，一般不适于长期工作在满负荷状态。家用高保真功放的音质较好，声音较为细致、透明度好、层次感亦佳，与家用音箱配合使用时，能得到保真度很高的放音效果。 AV 功放通常是指能进行音频信号和视频信号同步切换的综合功率放大器，它用于家庭影音系统作信号处理和放大。它在立体声放大器的基础上增加了环绕声解码系统和中置声道、环绕声道放大器
		专业功放	专业功放通常用于歌舞厅、影剧院、体育场馆等场合。专业功放能提供足够的音频输出功率。驱动专业音箱，以保证在一定的场所范围内得到较好的声音效果和一定的声压。专业功率放大器的输出功率裕量充足，即电源电路的功率容量较大，为保证功率管和散热器能长期工作在满负荷状态，功率输出管选择的容量和散热能力都比同功率家用放大器的大得多。 一般的专业放大器的声音力度感较好，声音明亮清晰，但音质偏硬、偏粗，声音不如家用放大器细致，透明度也差一些

【应用技巧】

A 类、B 类和 AB 类放大器是模拟放大器，D 类放大器是数字放大器。B 类和 AB 类放大器比 A 类放大器效率高、失真较小，功放晶体管功耗较小，散热好，但 B 类放大器在晶体管导通与截止状态的转换过程中会因其开关特性不佳或因电路参数选择不当而产生交替失真。D 类放大器具有效率高、低失真、频率响应曲线好、外围元器件少等优点。

AB 类放大器和 D 类放大器是目前音频功率放大器的基本电路形式。

二、功率放大器的技术指标

一个好的放大器，要求能准确地放大来自各声源的声音信号，力求恢复该声源音质状况的本来面貌。具体评判一个放大器的好坏时，需要有一些具体的、客观的技术指标，来作为评判标准，见表 4-3。这些技术指标是人们选用音频功率放大器的主要依据。

表4–3　功率放大器的技术指标

序号	技术指标	指标解说
1	输出功率	输出功率的大小是根据放大器的使用环境、条件及对象等许多因素决定的，它是功率放大器最基本的一项指标。衡量放大器输出功率的指标有最大不失真连续功率、音乐功率和峰值功率等几种不同的指标。 目前公认的指标是“最大不失真连续功率”，又称RMS功率，正弦波功率或平均值功率等
2	增益	放大器的增益是放大器放大能力的重要指标，又称放大倍数。其定义为放大器的输出量与输入量之比。根据其输入量与输出量的不同，又分为电压增益、电流增益和功率增益。由于人耳对音量大小的感觉并不和声音功率的变化成正比，而是近似成对数关系，所以放大器的增益用分贝（dB）来表示
3	信噪比	信噪比是指信号与噪声的比值，常用符号S/N来表示，它等于输出信号电压与噪声电压之比，用dB表示。 信噪比越大，表明混在信号中的噪声越小，放大器的性能越好
4	频率响应	即有效频率范围，它是用来反映功率放大器对不同频率信号的放大能力。功率放大器的输入信号是由许多频率成分组成的复杂信号，由于功率放大器存在着阻抗与频率有关的电抗元件及功率放大器本身的结电容等，使功率放大器对不同频率信号的放大能力也不相同，从而引起输出信号的失真。频率响应通常用增益下降3 dB以内的频率范围来表示。 一般的高保真放大器为了能真实地反映各种信号，其频率响应通常能够达到几Hz到几十kHz的宽度
5	失真	音频信号经过放大器之后，不可能完全保持原来的面貌，这就称为失真。失真的种类很多，除了上述的频率失真以外，还有谐波失真、相位失真、互调失真和瞬态失真等。其中最主要的是谐波失真。 谐波失真是指信号经功率放大器放大后输出的信号比原有声源信号多出了额外的谐波成分。 相位失真是指音频信号经过功率放大器以后，对不同频率信号产生的相移的不均匀性，以其在工作频段内的最大相移和最小相移之差来表示。 互调失真是各个频率信号之间相互调制，产生新的频率分量。 瞬态互调失真是指晶体管放大器由于采用了深度大回环负反馈而带来的一种失真。 失真度的数值越小质量越好，一般要求在0.05%以下
6	动态范围	放大器的动态范围通常是指它的最高不失真输出电压与无信号时的输出噪声电压之比，用dB来表示。 动态范围越大，放大器的失真越小
7	分离度	立体声的分离度即左右声道串通衰减，是指放大器中左、右两个声道信号相互串扰的程度，单位为dB。 如果串扰量大，亦即分离度低，则会出现声场不饱满，立体感将被减弱等现象，重放音乐的效果差
8	阻尼系数	这是指放大器对负载进行电阻尼的能力，是衡量放大器内阻对扬声器所起阻尼作用大小的一项性能指标。阻尼系数越大，对扬声器的抑制能力就越强。 高保真扩音机的阻尼系数应在10以上
9	转换速率	为了衡量放大器在通过矩形波时引起前沿上升时间延迟，使输出信号产生失真，通常用放大器的转换速率来描述，这个指标越高越好。转换速率低，是功率放大器产生瞬态互调失真的重要原因。 高保真放大器的转换速率要求在20 V/μs以上
10	输入阻抗	通常用来表示功率放大器的抗干扰能力的大小，一般会在5 000～15 000 Ω。阻抗的数值越大，表示抗干扰能力越强
11	输出阻抗	又称额定负载阻抗，通常有8 Ω、4 Ω、2 Ω等值，此值越小，说明功率放大器负载能力越强。就单路而言，额定负载为2 Ω的功率放大器，可以带动4只阻抗为8 Ω的音箱发声，并且失真很小

【广角镜】

功放的发展简史

功率放大器的发展历史可以分为电子管、晶体管、集成电路、场效应管4个阶段。

1906年美国人德福雷斯特发明了真空三极管，开创了人类电声技术的先河。1927年贝尔实验室发明了负反馈技术，使音响技术的发展进入了一个崭新的时代，比较有代表性的如“威廉逊”放大器，较成功地运用了负反馈技术，使放大器的失真度大大降低。20世纪50年代，电子管放大器的发展达到了一个高潮时期，各种电子管放大器层出不穷。由于电子管放大器音色甜美、圆润，至今仍为发烧友所偏爱。

20世纪60年代晶体管的出现，使广大音响爱好者进入了一个更为广阔的音响天地。晶体管放大器具有细腻动人的音色、较低的失真、较宽的频响及动态范围等特点。

20世纪60年代初，美国首先推出音响技术中的集成电路。20世纪70年代初，集成电路以其质优价廉、体积小、功能多等特点，逐步被音响界所认识。发展至今，厚膜音响集成电路、运算放大集成电路被广泛用于音响电路。

20世纪70年代中期，日本生产出第一只场效应功率管。由于场效应功率管同时具有电子管纯厚、甜美的音色，以及动态范围达90 dB的特点，很快在音响界流行。现今的许多放大器中都采用了场效应管作为末级输出。

20世纪80年代，数字功放成为了新一代的宠儿。

三、立体声

1. 立体声的概念

（1）自然界中的立体声

大家知道，声源有确定的空间位置，声音有确定的方向来源，人们的听觉有辨别声源方位的能力。尤其是有多个声源同时发声时，人们可以凭听觉感知各个声源在空间的位置分布状况。从这个意义上讲，自然界所发出的一切声音都是立体声。如雷声、火车声、枪炮声等。当人们直接听到这些立体空间中的声音时，除了能感受到声音的响度、音调和音色外，还能感受到它们的方位和层次。这种人们直接听到的具有方位层次等空间分布特性的声音，称为自然界中的立体声。

（2）单声

自然界发出的声音是立体声，但如果把这些立体声经记录、放大等处理后而重放时，所有的声音都从一个扬声器放出来，这种重放声（与原声源相比）就不是立体的了。这时由于各种声音都从同一个扬声器发出，原来的空间感（特别是声群的空间分布感）也消失了。这种重放声称为单声。

（3）音响技术中的立体声

如果从记录到重放整个系统能够在一定程度上恢复原发生的空间感（不可能完全恢复），那么，这种具有一定程度的方位层次等空间分布特性的重放声，称为音响技术中的立体声。

2. 立体声的组成

立体声是由直达声、反射声和混响声三类声音组成，如图4-1所示，其含义见表4-4。

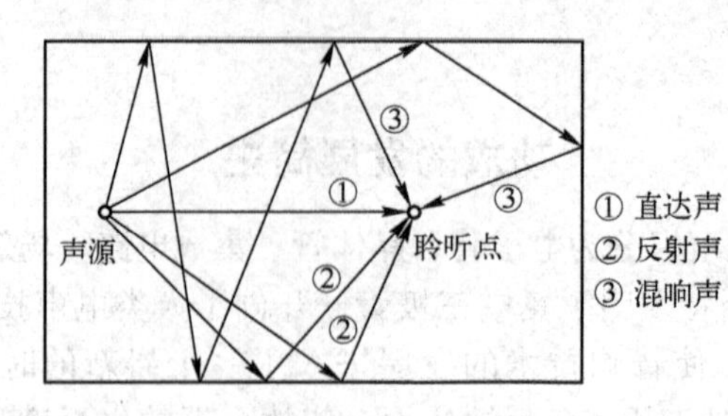

图 4-1　立体声的组成

表 4-4　立体声的组成及应用

序号	组　成	含　义	应　用
1	直达声	指声源直接传播到人左、右耳的声音	直达声能够帮助人们确定声源的方位。 同一声音到达双耳形成的声级差和时间差对判断其方位起着决定作用
2	反射声	又称近次反射声，指从室内表面上经过初次反射后，到达听众耳际的声音，比直达声晚十几毫秒至几十毫秒	反射声给人空间感，让人可以感觉到听音室的空间大小
3	混响声	指声音在室内经过各个边界面和障碍物多次无规则的反射后，形成漫无方向、弥漫整个空间的袅袅余音	混响给人包围感，可以感受到声音在三维空间环绕

直达声、反射声和混响声的声音强度与时间的关系如图 4-2 所示。

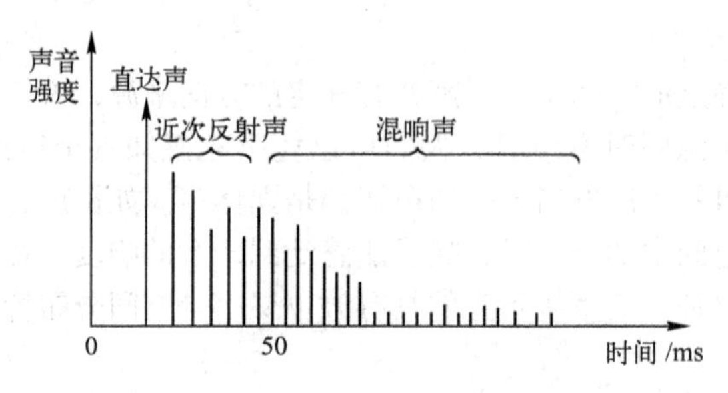

图 4-2　声音强度与时间的关系

3. 立体声的特点

与单声道重放声相比，立体声具有非常显著的特点，见表 4-5。

表 4-5　立体声的特点

序号	特　点	说　明
1	具有明显的方位感和分布感	用单声道放音时，即使声源是一个乐队的演奏，聆听者仍会明显地感到声音是从扬声器一个点发出的。 用多声道重放立体声时，聆听者会明显感到声源分布在一个宽广的范围，主观上能想象出乐队中每个乐器所在的位置，产生了对声源所在位置的一种幻像，简称声像。幻觉中的声像，重现了实际声源的相对空间位置，具有明显的方位感和分布感

续表

序号	特　点	说　明
2	具有较高的清晰度	用单声道放音时，由于辨别不出各声音的方位，各个不同声源的声音混在一起，受掩蔽效应的影响，使听音清晰度较低。 用立体声系统放音，聆听者明显感到各个不同声源来自不同方位，各声源之间的掩蔽效应减弱很多，因而具有较高的清晰度
3	具有较小的背景噪声	用单声道放音时，由于背景噪声与有用声音都从一个点发出，所以背景噪声的影响较大。 用立体声系统放音时，重放的噪声声像被分散开了，背景噪声对有用声音的影响减小，使立体声的背景噪声显得比较小
4	具有较好的空间感、包围感和临场感	单声道系统中，重放的近次反射声、混响声都变成一个方向传来的声音。 立体声系统能够再现近次反射声和混响声，使聆听者感受到原声场的音响环境，具有较好的空间感、包围感和临场感。因为音乐厅里的混响声是无方向性的，它包围在听众四周；而近次反射声虽然有方向性，但由于哈斯效应的缘故，听众也感觉不到反射声的方向，即对听感来说也是无方向性的

【知识窗】

立体声的定位机理

立体声的定位机理是人的双耳效应和耳廓效应，见表4-6。

表4-6　立体声的定位机理

定位机理	说　明
双耳效应	同一声源发出的声音在两耳中引起的感觉会有种种差异，通过对声音到达两耳的声级差、时间差、相位差和音色差来进行声像定位的效应称为双耳效应。当声源的方位不同时，两耳听觉中的差异也不相同，人们的大脑神经就是依据这些差异来综合判断声源的方位。 （1）声音到达两耳的声级差。虽然两耳之间的距离很近，但由于头颅对声音的阻隔作用，声音到达两耳的声级就可能不同。如果声源偏左，则左耳感觉声级大一些，而右耳声级小一些。当声源在两耳连线上时，声级差约为25 dB。 （2）声音到达两耳的时间差。由于左右两耳之间有一定的距离，因此，除了来自正前方和正后方的声音之外，由其他方向传来的声音到达两耳的时间就有先有后，从而造成时间差。如果声源偏右，则声音必先到达右耳后到达左耳。声源越是偏向一侧，则时间差也越大，实践证明，当声源在两耳连线上时，时间差约为0.62 ms。 （3）声音到达两耳的相位差。声音是以波的形式传播，而声波在空间不同位置上的相位是不同的（除非刚好相距一个波长）。若声源与两耳的距离不同，则声波到达两耳的相位就可能有差别。耳朵内的鼓膜是随声波而振动的，这个振动的相位差也就成为判断声音方位的一个因素。当频率越低时，相位定位感越明显。 （4）声音到达两耳的音色差。音色差是指双耳听音时感觉到到达两耳的声波的频率组成的差异。由于声波遇到障碍物会发生绕射现象，而且声音频率越高，波长越短，声音绕射能力越差，衰减越大；声音频率越低，波长越长，声音绕射能力越强，衰减也越小。这样，如果复音从左侧某个方向上传来，则需要绕过头部才能到达右耳。根据声波的传播特性，复音中的高频成分将因受头部的阻隔而有较大衰减，而其他频率成分也将有不同程度的衰减，这样，到达左耳和右耳的声波的频率组成就有所不同，使听者感觉到音色存在差别。其实，音色差就是不同频率的声级差
耳廓效应	耳廓的结构复杂而微妙，当声源的声波传到人耳时，不同方位来的声波会由于耳廓形状特点而产生不同的反射，不同方位来的声波其反射声与直达声进入耳道后声级差和时间差是不同的，给听音者带来方位信息，因此，耳廓对声像定位也有辅助的作用。 这种由于耳廓各个部位反射不同方位的声波存在声级差和时间差，使听觉系统感知这些差别，判断出方位的效应，称为耳廓效应（又称单耳效应）。正是由于耳廓效应，有时凭借一只耳朵也能对声音进行定位

四、环绕立体声系统

由直达声、多次反射声、部分混响声形成的前方声场和由混响声形成的后方声场的组合，就称为环绕立体声。环绕立体声是一种能使重放的声场具有回旋的、缭绕的、空间的环绕感觉，使聆听者犹如置身于真实的实际声场中的多声道立体声系统。环绕立体声与双声道立体声相比，不同之处在于它除了具有前方的左右主声道外，还增加了后方的环绕声道，因而大大增强了声像的纵深感和临场感。

环绕立体声系统是现代影音设备组成的家庭影院的核心，其特征在于声源的录制和重放都采用了多声道技术。

目前常见的环绕立体声系统有：杜比 AC－3、DTS（数字影院系统）和 SRS 系统等。

1. 杜比 AC－3 系统

杜比 AC－3 又称杜比数字环绕声系统，共有 5 个独立的全音频声道和 1 个超低音频（超重低音）声道。

5 个声道的前置左（L）、右（R）、中置（C）、左后环绕声（S_L）、右后环绕声（S_R）的频率范围均为 20 Hz ～ 20 kHz。1 个超低音频声道的频率范围为 20 ～ 120 Hz。（由于超低音频声道频带大约只有全音频带的 1/10，因此称为 0.1 声道）

杜比 AC－3 家庭影院配置如图 4-3 所示，它具有以下几大主要优点：

（a）实景图

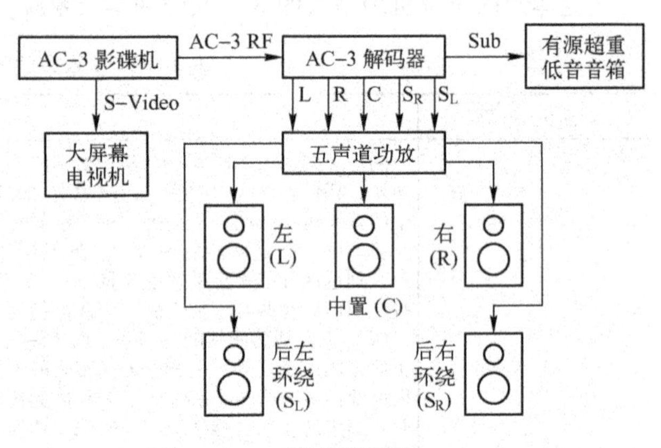

（b）配置框图

图 4-3　杜比 AC－3 家庭影院配置

（1）具有 5.1 声道输出功能。杜比 AC－3 提供的环绕声系统由 5 个全频域声道和 1 个超低音声道组成，各声道的分离度可达 90 dB 以上。

（2）具有高效率的编码压缩技术。杜比 AC－3 的 5.1 声道信号经编码压缩后，使音频数据压缩为原来的几分之一。

（3）具有立体声的后环绕声道。杜比 AC－3 的后方环绕声是独立的双声道立体声，从而使场声的前后有了方向性，并增加了后方声场的宽度。

（4）具有全频带的后方双声道的环绕声。杜比 AC－3 把后方的 S_L 和 S_R 环绕声道同前方的左、中、右声道同样对待，环绕声不但是立体声，而且是 20 kHz 以内的全频带。

（5）增加了重低音声道。杜比 AC－3 增加了频率范围为 20 ～ 120 Hz 的重低音声道（又称超重低音声道），即5.1声道中的0.1声道。

（6）可按系统设置混合小信号。小型音箱不能放出低音，可将该声道的低音与其他声道混合，起到一定的增强作用。

由此可见，杜比AC-3系统可以建立一个更为接近实际和声像定位更为准确的声场。在未来的视听音响系统中，AC-3环绕声系统的应用前景相当可观。

2. DTS系统

DTS是英文Digital Theatre System的缩写，即数字化影院系统。DTS的标志如图4-4所示。

DTS系统是真正的6.1声道系统，它从制作、编码到最后解码都是完全按独立的6.1声道进行，所以有更好的分离度效果。

图4-4　DTS的标志

DTS分为ES Matrix和DTS ES Discrete两种。DTS ES Discrete为了兼容原有的数字5.1系统，在录制这样的DVD过程中，是将增加的后环绕声道信号隐藏到原来的数字5.1声道信号当中，在普通的DTS 5.1声道解码AV中，不会检测到这个隐藏的后中置信号，因此不会影响原来的DTS 5.1声道的解码工作。而新型的具备DTS ES Discrete声道解码功能的AV放大器电路中，可以检测到这个信号，同时启动6.1解码电路，该隐藏的数字后环绕声道信号就会被还原出来。DTS播放的节目将使人获得更多的细节和临场感受，目前有不少DVD机都已经采用了DTS方式。

3. SRS系统

SRS是英文Sound Retrieval System的缩写，即声音恢复系统。

SRS系统只需双声道功放和两只音箱就可以虚拟出三维空间的3D环绕立体声效果，特别适合听音空间较小的家庭使用，且构建SRS系统要比杜比环绕声系统的价格低得多。

SRS技术的基本原理是根据声音中各频率信号在人体头部的传递特性来对音频信号进行处理，即重放时无论音箱在何位置，人耳总是感觉到声音来自与该频率响应相对应的空间方向，与音箱实际位置无关。

SRS系统方框图如图4-5所示，SRS声场与普通立体声场的比较如图4-6所示。

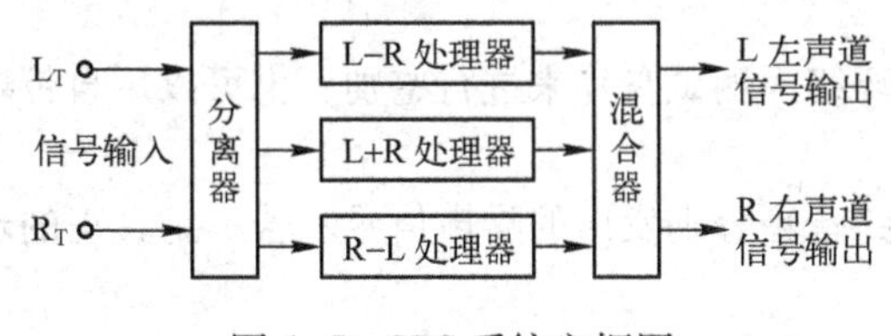

图4-5　SRS系统方框图

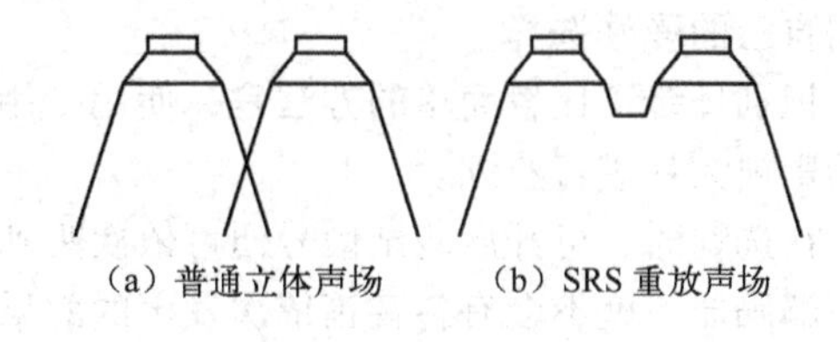

图4-6　SRS声场与普通立体声场的比较

SRS系统具有以下特点：

（1）只要两只音箱即可实现三维立体声场。

（2）听音范围大。SRS系统在任何位置听音效果均好。

（3）不受听音环境约束。既可在大影视剧院欣赏，也可在家庭欣赏或轿车内聆听，同时对音箱放置位置也无严格要求。

（4）对节目源提供的音频信号无任何要求。可对单声道、立体声、杜比编码等信号进行处理，不论是听音乐、看电影，都可获得三维立体声较好的效果。

（5）可充分利用现有音响设备和软件，不需另外添置和改造。在现有立体声设备中加入一只 SRS 环绕声解码器即可。

（6）提高了 Hi－Fi（高保真）系统性能，恢复了原始声源的各种成分，改善了声源信噪比和清晰度。

SRS 系统的这些特点，使其在音响系统中得到快速推广，目前已大量运用于大屏幕彩色电视机、汽车音响和家庭影院中。

任务实施

活动1　模拟选购家用功率放大器

按照下列要求步骤及要求，各小组模拟选购家用功率放大器。

1. 品牌选择

选购信誉及售后服务好的名牌企业的产品。

2. 查看认证标志

（1）选择功率放大器应是通过国家强制性认证的产品，产品上注有“CCC”标志（表示安全性能、电磁兼容性能符合国家强制标准的要求）。

（2）目前市场上的产品认证标志主要还有杜比定向逻辑、杜比数字、DTS 三种。

凡经过认证的产品，前面板上均有相应的认证标志。有的同时标有杜比数字和 DTS 标志，则说明该产品含有杜比数字和 DTS 双解码器。

（3）就性能价格比而言，一些经过杜比或 DTS 公司正式认证的国内知名品牌更有优势。一般价格仅为国外品牌的 1/2 ～1/8，而且国内知名厂家的售后服务也比较好。

3. 查看技术指标

认真阅读使用说明书，根据购买计划查看其中的技术指标是否满足要求。

4. 现场试听

目前国内销售的家用功率放大器有双声道功率放大器和家庭影院用环绕声功率放大器，可根据自己的爱好选择。

识别环绕声比较简单的方法是，使用专用的环绕声测试盘片来进行鉴别，也可以用自带熟悉的影视大片进行鉴别。

在选购时，可开启测试信号便可依次听到各路音箱分别发出的噪声信号。若不是真正的环绕声解码器，就不会有各音箱依次发声的效果。

5. 填写实训报告

活动2　功放机使用方法交流会

（1）同学们利用周末时间，设法收集音频功率放大器的使用说明书（可以是原件，也可以是复印件），回到学校后，以小组为单位进行交流阅读。

（2）在小组会上，每个同学都要介绍自己阅读说明书后的收获及体会。

（3）每个小组推荐一位同学在全班活动时发言。

任务评价

认识常用音频功率放大器学习评价表见表 4–7。

表 4–7　认识常用音频功率放大器学习评价表

姓名		日　期		自　评	互　评	师　评
理论知识（30 分）						
序号	评 价 内 容					
1	简要说明音频功率放大器的基本要求					
2	音频功率放大器是如何进行分类的					
3	在选用音频功率放大器时应注意哪些技术指标					
技能操作（60 分）						
序号	评 价 内 容	技能考核要求	评 价 标 准			
1	模拟选购家用功率放大器	按照操作步骤的提示，完成实训任务	根据实训报告的完整性、合理性进行评分			
2	阅读说明书交流发言	知道一种型号的功放机的使用方法及注意事项	介绍时，发言大胆，叙述基本清楚			
学生素养（10 分）						
序号	评 价 内 容	专业素养要求	评 价 标 准			
1	基本素养	参与度； 团队协作； 自我约束能力	参与度好； 团队协作精神好； 纪律好； 无迟到、早退； 服从实训安排			
综 合 评 价						

任务二　高保真放大器的应用与维修

任务描述

通过任务 1 的学习，同学们知道了音频功率放大器的使用方法及注意事项，为进一步知晓音频功率放大器的内部结构打下了基础。

高保真音频功率放大器的内部有哪些单元电路，它们有何作用，各个单元电路是如何相互配合共同完成音频功率放大的任务的，是本任务要学习的主要内容。

相关知识

一、高保真音频功率放大器的类型及结构

高保真功率放大器简称高保真功放，通常为双声道功率放大器（或两个单声道功率放大器），它的输出功率一般大都在 2×150 W 以下。

1. 高保真功放的类型

高保真功放可分为分体式和合并式两类。

（1）分体式高保真功放把前级放大器独立出来，前级和后级是分开的，装在各自的机壳内。一般是由一台双声道前置放大器和一台双声道后级功率放大器（或两台单声道后级功率放大器）组合而成。合并高保真功放把前级和后级做成一体，前、后级放大器均装在同一机壳内。

（2）一般来说，在同档次的机型中，分体式高保真功放在信噪比、声道分离度等技术指标常常高于合并机高保真功放（但不是绝对的）。但分体式易通过信号连接线串入杂音。合并式机则有使用方便、造价相对低的优点。

2. 高保真功放的结构

合并式高保真功放通常设置有音源选择、音量控制、音调控制和平衡控制等控制键/钮。合并式功率放大器的机内有电源变压器、电源板、功放板（即后级功率放大器）及几块面积较小的电路板。其中安装在前面板内侧的几块电路板共同构成前级功率放大器，包括音源选择、前置放大和音量、音调及平衡控制等电路，有些机器还增设了卡拉 OK 电路。安装在后面板内侧的那块电路板是环绕声功放电路。图 4-7 所示为索尼 STR - DH710 功放机的内部结构。

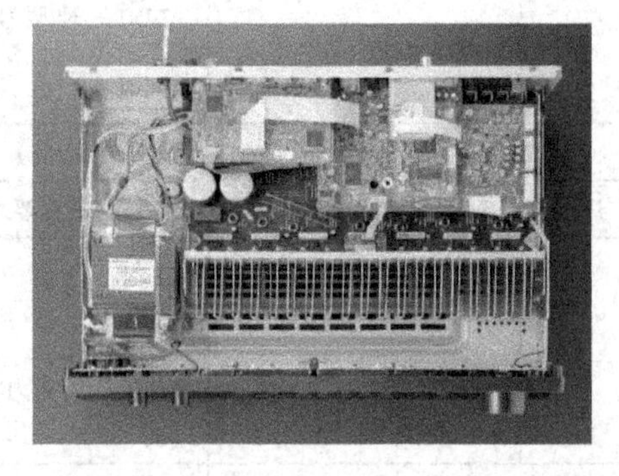

图 4-7　索尼 STR - DH710 功放机

高保真功放是目前应用最基本、最广泛的立体声功率放大器，具有结构简单、立体声效果较好的特点。高保真功放的典型结构框图如图 4-8 所示，其结构特点是左右声道完全对称。

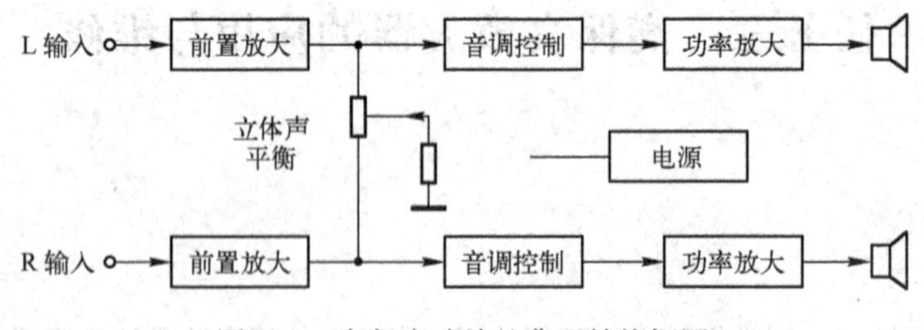

图 4-8　高保真功放的典型结构框图

二、前置放大器的电路组成

1. 前置放大器的功能

前置放大器具有双重功能：一是选择所需的音源信号，以及放大至额定电平；二是进行各

种音质控制（如音量控制、等响度控制、音调控制、声道平衡控制及高低噪声抑制等），以美化声音。这些功能均由均衡放大、音源选择、音调控制、音量控制、平衡控制和前置放大等电路来完成。

2. 前置放大器的要求

前置放大器由于工作在功放电路的前端，它产生的声音失真将由功放电路放大，产生更大的失真。因此，对前置放大器的要求是：信噪比要高、谐波失真度要小、输入阻抗要高、输出阻抗要低、立体声通道的一致性要好、声道的隔离度要高等。

3. 前置放大器的基本电路

典型前置放大器的电路组成如图 4-9 所示。前置放大器各基本电路的功能及作用见表 4-8。

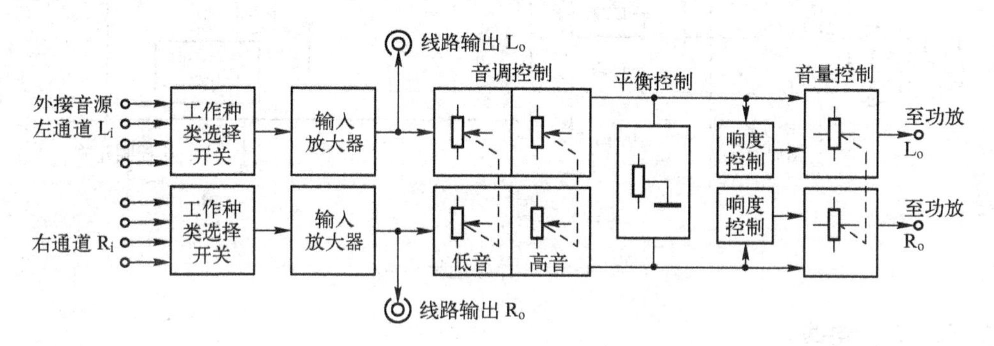

图 4-9 典型前置放大器的电路组成框图

表 4-8 前置放大器各基本电路的功能及作用

序号	基本电路	功能及作用
1	音源选择电路	音源选择电路通常为电子开关电路，其功能是选择所需的音源信号送入后级，同时关闭其他音源通道。各种音源的输出信号电平是各不相同的，通常分为高电平与低电平两类。调谐器、录音座、CD 唱机、VCD/DVD 影碟机等音源的输出信号电平达 50～500 mV，称为高电平音源，可直接送入音源选择电路。 线路输入端又称辅助输入端，可增加前置放大器的用途和灵活性，供连接电视伴音信号和其他高电平音源之用
2	输入放大电路	输入放大器的作用是将音源信号放大到额定电平
3	音质控制	前置放大器要实现多种功能的音质控制，包括音量控制、响度控制、音调控制、左右声道平衡控制、低频噪声和高频噪声抑制等。音质控制的目的是使音响系统在音频范围内具有平坦的频率响应特性，以保证高保真的音质；或者根据聆听者的爱好，修饰与美化声音。有时还可以插入独立的均衡器，以进一步美化声音

另外，国产高保真功放的前置放大器普遍增设了卡拉 OK 处理电路。卡拉 OK 处理电路的作用就是对话筒输入的微弱信号进行放大使电平适合后级电路的需要，并对输入的声音信号进行一定的修饰（如数码延时混响处理），使声音听起来更加悦耳。

三、前置放大器的主要单元电路

1. 音源选择电路

用于音源与前置放大器的选通。图 4-10 所示是飞利浦公司生产的 TDA1029 音源电子开关电路，该音源电子开关可以对输入的 4 组立体声信号进行选通。

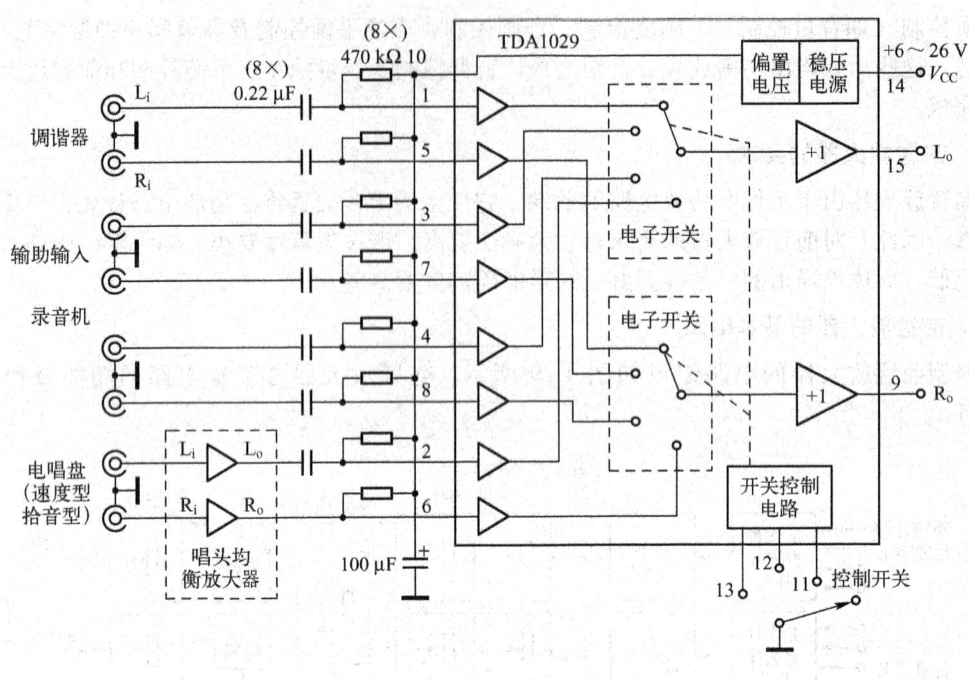

图 4-10　音源选择电路

2. 前置放大电路

前置放大电路通常由分立元件或集成电路构成，集成电路的特点是增益高，噪声小，含有补偿电路，双通道一致性好，电路简单，安装、调试方便，在实际产品中常常使用集成小信号音频电压放大电路，如 NE5532、TL082 等，如图 4-11 所示。

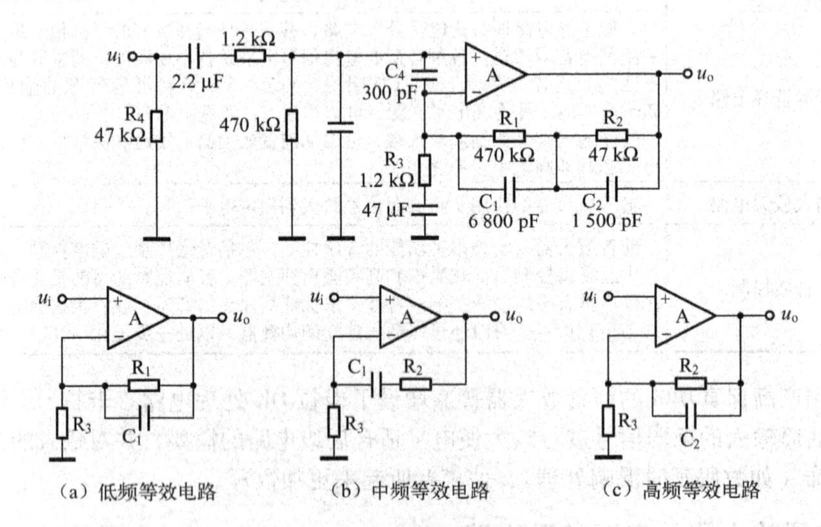

图 4-11　集成前置放大电路

3. 音调控制电路

主要用于对音频信号各频段内的信号进行提升或衰减控制。一般分为 RC 衰减式音调控制电路、RC 负反馈式音调控制电路两种形式。

（1）RC 衰减式音调控制电路，如图 4-12 所示。

RP_1 是低音控制电位器，调节 RP_1 对中高音的影响不大，而对低频信号的影响较显著；RP_2 是高音控制电位器，调节 RP_2 对中低音的影响不大，而对高频信号的影响较显著。

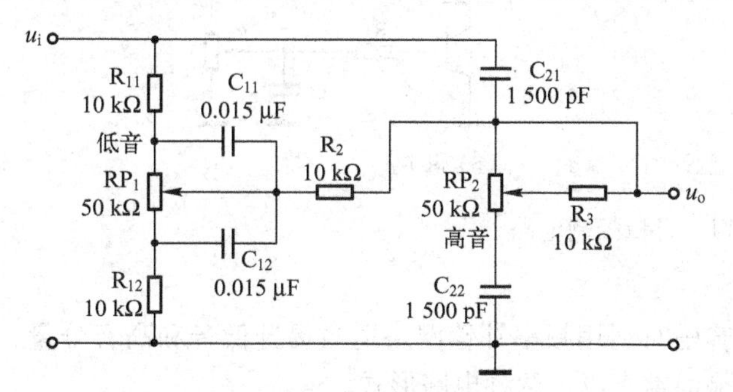

不同的电容量在低音、中音、高音时的容抗值

音调	频率 f	C_1=0.015 μF 时的 X_{C1}	C_2=1 500 pF 时的 X_{C2}
低音	100 Hz	106 kΩ	1.06 MΩ
中音	1 kHz	10.6 kΩ	106 kΩ
高音	10 kHz	1.06 kΩ	10.6 kΩ

图 4-12　RC 衰减式音调控制电路

（2）RC 负反馈式音调控制电路

如图 4-13 所示，RP_1 是低音控制电位器，当动片滑到最左端时，低音呈最大提升状态，当动片滑动到最右端时，低音呈最大衰减状态。RP_2 是高音控制电位器，当动片滑到最左端时，对高音呈最大提升状态，当动片滑到最右端时，对高音呈最大衰减状态。

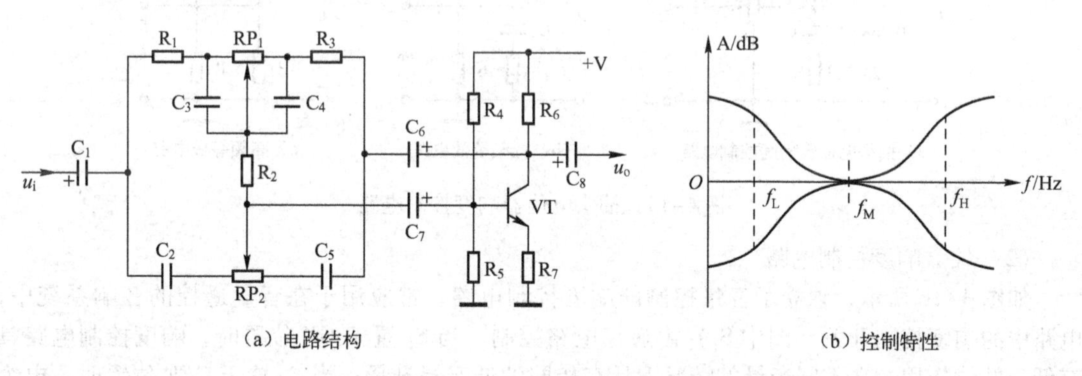

图 4-13　RC 负反馈式音调控制电路

4. 音量控制电路

音量控制电路的作用是调节馈入功放的信号电平，以控制扬声器的输出音量。包括电位器式和电子式两种形式，如图 4-14 所示。

电位器式音量控制电路利用电位器构成分压电路，直接控制输入信号电平。电路结构简单、维修方便。但在使用一段时间电位器的碳膜层磨损后，调节时容易出现滑动噪声，这种电路不便于实现遥控。

电子式音量控制电路采取间接方式控制音量大小，即通过改变前置放大器的负反馈深度，从而改变放大器的增益，达到改变音量的目的。该电路的优点是易实现遥控，调节音量时没有滑动噪声；缺点是电量较复杂。间接方式控制音量大小，可以克服电位器音量控制电路的缺点。偏流调节型音量控制电路如图 4-14（b）所示。

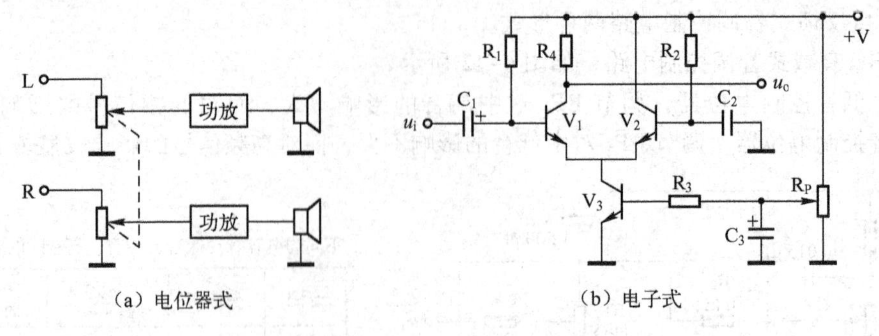

图 4-14　音量控制电路

5. 响度控制电路

响度控制电路的作用是在小音量放送音乐时利用频率补偿网络适当提升低音和高音分量，以弥补人耳听觉缺陷，达到较好的听音效果，常有以下两种电路形式。

（1）抽头电位器响度控制电路

如图 4-15 所示，R_1、C_1、C_2 和抽头电位器组成频率补偿网络，电位器滑动触点既能控制输出音量，又能实现响度控制。

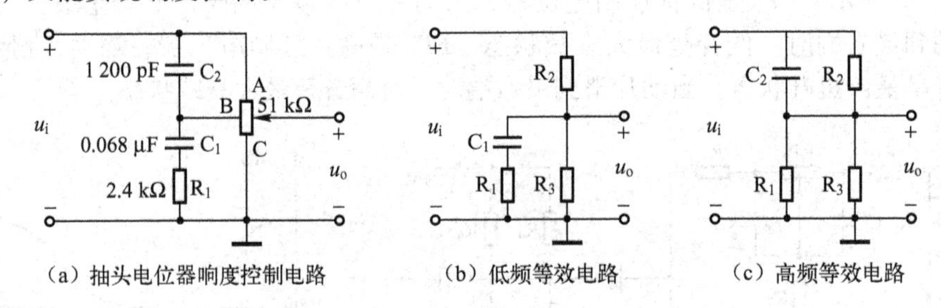

图 4-15　抽头电位器响度控制电路

（2）独立响度控制电路

如图 4-16 所示，独立于音量控制的响度控制电路，常应用于在音量遥控的音响系统中，电路中的响度控制开关（图中 S_1）由遥控电路控制。当 S_1 置于 ON 位置时，响度控制电路具有低音补偿作用，在不同音量的情况下具有相同的低音提升量；当 S_1 置于 OFF 位置时，电容 C_1 被短路，因而电路无响度频率补偿作用。

6. 平衡控制电路

平衡控制电路的作用是调整左、右声道增益，使两声道增益相等，即用来校正左右声道的音量差别，使左右扬声器声级平衡，电路非常简单，通常由一个同轴双联电位器便可完成，如图 4-17 所示。

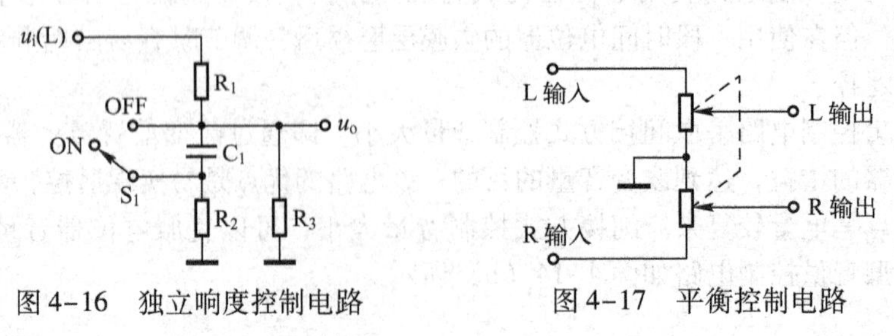

图 4-16　独立响度控制电路　　图 4-17　平衡控制电路

7. 图示均衡器

图示均衡器（Graphic Equalizer，缩写为 GEQ），又称多段频率音调控制电路。它可以对整个音频范围内以若干频率点为中心的频段分别进行提升或衰减的控制，从而实现对音质的精细调整。根据分段的多少可以分为 5 段、7 段、10 段、15 段、27 段、31 段等几种。各个频率点的分布可以根据 1/3 倍频、2/3 倍频、2 倍频或 3 倍频进行变化。如按照 3 倍频变化的 5 段频率图示均衡器的频率点为 100 Hz、330 Hz、1 kHz、3. 3 kHz、10 kHz。其电路结构如图 4-18 所示，各 LC 串联谐振支路对其谐振频率 f_0 的信号呈现最小阻抗。中心频率 f_0 分别为 100 Hz、330 Hz、1 kHz、3. 3 kHz、10 kHz。调节 RP_1 ～ RP_5 可分别对各频率点信号的输出进行衰减或提升。

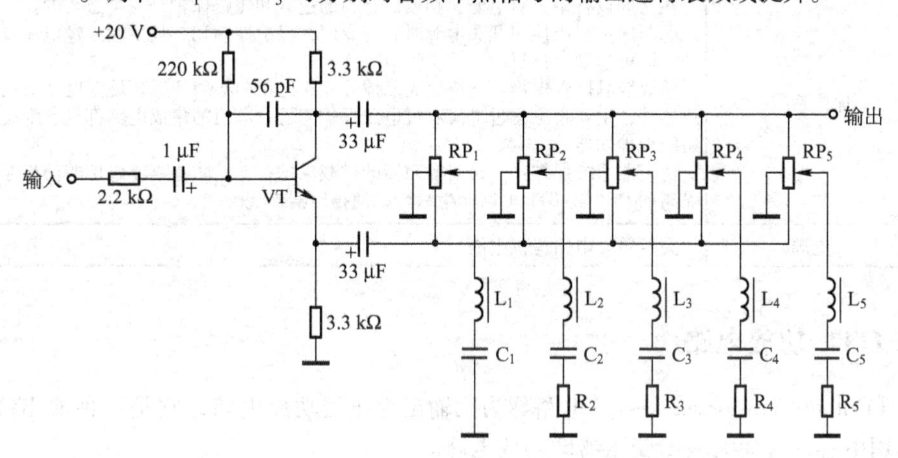

图 4-18　LC 串联谐振式图示均衡电路

四、功率放大器的电路组成

功率放大器的作用是放大来自前置放大器的音频信号，产生足够的不失真输出功率，以推动扬声器发声。虽然功率放大器的电路类型很多，按输出级与扬声器的连接方式分有变压器耦合、OTL 电路、OCL 电路、BTL 电路等类型。（由于变压器耦合方式笨重，且成本高，目前基本上没有采用）

典型功率放大器的基本组成如图 4-19 所示，各个组成部分的作用见表 4-9。近年来生产的高保真功放大多还增设了环绕声处理和环绕声功率放大电路。

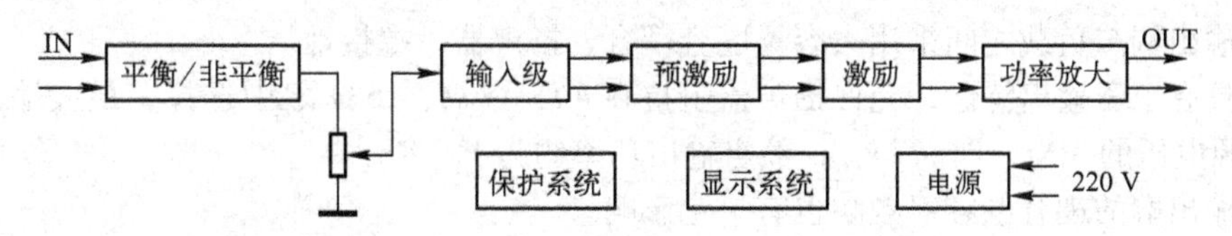

图 4-19　典型功率放大器的基本组成方框图

表 4-9　功率放大器各组成部分的作用

序号	名　称	作　用
1	输入级	起缓冲作用，其输入阻抗较高，以减小本级电路对前级电路的影响
2	预激励级	控制其后的激励级和功率输出级两推挽管的直流平衡，并提供足够的电压增益，输出较大的电压以推动激励级和功放级正常工作

续表

序号	名　称	作　用
3	激励级	给功率输出级提供足够大的激励电流及稳定的静态偏
4	输出级	这是最后一级功率放大单元，用于向扬声器提供足够的激励电流，以保证扬声器正常工作。此外，功率输出级还向保护电路、功率指示电路提供控制信号，向输出级提供负反馈信号
5	显示系统	用于功放机正常工作时的各种信号指示
6	保护系统	在功放设备中，对电源、功放、音箱的过载和短路保护是完全必要的。 电源保护：当使用开关电源时，有专门的保护控制端，只要输入过电流或过电压信号，即可达到保护目的。 功放级晶体管保护：功率放大晶体管除在使用中必须注意环境温度及选用合适的散热器外，主要是考虑过电流和过电压保护问题，应用的集成电路都设有限流保护和热切断保护功能。 扬声器系统保护：一是对扬声器的过载保护；二是防止直流电位的偏移导致无电容隔离的 OCL 或 BTL 电路产生故障，使扬声器被烧毁
7	电源	为各单元电路提供电能

五、OTL 功放电路

OTL（Output Transformer Less）电路称为无输出变压器功放电路，它是一种输出级与扬声器之间采用电容耦合而无输出变压器的功放电路。

1. OTL 功放的电路结构

图 4-20 所示为 OTL 功放的典型电路。VT_1 和 VT_2 配对，一只为 NPN 型，另一只为 PNP 型。输出端中点电位为电源电压的一半，即 $u_o = V_{CC}/2$。功放输出与负载（扬声器）之间采用大电容耦合。

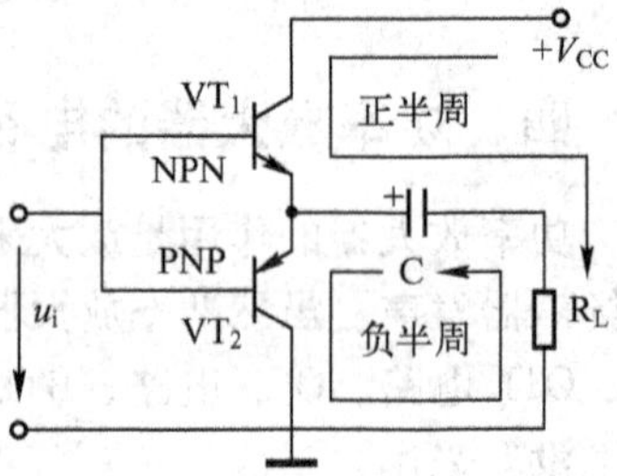

图 4-20　OTL 功放电路原理图

2. OTL 电路的主要特点

（1）采用单电源供电方式，输出端直流电位为电源电压的一半。

（2）输出端与负载之间采用大容量电容耦合，扬声器一端接地。

（3）具有恒压输出特性，允许扬声器阻抗在 4 Ω、8 Ω、16 Ω 之中选择，最大输出电压的振幅为电源电压的一半，即 $1/2V_{CC}$，额定输出功率约为 $V_{CC}^2/8R_L$。

（4）输出端的耦合电容对频响也有一定影响。

3. OTL 功放电路原理

在输入信号正半周时，VT_1 导通，电流自 V_{CC} 经 VT_1 为电容 C 充电，经过负载电阻 R_L 到地，在 R_L 上产生正半周的输出电压。在输入信号的负半周时，VT_2 导通，电容 C 通过 VT_2 和 R_L 放电，在 R_L 上产生负半周的输出电压。只要电容 C 的容量足够大，可将其视为一个恒压源，无论信号的极性如何，电容 C 上的电压几乎保持不变。

六、OCL 功放电路

1. OCL 功放的电路结构

OCL 功放电路又称无输出电容功放电路，是在 OTL 电路的基础上发展起来的，如图 4-21 所示。

2. OCL 功放的主要特点

（1）OCL 功放电路的最大特点是电路全部采用直接耦合方式，中间既不要输入、输出变压器，也不要输出电容，通常采用正、负对称双电源供电。扬声器一端接地，一端直接与放大器输出端连接，因此须设置保护电路。

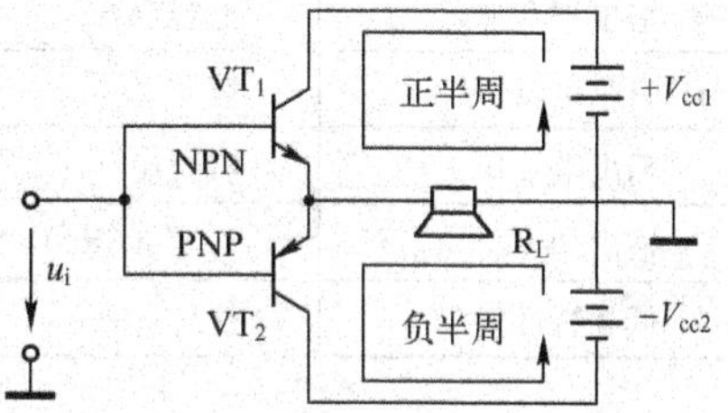

图 4-21　OCL 功放电路原理图

（2）具有恒压输出特性。

（3）允许选择 4 Ω、8 Ω 或 16 Ω 负载。

（4）最大输出电压振幅为正负电源值，额定输出功率约为 $V_{CC}^2/(2R_L)$。该电路克服了 OTL 电路中输出电容的不良影响，如低频性能不好、放大器工作不稳定，以及输出晶体管和扬声器受浪涌电流的冲击等。

3. OTL 功放电路原理

OTL 功放电路原理与 OTL 基本相同。

（1）在输入信号正半周时，VT_1 导通，电流自 $+V_{CC1}$ 经 VT_1，经过负载电阻 R_L 到地构成回路，在 R_L 上产生正半周的输出电压。

（2）在输入信号的负半周时，VT_2 导通，电流自 $-V_{CC2}$ 通过 VT_2 和 R_L 构成回路，在 R_L 上产生负半周的输出电压。

七、BTL 功放电路

1. BTL 功放的电路结构

BTL 功放电路是桥接无输出变压器功率放大电路的简称，它由两组对称的 OTL 或 OCL 电路组成，扬声器接在两组 OTL 或 OCL 电路输出端之间，即扬声器两端都不接地，如图 4-22 所示。

2. BTL 功放的主要特点

可采用单电源供电，两个输出端直流电位相等，无直流电流通过扬声器，与 OTL、OCL 电路相比，在相同电源电压、相同负载情况下，BTL 电路输出电压可增大一倍，输出功率可增大 4 倍。但是，扬声器没有接地端，给检修工作带来不便。

BTL 功放的优点是功率做得更大，缺点是电路比较复杂。

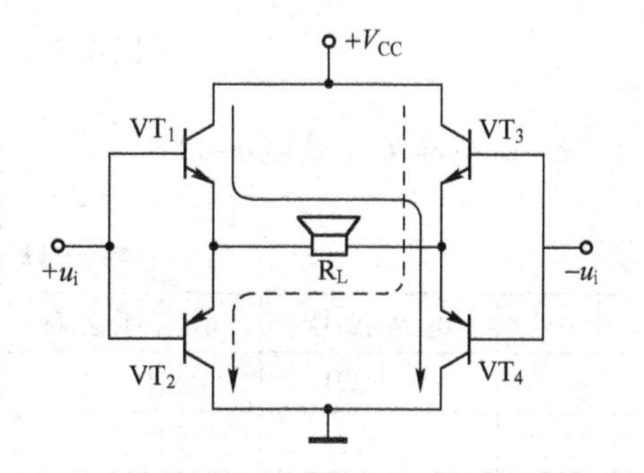

图 4-22　BTL 功放电路原理图

【知识窗】

OTL、OCL、BTL 功放电路特性比较见表 4-10。

表 4-10　OTL、OCL、BTL 功放电路特性比较表

区　　别	OTL	OCL	BTL
供电形式	正电源（单电源）	正负双电源	单电源或正负双电源
输入方式	单端输入	单端或双端输入	单端或双端输入
输出方式	单端输出	单端输出	双端输出
输出耦合形式	电容耦合	直接耦合	直接耦合
自举电路	有	无	无
输出端电压	$1/2V_{CC}$	0	两输出端电压差为 0
输出功率	$V_{CC}^2/(8R_L)$	$V_{CC}^2/(2R_L)$	4 倍的 OTL 或 OCL
低频特性	差	好	好

任务实施

活动 1　OTL 音频功率放大器组装

简易 OTL 功放电路如图 4-23 所示。

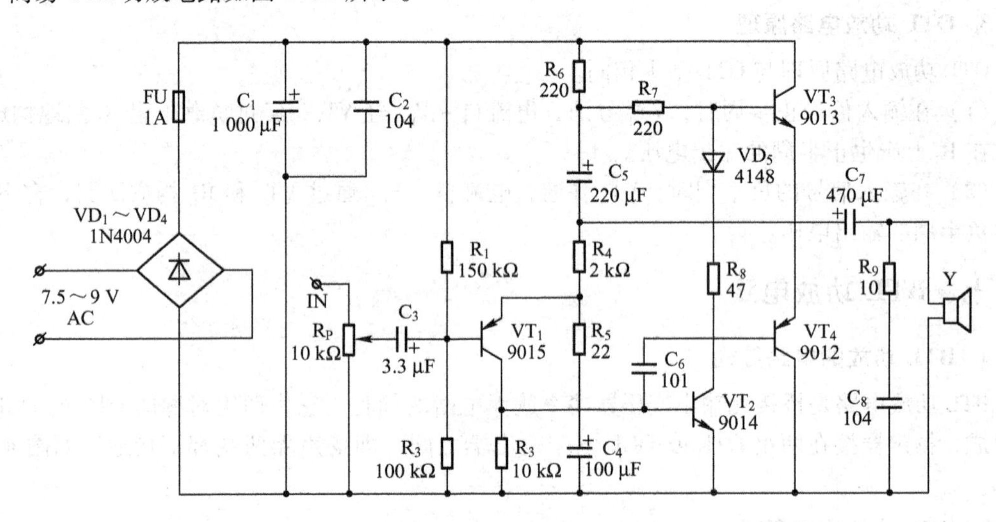

图 4-23　简易 OTL 功放电路原理图

1. 材料准备（见表 4-11）

表 4-11　简易 OTL 功放元件清单

序　号	电路代号	元件名称	规格、型号	数　量	备　　注
1	VD_1～VD_4	二极管	1N4004	4	可用 1N4007
2	VD_5	二极管	1N4148	1	可用其他二极管代替
3	VT_1	三极管	9015	1	小功率 PNP 管
4	VT_2	三极管	9014	1	小功率 NPN 管

续表

序 号	电路代号	元件名称	规格、型号	数 量	备 注
5	VT_3	三极管	9013	1	注意与 VT_4 配对
6	VT_4	三极管	9012	1	注意与 VT_3 配对
7	C_1	电解电容器	1 000 μF/16 V	1	可大于 1 000 μF
8	C_2	涤纶电容器	104	1	高频滤波用
9	C_3	电解电容器	3.3 μF/16 V	1	输入耦合电容
10	C_4	电解电容器	100 μF/16 V	1	交流旁路电容
11	C_5	电解电容器	220 μF/16 V	1	自举电容
12	C_6	瓷片电容器	101	1	高频负反馈电容
13	C_7	电解电容器	470 μF/16 V	1	输出耦合电容
14	C_8	涤纶电容器	104	1	输出高频补偿电容
15	R_1	电阻器	150 kΩ 1/4 W	1	可用 200 kΩ 可调
16	R_2	电阻器	100 kΩ 1/4 W	1	输入级分压式偏置
17	R_3	电阻器	10 kΩ 1/4 W	1	输入级负载电阻
18	R_4	电阻器	2 kΩ 1/4 W	1	交直流负反馈电阻
19	R_5	电阻器	22 Ω 1/4 W	1	增益控制电阻
20	R_6	电阻器	220 Ω 1/4 W	1	功放偏置电阻
21	R_7	电阻器	220 Ω 1/4 W	1	功放偏置电阻
22	R_8	电阻器	47 Ω 1/4 W	1	可用 100 Ω 可调
23	R_9	电阻器	10 Ω 1/4 W	1	也可用 1/2 W
24	R_P	电位器	10 kΩ	1	可选立式电位器
25	IN	莲花插座	单孔	1	注意安装脚位
26	Y	扬声器	1 W/8 Ω	1	可用 4 寸扬声器
27		电路板	定做 PCB 板	1	也可用万能板
28		电池	9 V 叠层电池	1	用内阻小的电池
29		电池座	9 V 叠层电池用	1	为带线电池座
30		导线	连接扬声器等	若干	0.5 mm^2 软铜线

2. 电路原理分析

（1）电路组成

① 整流电路：由 VD_1 ～ VD_4 组成桥式整流电路。

② 电压放大器：将输入的微小音乐信号加以放大，通常采用共射级放大，图中以 VT_1、VT_2 为核心组成的放大电路完成电压放大功能。

③ 功率放大：功率放大级电路用来提高电路的工作效率，通常共射级放大的输出电流很小，所以通过功放部分来推动扬声器。图中以 VT_3、VT_4 为核心组成的电路完成功率放大功能。

④ 偏压装置：偏压装置为功率三极管提供正向偏压，使功率放大级电路工作于 AB 类放大状态，防止产生交越失真。图中 VD_5 和 R_8 为功放提供偏压，其中 VD_5 具有负温特性，用以补偿功放管因温度升高引起电流增大。改变 R_8 的阻值可以改变功放管的静态电流。

⑤ 负反馈电路：利用负反馈的特性，控制整个放大电路的增益，提高电路稳定性。其中 R_4 为放大器提供交直流负反馈，R_5、C_4 对反馈的交流信号起分流作用，改变 R_4 与 R_5 的比值

可以改变放大器的增益。

（2）电路原理和各元件的作用

音量控制：由 R_P 电位器调节，根据串联电路的分压原理知，当旋转电位器时获取的输入电压将发生改变，从而改变了音量的大小。

第一级共射极放大器：由 R_1、R_2、R_3、R_4、R_5、C_3、C_4、VT_1 组成。R_1、R_2 为 VT_1 提供偏置电压，改变二者的比值可以改变功放输出点的电压（正常要求为电源电压的一半）。C_3 为输入隔直耦合电容。R_3 是 VT_1 的负载电阻，VT_1 和 VT_2 是直流耦合，通过 C_3 输入的信号经 VT_1 放大后，直接送到 VT_2 进行放大。直流耦合就等于直接耦合，所以，信号传输没有损耗，电路工作效率很高。

C_4、R_4、R_5 组成负反馈电路，对于直流而言，C_4 表现出无穷大的阻抗，这可以使直流工作点非常稳定。对交流来说，C_4 相当于短路，R_4 和 R_5 的比值决定了放大倍数。R_5 为 0 Ω 时，增益最大，灵敏度极高。一般可以根据实际情况在 10 ～ 100 Ω 中取值。

第二级共射极放大器：以 VT_2 为核心构成的放大电路。VT_2 是推动级放大管。输入信号经过 VT_1、VT_2 两级放大后，具备了驱动 VT_3、VT_4（输出级）的能力。本功放电路只有三级，主要由第一、二级（VT_1、VT_2）决定最大放大倍数，第三级（VT_3、VT_4）决定最大电流的驱动能力，想要电路放大倍数大，VT_1、VT_2 要选放大倍数大的三极管，想要带负载能力强，VT_3、VT_4 应该用大功率大电流的三极管，当然，放大倍数也不能太小。

C_6 是中和电容，起负反馈作用，该电容主要是为了减小高频的增益，当高频过强时，听起来会感觉声音尖、刺耳，当高频增益太强时，甚至出现高频寄生振荡，严重影响功放电路效率和音质。该电容一般取值在 47 ～ 4 700 pF 之间，要求不严时也可以取消。

VT_3、VT_4 这对末级互补输出对管在工作时会发出较大的热量。改变 R_8 可以改变 VT_3、VT_4 的工作电流，随着温度的升高，VT_3、VT_4 的电流还会自动变大，电流变大就会更加发热，更加发热就会电流更加变大，这是一个恶性循环，所以，要求严格时，R_8 应该使用负温度系数的热敏电阻，并且紧挨着 VT_3、VT_4 感受温度来补偿 VT_3、VT_4 的电流变化。

R_8 和 VD_5、R_6 和 R_7、VT_3 的 CE 极三部分共同组成 VT_3、VT_4 的偏置电路，保证 VT_3、VT_4 在无信号时输出中点电压。R_8 和 VD_5 不能开路，否则 VT_3、VT_4 会有很大的基极电流，导致 VT_3、VT_4 的集电极电流剧增，立即发热烧坏。但是，R_8 和 VD_5 的分压也不能太低，否则，在小信号时会听出明显的截止失真（和交越失真相同）。这种失真只在小信号时才有明显的反应。在高档功放电路中，VD_5 和 R_8 会用其他元件代替，同时还会引入温度补偿。

R_6、R_7 主要是给 VT_3、VT_4 提供基极偏置电流。当信号正半周时，VT_3 基极电压会上升，R_6、R_7 两端的电压会变小，将不能给 VT_3 提供足够大的基极电流。由于 C_5 自举电容的出现，信号正半周时会将 C_5 的正极电压也“举”高，这就可以通过 R_7 给 VT_3 提供较大的基极电流。因此，R_6、R_7 也是自举电路的一部分。

C_5 称为自举电容，在信号的正半周，将 R_7 供电电压举高，高于电源电压。如果 R_7 没有较高的供电电压，就会让 VT_3 在信号正半周峰值时基极电流变小，电流输出能力急剧下降，造成信号顶部失真。这种失真只会在大信号时才会发生。

C_7 是输出耦合电容。有音频信号输入时，VT_3、VT_4 的发射极电压会有大幅度变化的信号，这个信号中有一个直流分压存在，不能直接加到扬声器上，必须经过一个隔直流通交的电容隔开。

R_9 和 C_8 组成输出高频补偿电路。R_9 取值应在 1 ～ 10 Ω 之间，不能太小，否则，相当于高频对地短路了；也不能太大，否则，C_8 就起不到应有的作用。

C_8 是输出高频补偿电容。喇叭属于电感性负载，对于高频信号来说，喇叭的等效阻抗要比低频高得多，同时高频信号更容易通过分布电容向四处传输，这很可能让电路产生高频信号正反馈，产生高频振荡或者高频寄生振荡，从而影响音质，甚至烧毁功放电路。因此，C_8 可以让电路在高频时的输出阻抗也得以降低，防止信号非正常的反馈，使整个电路进入平衡稳定的工作状态。实际应用中，该电容对音质影响较大，特别是在一些高档功放中（含集成电路功放），有的电路中如果没有这个电容，甚至完全无法工作。该电容一般取值在 104 ～ 204 pF 之间，并且一般都要串联一个 1 ～ 10 Ω 的电阻。

VD_1 ～ VD_4 组成桥式整流电路，当输入交流电的时候，完成整流功能，将交流电变成直流电。当输入直流电的时候，其极性转化作用，无论输入直流电的正负极如何，都能将其转化为正确的供电电压，供电电压按该电路的参数应取 7.5 ～ 9 V，输入电压越高，功率越大，但功放管 VT_3、VT_4 发热越严重，其静态电流相应增大，需减小 R_8 的阻值来调节静态工作电流。一般供电不要超过 12 V，否则 VT_3、VT_4 很容易过载烧坏。

C_1、C_2 组成滤波电路。C_1 电源低频滤波电容，主要作用是滤除电源交流声，同时给交流信号提供电流回路，该电容的容量应该取得比较大，这样才有较好的效果。C_2 是电源高频滤波电容，主要作用是滤除高频杂音，同时也可以给高频交流信号提供电流回路，让高音效果改善，也起防止产生高频振荡的作用。该电容应选择涤纶电容等高频特性较好的电容，容量一般在 473 ～ 474 之间。

3. 电路的装配

印板图、装配图和元件布局图如图 4-24 所示，同学们可参照该图制作电路板进行安装训练，一定要注意装配工艺。

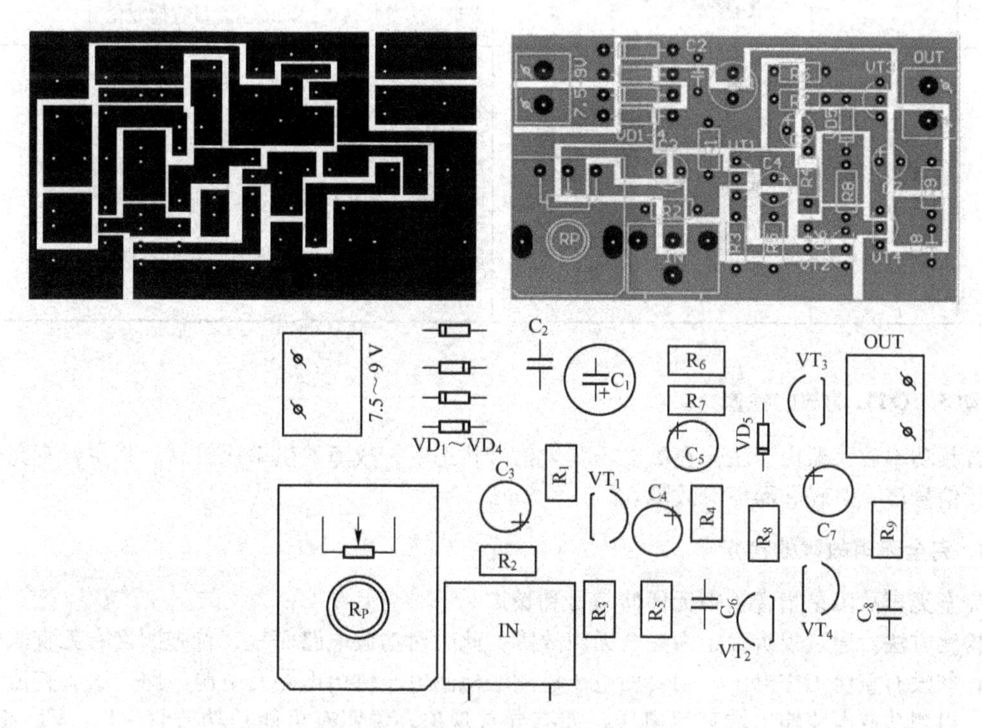

图 4-24　简易 OTL 功放 PCB 与元件分布图

活动2　OTL功放的调试

元器件组装完毕，即可按照表4-12的步骤及方法进行电路调试，并将调试结果记录在表中。

表4-12　OTL功放电路的调试

序号	步　骤	图　示	方法指导	调试记录
1	调节功放级静态电流		将电路板A点铜箔断开，在断开点接入万用表，使用5 mA挡检测电流，改变R_8的值（可使用可调电阻代替），使电流不超过1 mA，以略大于0最佳，过大则发热大，没有会产生交越失真	
2	调节功放输出端直流电压		将万用表黑表笔接地，红表笔接输出耦合电容C_7正端，调整R_1的阻值，使功放输出端静态直流电压为电源电压的1/2。如果该点电压不为电源电压的1/2，在大功率时将提前出现失真，使不失真输出功率减小	
3	电路增益调节		将功放板接上扬声器和电源，为功放电路输入音乐信号，电源可使用9 V叠层电池提供。改变R_4和R_5的比值，逐渐增大音量，感受功放电路的输出音量有何变化	
4	放音音质调整		播放一段音乐，聆听功放的放音音质，分别测试在小信号输入和大信号输入时，功放发音有没有出现明显失真。若小信号输入时出现失真，则要适当加大R_8的阻值，即调大输出级静态电流便可消除失真。若大信号输入时出现失真，则故障为C_5不良或末级互补管严重不对称。若低音明显不足，应检查C_3、C_7是否失效	

活动3　OTL功放的检修

音频功率放大器由于工作在高电压，大信号状态下，故障发生率比较高。其主要有完全无声、无信号声、声轻和噪声等故障。

1. 完全无声故障的检修

完全无声故障是指音箱中无任何信号和噪声。

检测方法：通过视听确定为完全无声故障，此时对功放电路而言，首先测量有无直流工作电压，如没有直流工作电压，则要用电压检测法检测电压供给电路及电源电路。若有直流工作电压，再测功放电路输出端直流电压，如有异常现象，说明有可能是功放管VT_3、VT_4损坏。功放输出端耦合电容器C_7开路，扬声器损坏均可造成完全无声故障。

2. 声音小故障的检修

造成声音小故障有以下几个方面：信号源送来的信号较弱、直流工作电压偏低、功放的增益不够大以及扬声器本身有故障等。

对于信号源及扬声器本身的故障，可以用替换法迅速判断出来。如果更换新的信号源和扬声器后，音量并无显著增大，则是功率放大器本身的问题。

试听时，如果声音小到几乎无声的地步，可按前面介绍的“完全无声”的故障来处理检修。如果声音只是偏轻一点，只要适当减小放大器的负反馈量，就可提高增益。

如果调整后功放的最大输出功率及音量仍然达不到设计要求，可用万用表进一步检查功放工作时的直流电源电压。如果直流电压低于设计值，则功放的输出功率必然不足，电压越小，功放输出的功率越小。有时供电电压太低还会使前置级三极管进入截止状态导致无声，此时应从电源方面检查原因，查找变压器、整流二极管及滤波电容的工作特性，更换有质量问题的元件。

若电源的供电电压正常，但最大输出功率却不足，故障一般是由于功率放大电路的电源利用系数偏低造成的。此时应检查各级电路的静态工作点及三极管的放大倍数。例如，在大功率输出时，输出管严重发热且声音失真，就应换上大功率晶体管。如果功率输出管没有问题，则多为激励级 VT_1 激励不足所致，此时可适当减小激励级的发射极 R_3 的电阻值。

3. 噪声或啸叫故障的检修

判断噪声故障是否处在功率放大电路中的方法时：将音量电位器关死，如噪声任然存在或大有减少但没有消声失，这说明故障出在功率放大电路中。

检查方法：对交流声故障，用替代检查法检查整机滤波电容 C_1 和功放电路中的 C_4、C_7、C_8 是否开路或容量变小。对于噪声故障，主要用替代检查法检查各电容是否漏电，以及电路中电解电容是否性能变劣。对于啸叫故障，主要是用适当大小的小电容并在功放电路中各消振电容中，以及检查电源高频滤波电容。

任务评价

高保真放大器的应用与维修学习评价表见表 4-13。

表 4-13　高保真放大器的应用与维修学习评价表

姓名		日　期		自　评	互　评	师　评
理论知识（30 分）						
序号	评 价 内 容					
1	分体式功放和合并式功放各有何优缺点					
2	前置放大器由哪些电路组成					
3	功率放大器由哪些电路组成					
4	OTL 电路和 OCL 电路各有何特点					

续表

技能操作（60分）						
序号	评价内容	技能考核要求	评价标准			
1	OTL功放组装与调试	元件安装正确，焊接点良好，按要求进行调试	实际试听放音效果，查看调试过程的记录			
2	OTL功放故障模拟检修	正确利用仪表，找出故障点并排除，无因操作不当产生新的故障点	根据原理图分析故障原因；仪表检测故障点；排除故障			
学生素养（10分）						
序号	评价内容	专业素养要求	评价标准			
1	基本素养	参与度； 团队协作； 自我约束能力	参与度好； 团队协作精神好； 纪律好； 无迟到、早退； 服从实训安排			
综合评价						

任务三　AV功放的应用与维修

任务描述

AV功放是指家庭影院中用到的多声道（多于两声道）、多功能，并有视频同步信号选择转接功能的放大器。高保真功放比较适合于听歌，AV功放则适合于家庭影院，称为“家庭影院中心”、“AV控制中心”等。AV功放与视频源相配合，可营造视听合一的声场效果。

本任务主要学习AV功放的结构、特点电路组成，学习AV功放常见故障的分析与检修方法。

相关知识

一、AV功放的特点及分类

1. AV功放的特点

AV功放与高保真功放有许多相似之处。首先，高档的AV功放中一般都设计了专门的高保真放大通道，使AV功放既能用来组建家庭影院又兼顾了对纯音乐的高保真播放。其次，部分电路相同。高保真功放中采用的前置处理电路中的音量控制、音调控制、等响度控制等电路同样适用于AV功放。第三，电源要求相同。电源均要求有足够的裕量，纹波系数要尽量小，以满大动态、低噪声的播放要求。

AV功放与高保真功放相比，AV功放具有的特点见表4-14。

表4-14 AV功放的特点

序 号	特 点	说 明
1	声道多	一般有左（L）、右（R）、中置（C）、环绕（S）4个声道（杜比定向逻辑环绕声AV功放）或左（L）、右（R）、中置（C）、环绕左（SL）、环绕右（SR）5个声道（杜比数字/DTS声道的AV功放）功率信号输出。 至于重低音（SW或BASS）声道输出，则有两种输出方式：一种是线路输出，这种输出方式为重低音声道信号经缓冲放大后就输出（此时配套的重低音音箱为有源音箱，音箱自带功放）；另一种是功率信号输出，可以直接连接无源重低音音箱，这类AV功放增加了重低音声道的功率放大器，使AV功放成为真正的5.1声道功率放大器。 新型的AV功放还有6.1声道和7.1声道的多声道功率放大输出等
2	信号处理电路多	AV功放除了要对音频信号进行功率放大外，还要对多声道音频信号进行解码、延迟、混响等技术处理。简易型家用AV功放多采用带矩阵式的解码器，或是带数字延迟电路的杜比环绕声解码器。较完善的AV功放采用了数字技术，设置杜比专业逻辑环绕声解码器或者设置AC-3数字环绕声解码器。前者可将已经编码的双声道信号解码为L、R、C、S四路音频信号，后者可解调出5.1声道的信号。 还有一些高级的AV功放采用了DSP技术（如YAMAHA的Cinema DSP技术），这样就可以在普通的听音室内模拟出多种逼真的声场效果，使环绕声效果更加显著，在不理想的重放环境中仍能获得满意的临场感、真实感
3	接口电路多	AV功放不仅要设置多路音频输入端口，还要设置多路视频信号输入端口。AV功放还应当设置视频信号选择开关，并能实现声像同步切换，可以连接各种视频信号源，如影碟机、录像机、电视机及卫星电视信号等，还要设置视频信号输出端，以便于接至电视机和监视器。 较新的AV功放还设有S-Video端口、卡拉OK端口。此外，在AV功放内还设置有视频缓冲放大器，可对视频信号进行缓冲放大，并进行选择和分配
4	控制功能完善	多数AV功放都采用单片机或微处理器进行整机的系统控制，可以进行功能选择和工作模式选择。 AV功放多采用红外遥控器进行遥控，为了使操作简便、明了，很多AV功放使用了指示显示装置，如液晶显示屏、数码显示器、指针式电表及发光二极管等。有的AV功放可在电视屏幕上，以图表或菜单显示操作项目，便于调节反射声、混响声等DSP初始参数；有的带有旋转式解码拨盘，能简便地无级调节各种参数
5	视听环境逼真	AV功放的工作重点是配合视觉效果营造出理想的听音环境，创造逼真的方位感、临场感和震撼感。AV功放的设计侧重点更在乎表现对白的清晰度和视听环境的大动态效果，还原或模拟出声画合一的声场定位，制造出“静如鬼寂，动若雷鸣”的声场氛围。这样，不但要求AV功放频率范围尽量宽广、失真度小、信噪比高、瞬态特性好，音质、音色优美动听等，而且更注意声压级（即在低失真度的前提下，保证足够大的输出功率）。高档AV功放前置主声道的额定功率一般在80 W以上，以满足电影院107 dB声压级的要求

2. AV功放的分类

（1）按信号流通顺序分类

AV功放的前级部分称为AV前级，或称影音前级电路；AV功放的后级部分称为AV末级，或称影音末级电路。影音前后级共同组成AV功放系统。前后级可以构成合并式AV功放，也可以构成分体式AV功放。

(2) 按声场处理模式的种类分类

目前家庭影院环绕声系统的基础是杜比环绕声处理系统，它按“4－2－4”程式对音频信号进行编码压缩和解码解压缩。但随着家庭影院技术的发展，在杜比定向逻辑环绕声处理系统的基础上，又发展出数字信号处理DSP系统（特别是雅马哈的CDSP系统）、家用THX系统，以及杜比AC－3系统，上述各种系统的AV放大器有相同点，也有明显的不同点。

(3) 按声场处理模式的组合方式分类

目前，AV放大器大多为前后级合并的综合式AV放大器。各种机型的杜比解码器差别很大，可能是最基本的杜比环绕声解码器，也可能是杜比定向逻辑环绕声解码器，或者是又包含了THX、DSP或AC－3的解码器。

分体式的AV放大器情况更为复杂。一类是纯解码器单独成机，再与多声道功率放大器共同组成AV放大器系统。而纯解码器可为杜比定向逻辑式、THX式、DSP式或AC－3式等；或者几种格式组合在一起的纯解码器。还有一种组合方式可能是最佳方式，将纯解码器与中置、环绕声道功放加在一起，构成AV前级，或者称为声场处理电路。它再与高保真末级纯功放电路结合在一起可构成完整的AV放大器。这种组合的目的，是把AV享受与高保真享受统一起来，既能够用来聆听音乐和歌曲，又可以看故事片、观赏MTV等；这种组合方式可以做到前级电路性能很高，主声道功放电路也十分讲究。

二、AV功放的基本电路组成

AV功放的种类多，不同种类的机器，其电路结构与组成方面会有所不同。同时，不同时期的产品，其电路结构与组成也有较大的差异。常见的AV功放基本电路组成框图如图4-25所示。归纳起来，常见的AV功放一般由音/视频输入选择、声场处理、前置处理、功率放大和电源等5部分电路组成。为方便操作，现在的AV功放在此基础上又增加了微电脑（CPU）处理、遥控功能和显示部分。AV功放各基本电路简介见表4-15。

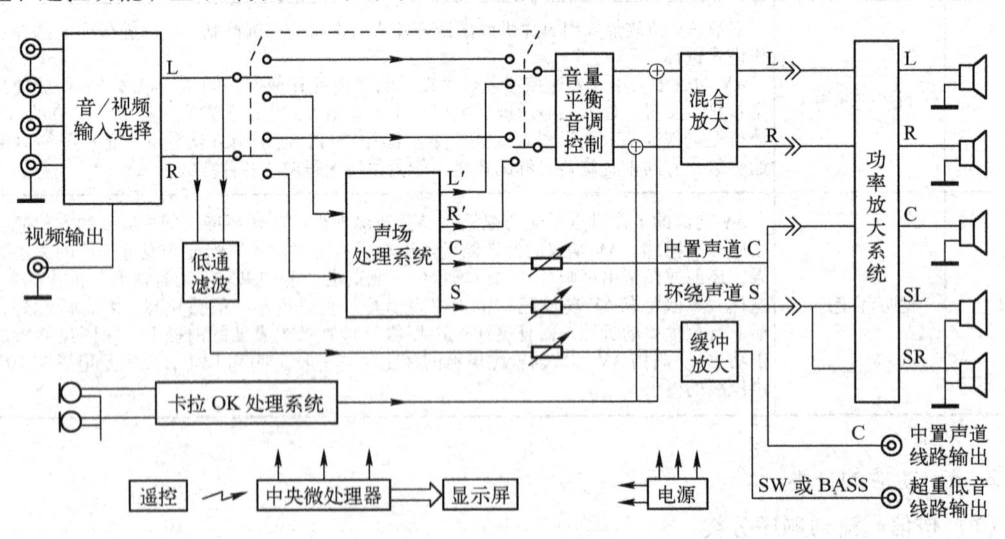

图4-25　常见的AV功放基本电路组成框图

随着卡拉OK活动的日益普及，国产AV功放普遍增设卡拉OK电路；为适应不同层次的消费群体，有的AV功放还增加了均衡调节电路、调谐器（AM/FM收音头）等电路。

表 4-15　AV 功放各基本电路简介

序　号	基 本 电 路	电 路 简 介
1	输入选择电路	输入选择电路用来对信号源的音/视频进行同步选择，现在常见的家用视频信号源有VCD、SVCD、DVD 影碟机等，并对视频信号进行增强隔离等处理后输出，当然也可选择输入 CD、录音座、调谐器、MP3 等纯音乐信号源
2	声场处理电路	用来对输入选择电路送来的音频信号进行环绕声场解码或模拟声场处理。该部分电路是 AV 放大器的核心，电路非常复杂，工作任务也极为繁杂，需对压缩的信号进行解压缩，或对编码的信号进行解码，或对普通立体声进行模拟或数字处理，从而还原或产生出具有环绕感、临场感的声场效果。 常见的声场处理电路有杜比定向逻辑环绕解码器、杜比数字（AC-3）解码器、DSP 处理器、SRS（Sound Retrieval System，音响还原电路）处理器以及其他 THX、DTS、CS-5.1 等数字或模拟的声场处理电路
3	前置处理电路	用来对声场解码处理电路产生的各声道信号和 Hi-Fi 直通信号进行选择、控制等预处理。这部分电路包括前置放大器和音量、音调、平衡、静音等控制电路以及音乐与卡拉 OK 信号的混合放大电路；对于带显示功能的 AV 功放，还在这部分电路中设置了音频取样电路，即对信号的幅度、频率等状态信息进行取样，供 CPU（或逻辑电路）进行状态判断和显示驱动。 现在，高档 AV 功放中的前置处理电路已开始向数字化、智能化、集成化方向发展
4	功率放大电路	功率放大系统用来对从前置处理电路送来的各声道信号进行功率放大，推动扬声器工作。其电路结构一般是根据声场处理电路的输出声道数来决定的，一般有 4 个声道（杜比定向逻辑环绕声 AV 功放）或 5 个声道（杜比数字/DTS 声场的 AV 功放）的功率放大电路和附属的扬声器保护电路组成（此时配置的重低音音箱为有源音箱，自带功率放大器）。有的 AV 功放为了适应连接无源重低音音箱，还增加了超重低音声道的功率放大器，使 AV 功放成为真正的 5.1 声道功率放大器。 各个放大器一般分为两种模式：即由分离元件组成的 OCL 对称推挽功率放大器和集成（或厚膜）的中功率放大块。由于 OCL 功率放大器工作稳定，且很容易实现大功率输出，所以一般用于主声道和中置声道，而集成块则多用于环绕声道
5	卡拉 OK 电路	卡拉 OK 系统虽然是 AV 功放中附加的功能电路，但都是比较考究的。现在的 AV 功放中基本都采用了数码延时混响电路作为卡拉 OK 系统的核心，以获得许多不同延迟时间的反射声，使歌声变得丰满圆润、优美动听；有的 AV 功放为追求更完美的效果，还增加了谐波激励电路、跟唱功能电路，甚至还增加了升/降调处理电路，使 AV 功放的卡拉 OK 效果接近或达到专业水平
6	红外遥控、微电脑控制系统、显示系统	主要用来对整机实施智能化控制和方便人机对话。该部分电路以微处理器为核心，可实现对输入选择电路、前置处理电路、声场处理电路、功率放大电路、电源和卡拉 OK 系统等进行控制，并驱动显示屏或指示灯进行状态显示
7	电源系统	为确保 AV 功放中各系统电路均处于最佳的工作状态，避免互相干扰、降低整机性能，一般采用对各功能电路进行分开供电，数字电路与模拟电路隔离供电。在中、高档 AV 功放中，通常是左、右主声道的功率放大器采用一组电源供电，其他各功率放大器用另一组电源进行供电，以兼顾播放纯音乐信号。为实现家庭影院中的震撼效果，电源电路中普遍采用了环形变压器（环牛）、超大容量电容滤波，以降低电源的内阻，提高效率

三、AV 功放的声道分布与作用

1. 声道分布

AV 放大器通常为 4 ～ 9 声道输出。

由于超低音的频响范围是 20 ～ 120 Hz，计作 0.1 声道。故声道总数记为 X.1。

例如，在 9 声道环绕声系统中：除前置左、右主声道（L、R）和后方环绕声道（SL、SR）外，还可以有两个中置声道（CL 和 CR），前方左、右环绕声道（FL 和 FR），或者有两个重低音声道（SUB）等。

对于4.1、4.2、5.1、6.1、6.2声道系统：可以在9声道环绕声系统中去掉相应的音箱可得。如5.1声道系统为L、R、C、SL、SR和重低音Sub。

2. 各声道的地位和作用

AV功放各声道的地位和作用见表4-16。

表4-16 AV功放各声道的地位和作用

声道	地位和作用
左（L）、右（R）主声道	用于播放主体音乐、人物对白和效果声信号，烘托画面的主体气氛和场景的乐曲背景音响效果。它决定了前方音场的规模大小、深度感、声像定位、实体感和层次感等
中置（C）声道	用来传递人物对白及发声体的移动等，使声像定位和屏幕上的移动画面紧密地结合为一体，表现出声像合一的临场感效果。人物对白若不能准确实在地定位于屏幕，并与移动画面相呼应，中央部分为虚像，则无法展现家庭影院的真正魅力
环绕声道（SL和SR）	用来提供环境方面的暗示（通过声反射、回波及环境噪声）和效果声（重放一些比较响亮的间断性声响）。环绕声道可营造均匀扩散的闭合环绕声场，产生环绕空间位置的指向效果，使视听者有仿佛置身于现场的感觉，却又无法确定声源来自哪只音箱
超重低音（Sub）	主要用来渲染环境气氛。充实丰满的重低音，对增强家庭影院系统的临场效果有重要作用

四、AV功放的性能指标

AV功放的性能指标包括音频性能指标和视频传输性能指标两个方面，见表4-17。

表4-17 AV功放的性能指标

指标类型		含义	说明
音频性能指标	信噪比	指音频信号电平与噪声电平之间的分贝差。信噪比数值越高，放大器相对噪声越小，音质越好	AV功放的信噪比一般要求在90 dB以上
	输出功率	AV放大器的输出功率有额定功率、音乐功率、最大不失真功率、峰值音乐功率等不同的标定方法。 额定功率是功放在不失真的条件下能连续输出的有效值功率。一般分声道分别标出，如左声道150 W，右声道150 W，环绕声道40 W。 音乐功率指模拟播放音乐状态的输出功率，它一般是额定功率的3～5倍。 峰值音乐功率是指AV放大器在处理音乐信号时能在瞬时输出的最大功率。一般用各声道的峰值音乐功率之和来表示整机的峰值音乐功率	额定功率是选用AV放大器的重要参数。其他方法标注的功率只能作为选用时的辅助参考指标
	频率响应	简称频响，是衡量AV功放对高、中、低各频段信号均匀再现的能力	一般为20 Hz～20 kHz
	失真	设备的输出不能完全重现其输入，产生波形的畸变或信号成分的增减称为失真	AV功放总的失真应不大于0.3%
	动态范围	信号最强的部分与最弱部分之间的电平差。动态范围表示AV功放对强弱信号的响应能力	动态范围越大越好，AV功放的动态范围应在90 dB以上
	阻尼系数	指负载阻抗与放大器输出阻抗之比，是衡量功放内阻对音箱所起阻尼作用大小的一项性能指标	通常要求AV功放阻尼系数不少于10
	输出阻抗	指其输出端子对音箱所表现出的等效内阻，它应与音箱的额定输入阻抗一致	输出阻抗小，可输出较大的功率
	分离度	指AV功放中的环绕声解码器把音频编码信号还原为各个声道信号的能力。分离度较差的功放会出现声像定位不准、声场不饱满、声像连贯性差等现象	要求AV功放相邻声道的分离度在25 dB以上
视频传输性能指标		用于反映AV功放的视频传输和切换能力，要求AV功放不失真地、不衰减地切换和传输视频信号	包括视频输入、输出接口数量、有无S输出端子、HDMI接口（高清信号接口）等

五、AV 功放常用检修方法

由于 AV 功放的种类很多，不同机型的电路结构存在一定的差异，其故障检修的难度是比较大的。表 4-18 列出 AV 功放的常用检修方法，同学们可灵活采用这些方法进行故障分析与判断。

表 4-18　AV 功放的常用检修方法

序号	检修方法	方法说明及应用技巧
1	直观检查法	本着先简后繁的原则，通过眼看、耳听、鼻闻、手摸等手段，对故障机进行大体的检查，以发现产生故障的部位和原因。此方法对处理一些简单而明显的故障十分有效。 用直观检查法检修时，可先查看外部旋钮、开关及各信号线连接是否正确，机内电路中有无明显烧毁、变色、断裂和接触不良的元件与线路。若未见异常，可通电试机。若发现机内有冒烟、跳火，或闻到元器件烧焦的糊味、听到异常的响声时，应立即切断电源，并检查其原因所在，以免扩大故障
2	万用表测量法	在确定了故障的大致部位后，可用万用表对故障电路与元器件进行电压、电流或电阻值的测量，再通过与正常工作时的数值相比较，从而判断出故障所在。 电压测量法用来检查电源各输入输出电压及晶体管、集成电路等元器件的工作电压，根据电压的有无及高低变化，来判断故障是在被测元件本身，还是在其外围元件或供电电路。 电阻测量法用来测量各种元件的直流电阻值，看其有无开路、短路或性能变差，还可测量某一线路是否断路。 电流测量法用来测量某一部分电路或元件的电流值，推断该电路或元件本身有无故障。通常是把万用表置于适当电流挡，将两表笔串接在电路中，根据表针指示或数字显示值读出电流的大小。也可用电压法测某电阻两端的电压降，然后根据欧姆定律计算出通过该电阻的电流
3	信号干扰法	主要用于音频模拟电路的检修。将人体感应信号、直流断续信号或信号发生器的输出信号从放大器某级电路的输入端加入，根据扬声器发声的强弱来判断故障发生的大致部位。 信号干扰法适用于查找各单元（或各级）电路直流工作状态正常但无声或声小的故障，一般是从后级逐级向前检查。应该注意的是：在检修后级功率放大器（尤其是分立元件放大器）时，应将音量电位器关小，然后在音量电位器前加入干扰信号。若用信号干扰法检查音量电位器以后的放大电路，应将扬声器换成合适的假负载，然后用直流断续信号（如用万用表的 R×1 挡，将红表笔接地，黑表笔点触各信号输入端）去检查。最好不要用人体感应信号，以免损坏功率管或扬声器
4	短路/开路法	短路检查法是将某元件、某电路直接短路或用电容短接，以快速判断故障部位。如将静噪控制管的基极对地短路，看静噪电路是否误动作；将卡拉 OK 或音响效果处理电路的输入端与输出端短接，以判断此电路有无故障；用一只电容将某一级放大电路的输入端与地（或输出端）之间短路，可以判断出自激啸叫、交流声等故障是发生在本级电路，还是前级电路。 开路检查法在检查电源电路时尤为实用，如测量出某直流输出电压偏低时，可将其负载电路断开，若电压恢复正常，说明负载电路中存在短路故障。在怀疑某旁路、退耦电容漏电或稳压二极管性能不良而造成某点电压偏低时，可将可疑元件的引脚与电路断开，看该点电压是否恢复正常
5	对比检修法	是通过对比测量左右声道各个对应检测点的电压、电阻来寻找故障的方法。该方法适用于一个声道正常而另一个声道出现故障。 应用该方法要求操作者了解电路的整体布局，分清元件所属的声道，并能找到两声道之间的对应元件
6	代换法	代换法是用正常的元器件或电路板替换可疑的元器件或电路板，以快速判断故障部位和元件。对于型号不同但性能参数相同的元器件，也可以互换使用
7	耳机听音法	利用一个串接 4.7 μF 的隔直流电容器的高阻抗耳机，从电路的前级逐级向后接到各级的输出端听音，根据听音的有无、大小、失真、噪声等状况来判断故障的部位。如哪级声音正常，哪级放大电路就是好的，哪级无声，故障就在哪级
8	方框图寻迹法	根据电路组成的方框图，依据各部分电路的功能及信号的处理过程，以确定 AV 功放的各项功能是否能正常发挥，相关的电路工作是否正常，从而确定产生故障的可能部位
9	其他检查法	重焊法（重焊漏焊点和可疑的虚焊点）、微动法、轻敲法等

任务实施

活动1　AV功放接线训练

目前市场上出现了不少带5.1声道接口的AV功放，而且不少是具有5路一样的大功率放大器。如天逸AD－8000型（5×100 W），湖山AVK－300型（5×80 W），凤之声AV－999型（5×120 W）、安桥ONKYO 601等，都是质量不错的产品。家庭影院AV系统的组成与连接方法如图4-26所示。

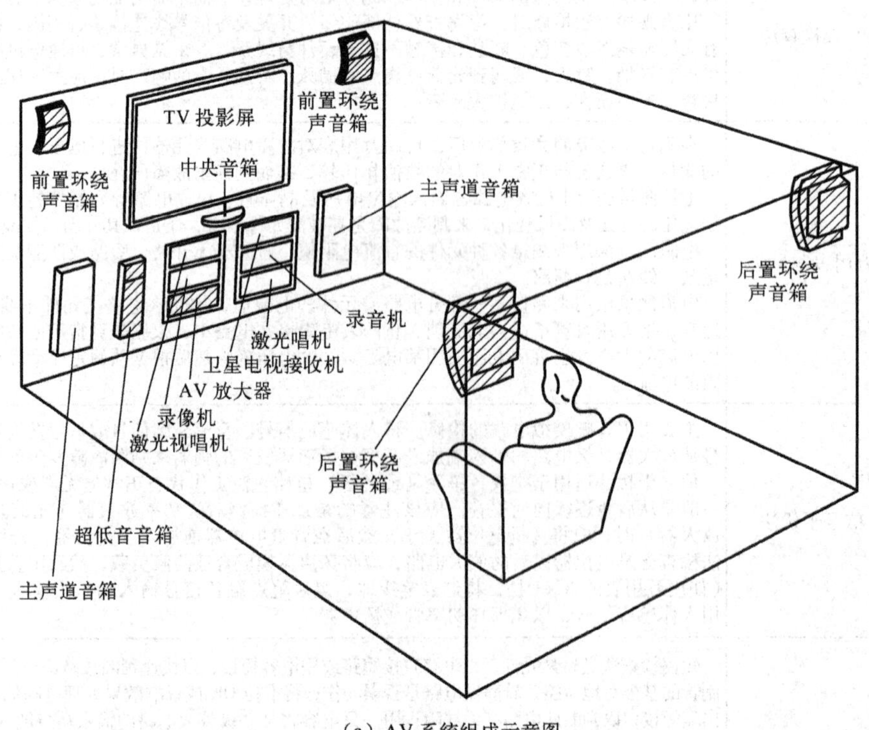

（a）AV系统组成示意图

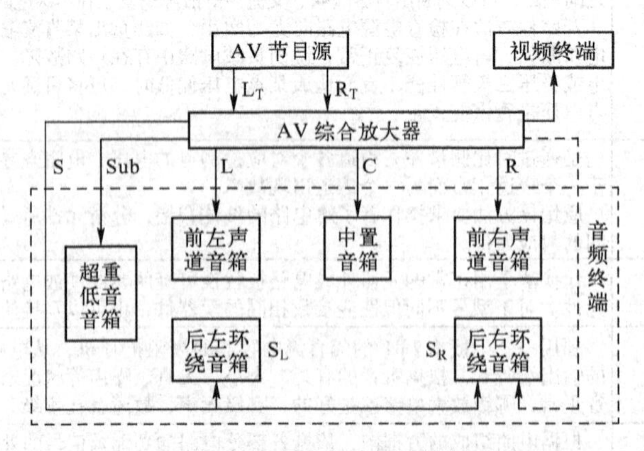

（b）系统连接示意图（5.1声道）

图4-26　家庭影院AV系统的组成与连接示意图

AV 功放的输入、输出端子众多，与各种信号设备及扬声器系统接线时，必须确保各音频组件和视频组件所有连接均正确无误，如 L（左）对 L（左），R（右）对 R（右）、“+”对“+”、“-”对“-”。有些组件需要用不同的连接方式连接并且端子名称也不相同，如 COAXIAL（同轴）、OPTICAL（光纤）、S-VIDEO（S 视频）、VIDEO（视频）、AUDIO（音频）等，每一种端子又有 IN（输入）和 OUT（输出）之别，必须保证不同类别、输入、输出端子之间对应的正确的连接，这是系统正常工作的前提。

同学们在接线训练时，为保证接线正确，一定要认真辨认各个接线柱的功能，按照接线柱的标注提示进行接线，如图 4-27 所示。

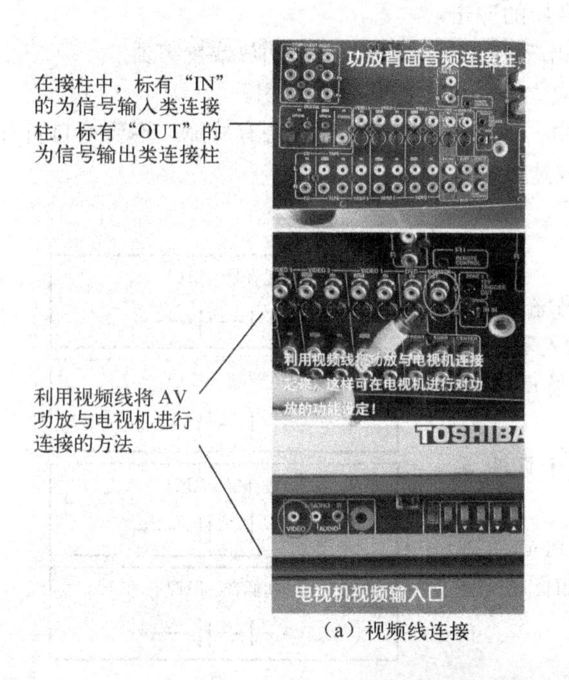

（a）视频线连接

利用同轴电缆进行连接

利用同轴连接方法

另一端必须正确接到音源
如 DVD 背面同轴输出口！

（b）同轴电缆线连接

DVD 机一般都带有 AC-3 解码器，应注意将其杜比 AC-3 的 5.1 声道（前置左、右主声道、中置声道、后置左右环绕声道、超重低音声道）音频输出端子与 AV 功放 5.1 声道对应的音频输入端子相连

AV 功放音频输出端子与电视机音频输入端子相连，（用红、白色线区分左、右声道）。有 S 端子的电视机和 AV 功放，应将两者的 S-VIDEO 相连

AV 功放与扬声系统的连接应注意阻抗匹配、功率匹配、频响匹配、音色匹配等问题。根据不同的 AV 功放与不同的扬声系统实现正确匹配，方能保证 AV 功放、扬声器的安全和获得良好的音响效果

（c）接线完毕

图 4-27　连接方法示例

活动2　天逸 AD－9000 功放使用训练

1. 开机/关机

请按照以下安全操作要领进行练习。

（1）设备通电前，一定要首先检查 AV 功放与各种音源设备、AV 功放与系统终端设备的连接情况是否正常，如有错误应立即纠正。

（2）应注意开机/关机的正确顺序。开机时，应先开音源等前置设备，再开功率放大器；关机时，应先关功率放大器，再关音源等前置设备。开机、关机前，最好把音量旋钮关至最小处，这样做的目的是减轻开机、关机时对扬声器的冲击。

（3）严禁带电拔、插信号插头，以免由此产生的冲击而损坏 AV 功放或扬声器。

（4）在工作过程中若发出异常的声音，应立即关断电源，停止使用。

（5）注意保护和爱护设备。在训练过程中，若 AV 功放或其他设备有故障，不要擅自打开机器进行维修，以免使机器遭受更大的损坏或造成触电事故。

（6）严格遵守安全用电的有关规定。

2. 听音乐

（1）重复按动遥控器上音源选择或数码输入键，将在 CD、VCD、DVD、VCR、AUX 及数码输入等输入端口中循环选择，此时把音源输入切换到训练时实际使用音源上。

（2）按动遥控器上直通键，使本机工作于直通工作模式。

（3）使用主音量 +/－ 键，将音量调到适当响度。此时在屏幕会显示音量的调节情况，如图 4-28 所示。

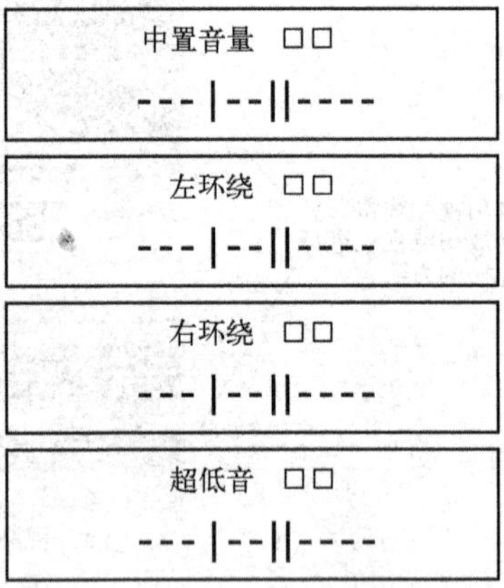

中置音量　□□
---|--||----

左环绕　□□
---|--||----

右环绕　□□
---|--||----

超低音　□□
---|--||----

图 4-28　音量调节时的屏幕显示情况

3. 看影碟片

（1）重复按动遥控器上音源选择或数码输入键，将在 CD、VCD、DVD、VCR、AUX 及数码输入等输入端口中循环选择，此时把放音源输入切换到训练时实际使用的音源上。

（2）根据碟片类型选择具体工作模式。

① 杜比碟片可选杜比“PRO LOGIC”中的普通工作模式，如图 4-29 所示。

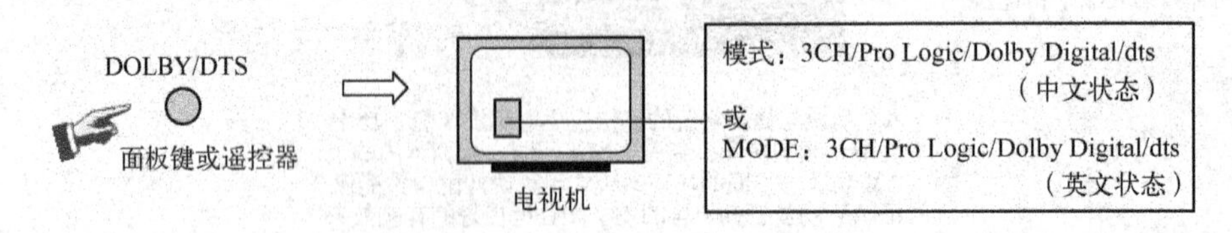

图 4-29　杜比环绕声选择

② 普通碟片可选摇滚、流行、古典、体育场、现场、会堂、教堂、影剧院 8 种数字声场（DSP）工作模式之一，如图 4-30 所示。

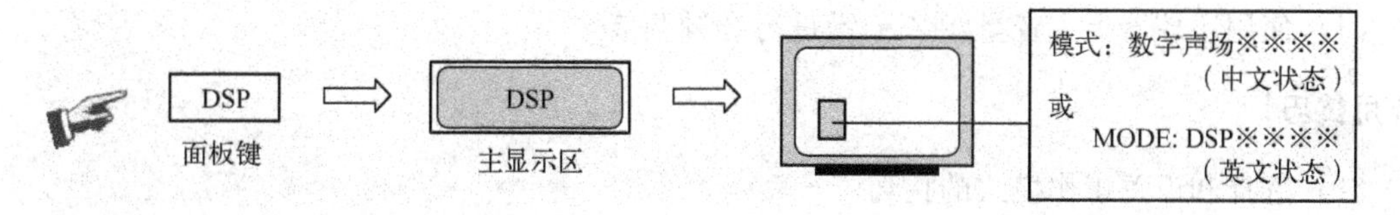

图 4-30　数字声场（DSP）选择

③ 对 DVD 碟片，如果碟片的音频格式为 AC－3 或 DTS，可选择“杜比/DTS”工作模式，此时需用同轴线或光纤线将 DVD 机的数码输出与功放机的数码输入接口相接。

（3）使用遥控器上的主音量 +/－ 键进行音量调节。

4. 唱卡拉 OK

（1）重复按动遥控器上音源选择或数码输入键，将在 CD、VCD、DVD、VCR、AUX 及数码输入等输入端口中循环选择，此时把音源输入切换到训练时实际使用的音源上。

（2）将话筒插入 MIC1 或 MIC2 插孔内，功放机将自动进入卡拉 OK 工作模式。进入卡拉 OK 时，VFD 显示屏主显示区将显示“KARAOKE”，电视机屏幕的显示情况如图 4-31 所示。

图 4-31　进入卡拉 OK 时的屏幕显示

（3）使用遥控器上话筒音量 1 +/－或者话筒主音量 2 +/－（具体视插入那路话筒插座）进行人声音量调节。

（4）混响延时调节。按动遥控器上的卡拉 OK 延时键，在 VFD 显示屏主显示区显示“DELAY □□□”时，按动主音量 － 键，卡拉 OK 延时时间将减短；连续按住主音量－键，卡拉 OK 延时时间将连续减短；按动主音量＋ 键，卡拉 OK 延时时间将加长；连续按住主音量＋键，卡拉 OK 延时时间将连续加长。

注意：如果在进入卡拉 OK 之前的音源为收音，功放将自动切换到进入收音时的音源。当输入为数码输入时，如无数码信号输入，传声器将无声。拔出所有的传声器，功放机将自动退出卡拉 OK 状态。

5. 收音

（1）重复按动遥控器上收音键，选择收听调幅（显示“AM”）或者调频（显示“FM”）广播。

（2）按动遥控器上自动收台键，功放机自动扫描/存贮广播电台。此时，显示屏会显示“AM”（或“FM”）及由小到大的扫描频率。

（3）按动遥控器上数字键（如“2”），选择自己所需的广播电台的台号。

(4) 使用遥控器上主音量 +/- 键进行音量调节。

【应用技巧】

(1) 选择和设置工作模式的技巧

① 输入模式(INPUT MODE)选择。AV功放一般有多种可供选择的输入模式,如AUTO(自动)、ANALOG(模拟)、DTS(数字影剧际系统)等,要根据播放的节目源类型正确地选择输入模式才能使系统发挥出最佳性能。

信号选择优选顺序为:用杜比数字或DTS编码的数字信号→普通的数字信号(PCM)→模拟信号(ANALOG)。

在输入模式被设定为AUTO(自动)位置时,来自信号源的输入信号按下列优先顺序进行选择:COAXAL(同轴)端子→OPTICAL(光纤)端子→ANALOG(模拟)端子。

注意:有些模式是相互制约的,选择不当会使系统不能正常工作,同学们在练习使用AV功放前一定要仔细阅读使用说明书。

② 音效模式的选择。要正确地使用EFFECT(音效)开关。在系统播放标准立体声音源如CD唱片或双声道磁带等节目时最好关闭音效扬声器(中置和后置),以得到原汁原味的声场效果;在欣赏影片或播放编码节目源时也要正确地选择音效处理程序:PROLOGIC、AC-3、DTS或各种不同的CINEMA DSP(影剧院数字音效处理器),选择是否得当,对于能否得以良好的环绕立体声音响效果至关重要。

(2) 扬声器系统设置与调整的技巧

当家庭影院系统工作于环绕立体声模式时,环绕声场效果好坏除与扬声器系统本身质量和性能有关外,是否正确地进行了设置与调整也是不可忽视的重要因素。

① 设置扬声器的工作模式。根据系统配置扬声器(音箱)的大小、有无,正确地设置中置扬声器(CENTER SP)、后置扬声器(REAR SP)、主扬声器(MAIN SP)和超低音输出(BASS OUT),使之处于合适的工作状态。

中置扬声器工作模式(CENTER MODE)一般有三种:普通(NORMAL)模式(适合于中置音箱外形尺寸较小、各项性能适中的情况)、宽广(WIDE)模式(适合于中置音箱与前置主音箱频带、承载功率等指标相当的情况)、幻象(PHANTOM)模式(系统不配置中置音箱时选用此种模式)。在有些AV功放的使用说明中,以上三种模式往往被称为SML(小扬声器)、LRG(大扬声器)、NONE(无扬声器),但选择原则同上。同样,主扬声器和后置扬声器也要根据其大小和性能选择合适的工作模式,超低音声道根据有无连接超重低音扬声器也有两种不同的模式可供选择。另外,还有两种工作模式:3CH(三声道模式)——省略后置环绕音箱,只保留前置、中置音箱;OFF方式——中置及环绕声道关闭,无输出,适用于播放标准立体声音源,如CD碟片。

② 扬声器音量平衡调整(输出电平调节)。调节各声道的输出电平使各个扬声器功率保持平衡,是获得最佳整体音响效果的关键步骤。

使用测试音频信号进行调整:将总音量控制旋钮置于1/3处,BASS(低音)、TREBLE(高音)和BALANCE(左右音量平衡)控制旋钮设定至"0"位置,接通测试信号(按一下"TEST"键),将按下列顺序听到各扬声器发出约2 s的测试音频信号:左主扬声器→中置扬声器→右主扬声器→右后置扬声器→左后置扬声器,调整各声道的输出电平使之相互匹配,即各个扬声器发出的声音响度均衡一致。没有测试信号的AV放大器,可以利用带有环绕立体声伴音的故事片来调整，基本过程同上。现在市场上出售的正版多声道编码 DVD 碟片，大多附带有测试音频信号。

③ 调整响度。聆听环绕立体声要达到满意的临场感必须有足够的响度，即一种与真实声音相当的响度。

调整响度的方法是：首先调整好各声道的电平匹配，选择一段只有对白的影片，调整系统主要电平（MAINLVL）高低，使总音量控制旋钮处于较低位置时对白响度达到合适程度，没有主电平调节的放大器只能以总音量旋钮来控制响度。当然，要达到一定的响度，对功放配置（各声道功率）也有一定要求。为达到较好的影院效果，不妨将音量稍稍开大一点。

（3）延迟时间和动态范围调整

当使用杜比定向逻辑、杜比数字或 DTS 解码器等处理器时，可以根据自己的喜好调整主声音与音效声音之间的延迟时间，即调整主扬声器的开始时间与后置扬声器音效声音的开始时间之间的时间差，以得到适合自己的声场效果。

活动 3　观察 AV 功放的内部结构

请同学们按照表 4–19 所示步骤及要求完成 AV 功放的拆装，观察 AV 功放的内部结构，并用万用表测量主要测试点的数据，要求做好记录，以备模拟故障检修时使用。

表 4–19　AV 功放的拆装

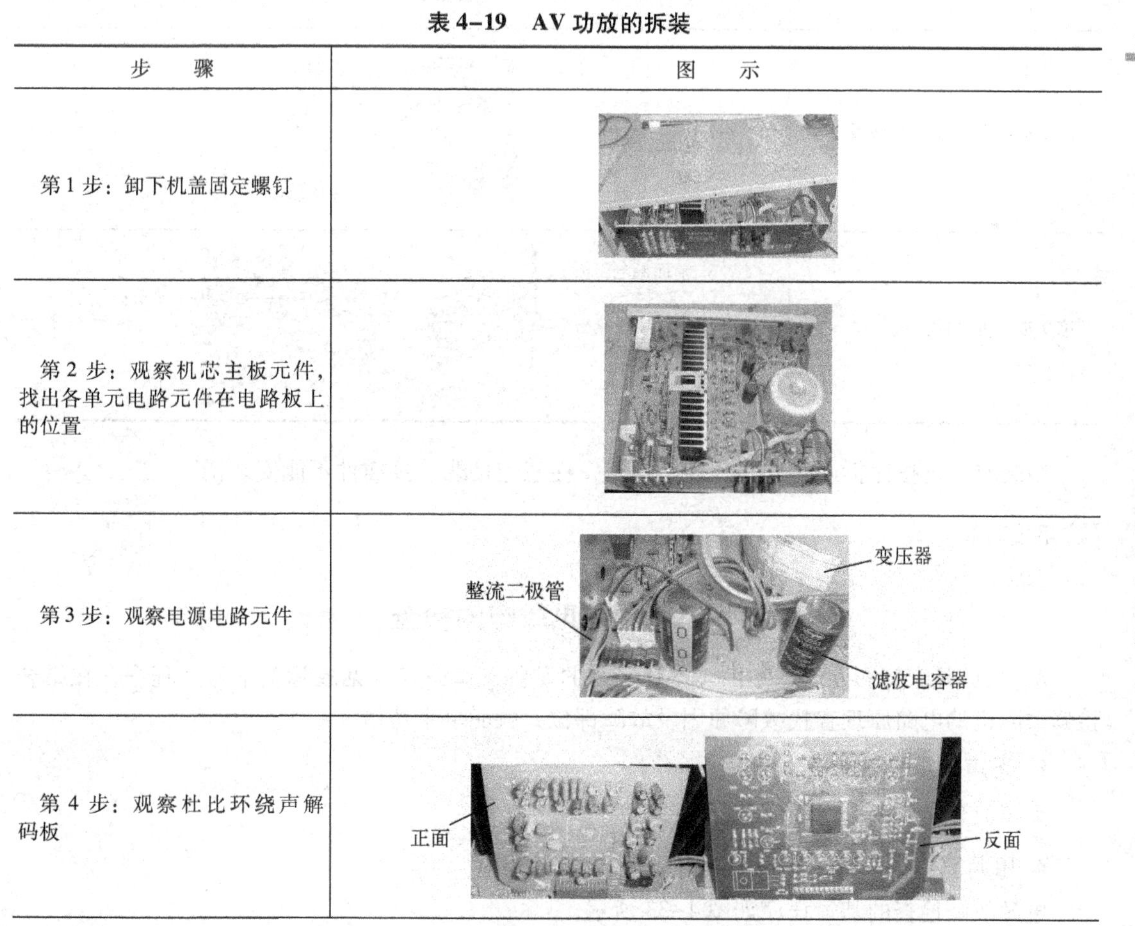

步　骤	图　示
第 1 步：卸下机盖固定螺钉	
第 2 步：观察机芯主板元件，找出各单元电路元件在电路板上的位置	
第 3 步：观察电源电路元件	
第 4 步：观察杜比环绕声解码板	

续表

步　　骤	图　　示
第 5 步：观察功放末级电路元件	
第 6 步：观察数字音量处理等小信号处理电路	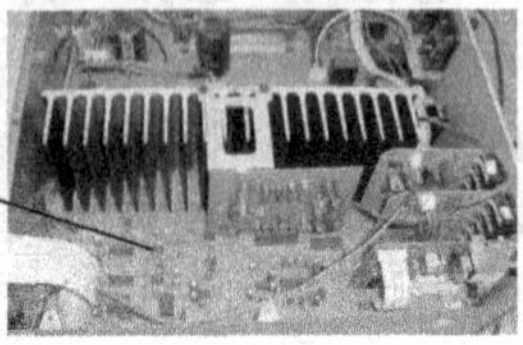 数字音量处板
第 7 步：观察卡拉 OK 板	
第 8 步：观察收音电路板	
第 9 步：拆开前面板	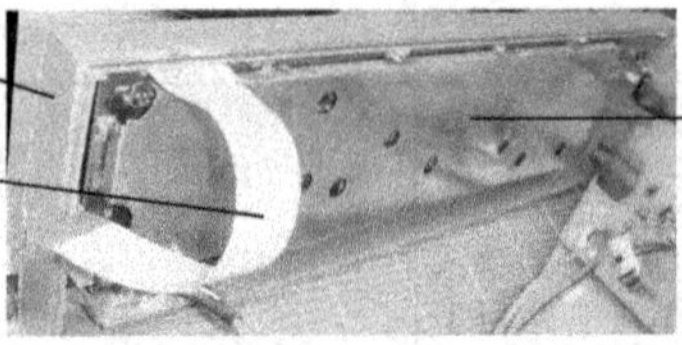 前面板电路板 连接带 屏蔽板

组装时，可按照拆卸时的相反步骤进行。注意连接线、接插件不能安装错。

【应用技巧】

AV 功放常见故障的检查

AV 功放是家庭影院设备中故障率比较高的设备，掌握其常见故障基本检查程序，在结合检修故障机的电路原理查找故障原因及故障部位，就能事半功倍。

1. 无声故障检查的基本程序

无声故障检查的基本程序如图 4–32 所示。

2. 电源故障检查的基本程序

电源故障检查的基本程序如图 4–33 所示。

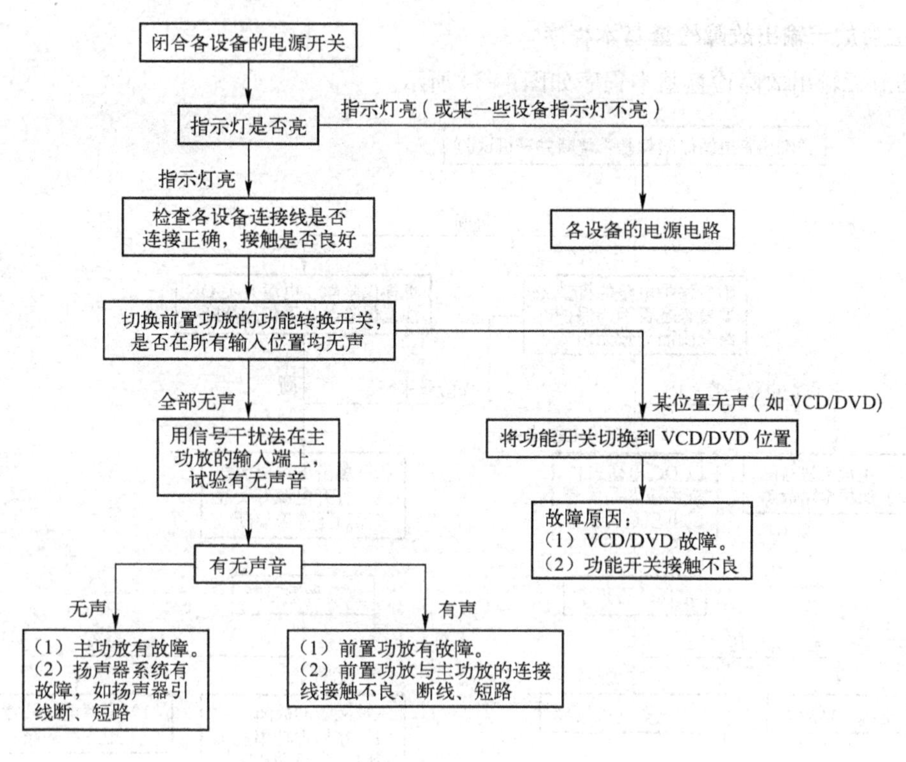

图 4-32　无声故障检查的基本程序

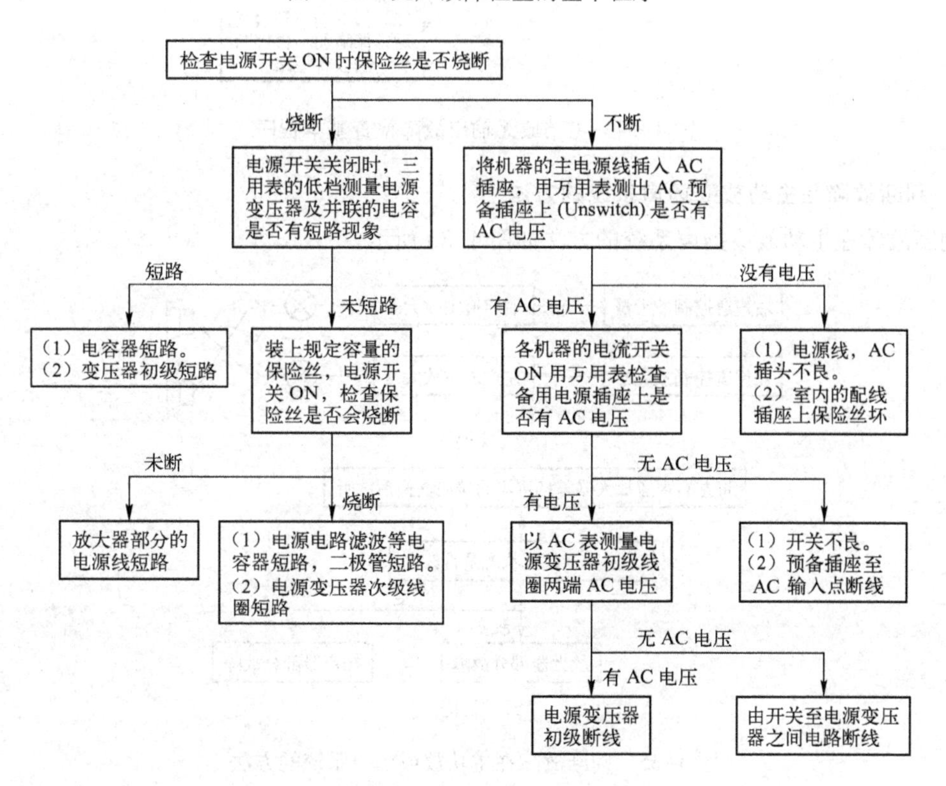

图 4-33　电源故障检查的基本程序

3. 主功放无输出故障检查基本程序

主功放无输出故障检查基本程序如图 4-34 所示。

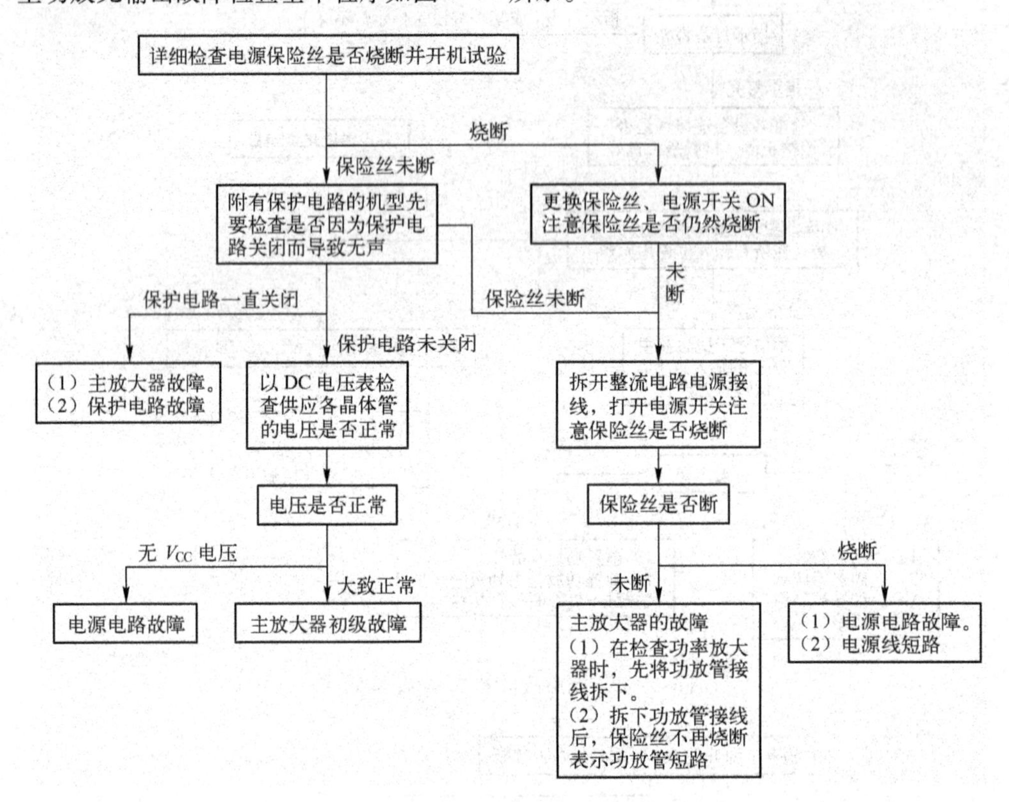

图 4-34　主功放无输出故障检查基本程序

4. 判断故障在主功放或扬声系统的方法

判断故障在主功放或扬声系统的方法如图 4-35 所示。

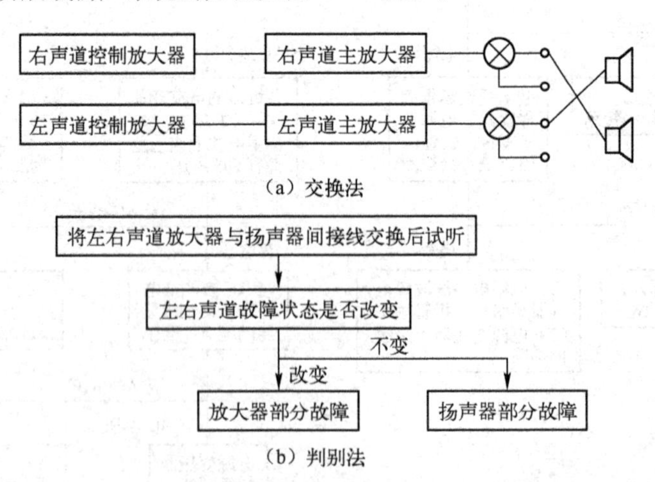

图 4-35　判断故障在主功放或扬声系统的方法

活动 4　AV 功放简单故障的检修

请同学们按照实训老师提供的故障机进行故障现象观察，判断出故障类型，分析故障原因，然后确定检修思路，选择合适的检查方法进行检修，将其整理后填入表 4-20 中。

表 4-20　AV 功放故障检修报告

学 生 姓 名		检 修 时 间		成　绩	
故障现象					
可能的原因					
检修过程					
检查结果					

【知识窗】

AV 功放常见故障原因及处理措施

由于操作、使用不当或其他原因，都有可能引起 AV 功放不能正常工作。尽管各个学校实训时选用的各种型号的 AV 功放电路结构有所差异，但排除常见故障的检修思路是基本一致的。表 4-21 列出了 AV 功放系统最常见的简单故障及原因，以及处理措施，以启发同学们在 AV 功放维修实训时的检修思路。

表 4-21　AV 功放常见故障原因及处理措施

故 障 现 象	故 障 原 因	处 理 措 施
闭合电源开关，AV 功放不工作，指示灯不亮	（1）电源线损坏。 （2）电源开关损坏。 （3）保险丝烧断。 （4）变压器或电源电路故障	（1）检查电源线，特别注意检查插头的连接部位，如有故障可修复或更换。 （2）修复或更换电源开关。 （3）先排除保险丝烧断的故障原因，再用同规格保险丝更换。不能直接用保险丝更换，以免损坏更多的元器件。尤其是当直流保险管烧断时，说明功率放大电路存在故障。应先对功放管进行检查，检查完功放管之后，还应对激励管进行检查。 （4）检查变压器或电源电路，更换已损坏的元件
指示灯亮，但 AV 功放不工作，各个声道均无声	（1）功能选择开关的位置不正确。 （2）音量控制（或衰减器）误置于音量最小处。多路调音台未把正在工作的一路衰减器推起。 （3）输入输出的连接线（包括扬声器线）断路或短路。 （4）输入输出接线座损坏或未接好。 （5）没有使用外接均衡器、混响器等处理设备，而 AV 放大器背面的短路插头（ADAPTER）并未插上或接触不良	（1）使输入选择开关位置与使用的信号源一致。 （2）把该路音量控制（或衰减器）适当调大。 （3）修复或更换有故障的接线。 （4）正确连接输入输出接线座，修复或更换出故障的接线座。 （5）当没有使用外接处理器时，必须把用来接处理器的两个输出输入短路插头可靠地插上
只有一个声道能够放出声音	（1）平衡控制钮或声像定位钮位偏向一边，没有在中间位置。 （2）某声道的某一台设备（包括信号源，放大器和扬声器）或某一条信号线，插头或接线柱有故障或未接好	（1）把平衡控制钮或声像定位钮调节在正中位置。 （2）逐台设备试验，把左、右声道的信号线交换试听，即可判别是哪一台设备或哪一条信号线有故障，然后进行更换或修复

续表

故障现象	故障原因	处理措施
AV功放有图像信号输出，但无声音信号输出	参考“指示灯亮，但AV功放不工作，各个声道均无声”	
AV功放声音正常，无图像显示	（1）视频线断路、短路或未接好。 （2）视频输入输出插头及接线座断线、短路或未插好或位置插错。 （3）输入选择开关的视频档有故障。 （4）视频线接线错误或电视机设置不正确	（1）修复或更换视频线并正确可靠连接。 （2）正确插好视频输入输出插头、接线座，断路、短路则需更换或修复。 （3）修复或更换开关。 （4）正确连接视频线和调整电视机设置
播放节目时伴有交流嗡嗡声	（1）设备之间的信号连接线的屏蔽层未接地或接地不良。 （2）设备内部尤其是电源电路的元件接地不良	（1）检查信号线，确保接地良好。 （2）检查整流电源、滤波及各部分的接地点有无虚焊现象
播放节目时伴有“吱吱”声干扰	电视机或DVD等视频设备对音频设备产生干扰	视频设备与音频设备之间应保持足够的距离，关断暂时不用的视频设备
使用传声器讲话或唱歌时无声音输出	（1）选择开关未放在“传声器输入”位置。 （2）传声器未插好，或传声器开关、插头、插座、电缆等有断路短路故障。 （3）传声器输入电平旋钮位置不当、电平过低。 （4）传声器损坏。 （5）卡拉OK电路有故障	（1）正确放置输入选择开关。 （2）插好传声器、修复或更换损坏的部件，或换用另一个传声器或传声器输入通道。 （3）正确调节传声器输入电平。 （4）更换或修复传声器。 （5）修复卡拉OK电路
无混响或混响效果不良	（1）混响开关未接通。 （2）混响电平旋钮放置不当、电平太低。 （3）外接混响器的连接不正确，或接线断路、短路或操作有误。 （4）内部混响电路故障	（1）接通混响开关。 （2）适当提高混响电平。 （3）正确连接和调整好外接混响器。 （4）修复
遥控器不灵或失灵	（1）检查AV功放红外接收窗口有遮挡物。 （2）检查遥控器电池电压过低。 （3）遥控接收头或电路有故障	（1）移开遮挡物。 （2）功放更换新电池。 （3）修复遥控接收电路

任务评价

AV功放的应用与维修学习评价表见表4-22。

表4-22　AV功放的应用与维修学习评价表

姓名		日　期		自　评	互　评	师　评
理论知识（30分）						
序号	评价内容					
1	简要说明AV功放有哪些特点					
2	AV功放由哪些基本电路组成					
3	AV功放一般有哪些声道，各个声道有何作用					
4	结合检修实际，举例说明在什么情况下采用对比检查法检修AV功放故障最快捷					

续表

技能操作（60 分）						
序号	评 价 内 容	技能考核要求	评 价 标 准			
1	观察 AV 功放的结构	安装操作步骤拆卸功放机，观察内部结构，用万用表测量主要测试点的数据	根据测试记录的完成性评分			
2	AV 功放故障模拟检修	正确利用仪表，找出故障点并排除，无因为操作不当产生新的故障点	根据原理图分析故障原因；仪表检测故障点；排除故障			
学生素养（10 分）						
序号	评 价 内 容	专业素养要求	评 价 标 准			
1	基本素养	参与度； 团队协作； 自我约束能力	参与度好； 团队协作精神好； 纪律好； 无迟到、早退； 服从实训安排			
综 合 评 价						

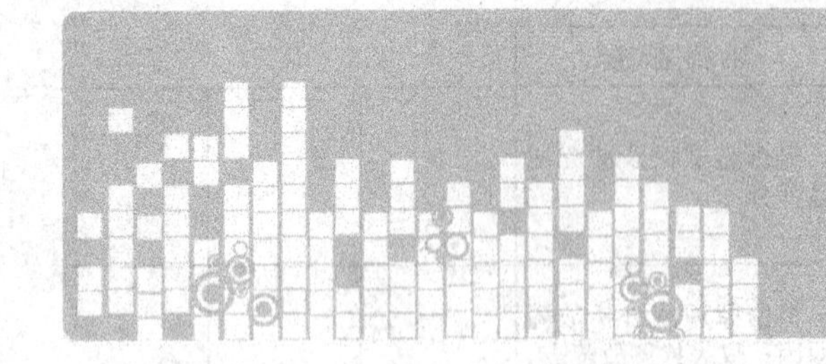

项目 五

揣摩音箱

音箱又称扬声器系统，是将音频信号还原成声音的一种设备。音箱是整个音响系统中最重要的喉舌，它要直接与人的听觉打交道，而人的听觉又是十分灵敏，并且对复杂声音的音色具有很强的辨别能力。因此，音箱的性能高低对一个音响系统的放音质量起着关键作用。

尽管音箱的种类很多，外形各异，但其基本组成均包括扬声器（组）、分频器、箱体等器件。本项目主要学习家用音箱、多媒体有源音箱和插卡音箱的结构、原理、摆位方法及维修方法。在此基础上，进一步学习音响技术的基础知识。

知识目标

△ 了解音箱的种类、结构特点及使用常识。

△ 了解有源音箱和无源音箱的主要差别。

△ 了解插卡音箱的基本结构。

△ 了解扬声器的种类、结构及性能指标。

△ 了解扬声器分频网络的结构与特性。

技能目标

△ 能用万用表对音箱进行检测。

△ 能安装分频器和扬声器单元。

△ 检修音箱的常见故障；会更换容易拆卸的扬声器的音圈。

△ 能按要求选购音箱。

安全目标

△ 安全第一，不仅要注意自身的安全，也要注意别人的安全，同时还要注意实训设备的安全。

△ 发现有安全隐患，应及时报告老师后再进行处理。

△ 由小组长负责保管好本小组的工具及元器件。

情感目标

△ 小组成员分工协作，努力完成老师布置的任务。

△ 知行合一，对学生进行实践能力及创新精神的培养，提高学生的综合素质。

△ 培养学生良好的职业素养。

任务一　无源音箱的应用与维修

任务描述

许多同学都喜欢在家中一边品尝香茗，一边聆听美妙的音乐；或一展歌喉尽情卡拉 OK；或欣赏最新时尚大片，饱览辽阔草原风情，享受异国绚丽风采，领略惊心动魄的枪战搏击情景……这是何等的美妙！此时，如果音箱突然没有声音或声音异常，扫兴之余，同学们自己有办法处理吗？

相关知识

一、音箱的作用、种类及结构

1. 音箱的作用

音箱是把高、中、低音扬声器组装在专门设计的箱体内，并通过分频器将高、中、低频信号分别送到相应的扬声器，将音频信号还原成声音进行重放的一种设备。音箱有三个方面的作用，见表 5-1。

表 5-1　音箱的作用

序号	主要作用	说　明
1	共鸣作用	这里喇叭是声源，它发出的声波由于音箱的谐振引起共鸣，声音就加强了。这就像小提琴，如果只有那么 4 根弦，没有那个葫芦形的琴箱，就不可能产生共鸣，不可能发出那样响亮、悠扬、悦耳的声音。胡琴也是如此，有一个圆筒形的蒙着蛇皮的共鸣箱。同样，大鼓的上下都是牛皮，中间的木桶就是共鸣箱。不知你是否已经联想到了，大鼓的声音粗壮低沉和它粗壮的共鸣箱有很大的关系。你可以试试，把音箱的扬声器从箱体里拿到外面来，声音会有什么变化
2	解决声短路	单独一个喇叭的发声效果不理想。因为在某瞬间，纸盆向前运动，前方的空气被压缩而密度增大，同时纸盆后面的空气密度一定变小，变稀疏。所以前后声波正好反向，当后方的声波绕到前方去就会起到抵消作用，这称为声短路。特别是对低频声波更是如此。因此，一般的喇叭低音效果特别差。如果把喇叭放在音箱里，音箱板把前后的声波隔开，或者对这两个反向的声波进行适当的处理，给低音扬声器发出的声音提供一个正常的路径，使低频声波更有效地辐射出去，即可充分发挥低音扬声器的性能。例如，用吸音材料把纸盆后面的声波吸收掉，防止它来干扰（这是封闭式音箱的原理）。或者把纸盆后面的声波的相位倒过来，使它和前面的相位一致，再送到前面，和前面的声音叠加起来（这是倒相式音箱的原理），这样不仅不会减弱反而会使声音得到增强
3	改善音质	音箱的特殊结构，可以对声音进行适当处理，减少失真，使音质得以改善

2. 音箱的种类

音箱的分类方法很多，常用的音箱分类方法及种类见表 5–2。

表 5–2　音箱分类方法及种类

序号	分类方法	种　类	应用简介
1	按使用场合分	专业音箱	一般来说，专业音箱的灵敏度较高，放音声压高，力度好，承受功率大；与家用音箱相比，其音质偏硬，外型也不甚精致。但在专业音箱中的监听音箱，其性能与家用音箱较为接近，外型一般也比较精致小巧，所以这类监听音箱也常被家用 Hi – Fi 音响系统所采用
		家用音箱	一般用于家庭放音，其特点是放音音质细腻柔和，外型较为精致美观，放音声压级不太高，承受的功率相对较少
2	按放音频率分	全频带音箱	全频带音箱是指能覆盖低频、中频和高频范围放音的音响。全频带音箱的下限频率一般为 30～60 Hz，上限频率为 15～20 kHz。 在一般中小型的音响系统中，只用一对或两对全频带音箱即可完全担负放音任务
		低音音箱	低音音箱和超低音音箱一般是用来补充全频带音箱的低频和超低频放音的专用音箱。这类音箱一般用在大中型音响系统中，用来加强低频放音的力度和震撼感。
		超低音音箱	使用时，大多经过一个电子分频器（分音器）分频后，将低频信号送入一个专门的低音功放，再推动低音或超低音音箱
3	按用途分	主放音音箱	一般用作音响系统的主力音箱，承担主要放音任务。主放音音箱的性能对整个音响系统的放音质量影响很大，也可以选用全频带音箱加超低音音箱进行组合放音
		监听音箱	用于控制室、录音室作节目监听使用，它具有失真小、频响宽而平直，对信号很少修饰等特性，因此最能真实地重现节目的原来面貌
		返听音箱	又称舞台监听音箱，一般用在舞台或歌舞厅供演员或乐队成员监听自己演唱或演奏声音。这是因为他们位于舞台上主放音音箱的后面，不能听清楚自己的声音或乐队的演奏声，故不能很好地配合或找不准感觉，严重影响演出效果。 一般返听音箱做成斜面形，放在地上，这样既可放在舞台上不致影响舞台的总体造型，又可在放音室让舞台上的人听清楚，还不致将声音反馈到传声器而造成啸叫声
4	按箱体结构分	密封式音箱	密封式音箱具有设计制作调试简单，频响较宽、低频瞬态特性好等优点，但对扬声器单元的要求较高。 倒相式音箱的特点是频响宽、效率高、声压大，符合专业音响系统音箱形式，但因其效率较低，故在专业音箱中较少应用，主要用于家用音箱，只有少数的监听音箱采用封闭箱结构。 目前，在各种音箱中，倒相式音箱和密封式音箱占著大多数比例，其他型式音箱的结构形式繁多，但所占比例很少
		倒相式音箱	
		迷宫式音箱	
		声波管式音箱	
		多腔谐振式音箱	
5	按是否内置放大器分	无源音箱	主要由扬声器单元、箱体单元和分频器单元等组成
		有源音箱	主要由功放单元和扬声器单元组成，将功放单元置于音箱内部

3. 无源音箱的组成

无源音箱主要由扬声器单元、箱体单元和分频器单元三部分组成，见表 5-3。

表 5-3　音箱的组成

序号	单　元	简要说明
1	扬声器单元	又称驱动单元，主要职责是将不同频率的声音重放。其工作原理是利用电能驱动扬声器振膜来推动空气，从而让人能听到声音。扬声器单元按照所负责的声音频率来划分，大致上可分为高音单元、中音单元以及低音单元三种
2	分频器单元	主要职责是将声音信号分成若干不同频段的信号再分配给各个相应的喇叭单元。同时，还可以起到修正单元与单元之间的相位差以及灵敏度不一致等问题。因此，分频器设计的好坏直接影响着音箱的声音重放素质。功率分频（LC 分频网络）和电子分频是最为常用的分频方式
3	箱体单元	主要职责是用来消除扬声器单元的声短路，抑制其声共振，拓宽其频响范围，减少失真。 音箱的箱体外形结构有书架式和落地式之分，还有立式和卧式之分。箱体内部结构又有密闭式、倒相式、带通式、空纸盆式、迷宫式、对称驱动式和号筒式等多种形式。使用最多的是密闭式和倒相式。 不同的箱体结构和使用材料都会对声音构成直接性的影响

二、分频器

1. 分频器的作用及种类

分频器是音箱中的“大脑”，对音质的好坏至关重要。功放输出的音频信号必须经过分频器中各滤波元件处理，让音箱特定频率的音频信号通过高、中、低各单元。具体来说，分频器具有分频、微调和保护三个方面的作用，见表 5-4。

表 5-4　分频器的作用

序号	作　用	说　　明
1	分频作用	将功率放大器输出的全频带音频信号进行重分配，送到相应高中低扬声器单元，使其分别重放出各个频段的声音，最大限度地发挥各个扬声器的优势
2	微调作用	微调整个扬声系统的频率响应、相位特性和阻抗特性等，从而获得重放声音域宽广的效果
3	保护作用	保护中、高音扬声器单元不被大信号的低频激励信号损坏

只有科学、合理、严谨地设计好音箱的分频器，才能有效地修饰喇叭单元的不同特性，优化组合，各单元扬长避短，淋漓尽致地发挥出各自应有的潜能，使各频段的频响变得平滑、声像相位准确，使播放出来的音乐层次分明、合拍，明朗、舒适、宽广、自然的音质效果。

分频器可分为有功率分配器和电子分频器。

2. 功率分频器

功率分频器属于无源分频器，一般安装在音箱内部，通过 LC 滤波网络，将功率放大器输出的功率音频信号分为低音，中音和高音，分别送至各自扬声器，如图 5-1 所示。

这种分频方式结构简单、成本低，应用比较普遍。其缺点是使用时不便于调整，容易产生交叉失真，音质不是很好，只适用于一般的放音场合。

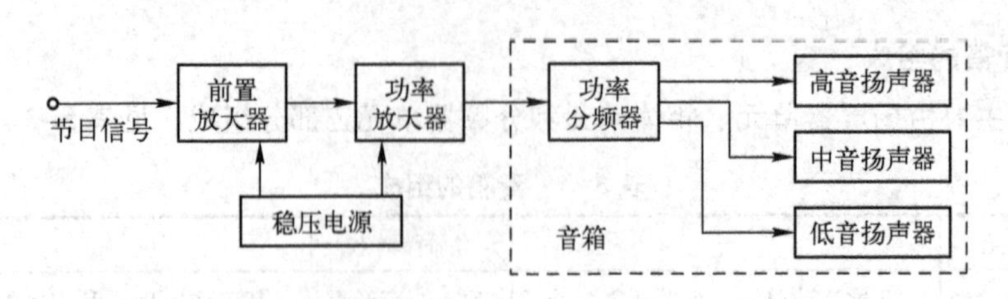

图 5-1 功率分频器

功率分频器一般采用定阻型分频网络，通常由电感 L 和电容 C 构成的高通滤波器、低通滤波器和带通滤波器组成。分频网络中所含 L、C 元件的个数决定了信号的衰减特性，用一个分频元件时，衰减为 6 dB/oct（oct 倍频程），称为一阶分频器；分频网络用两个元件时，衰减为 12 dB/oct，称为二阶分频器。分频元件越多，分频效果越好，但信号衰减也越大，同时成本增加，插入损耗和相移也随之增大。

一阶分频器有二分频器和三分频器。典型的一阶二分频器电路如图 5-2（a）所示，典型的一阶三分频器电路如图 5-2（b）所示。

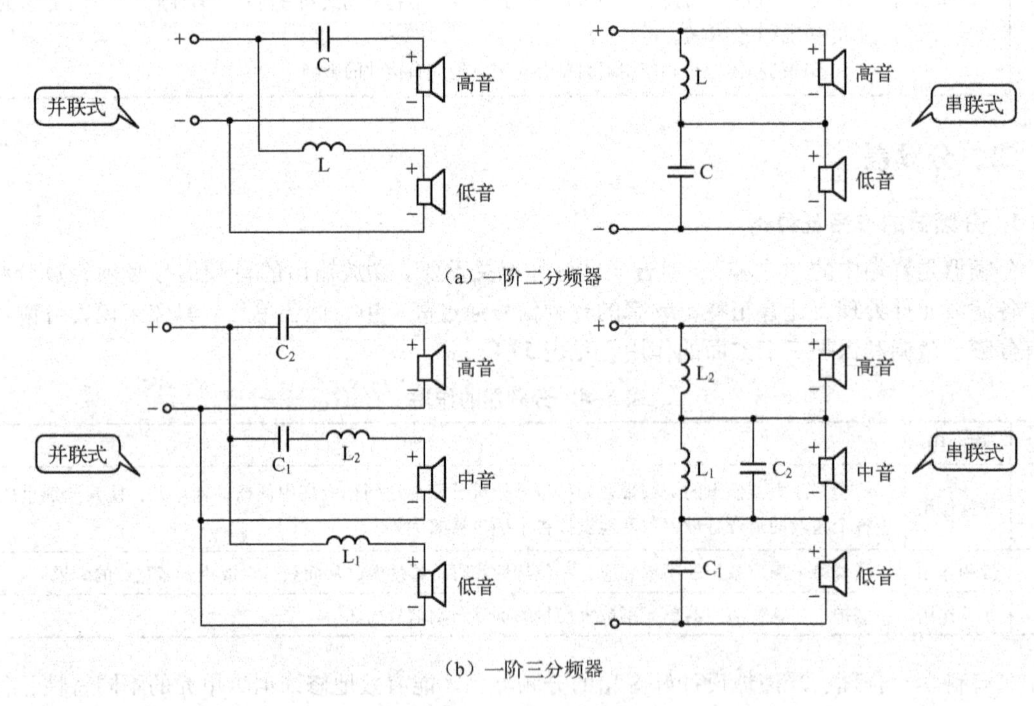

图 5-2 一阶分频器

二阶分频器也有二分频器和三分频器。典型的二阶二分频器电路如图 5-3（a）所示，典型的二阶三分频器电路如图 5-3（b）所示。

【应用技巧】

分频器与扬声器连接时，必须按照规定的相位极性进行（“+”或“-”）连接，否则将导致频响混乱、影响音质效果。

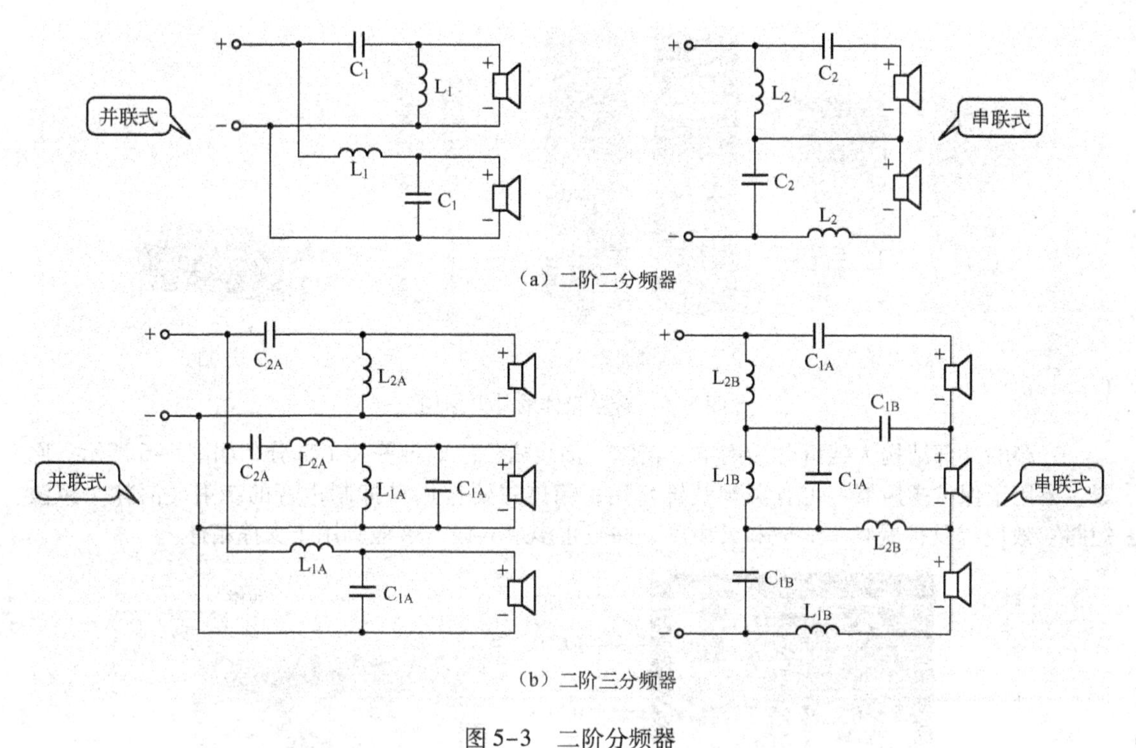

（a）二阶二分频器

（b）二阶三分频器

图 5–3　二阶分频器

【知识窗】

电子分频器

电子分频器设置在前置放大器的某一级，将音频弱信号进行分频后，再用各自独立的功率放大器把每一个音频段信号进行放大，然后分别送到相应的扬声器单元。

这种分频方式可用较小功率的电子有源滤波器实现，调整较容易，可减少功率损耗及扬声器单元之间的干扰。但每路要用独立的功率放大器，成本高，一般运用于专业扩声系统，如图 5–4 所示。

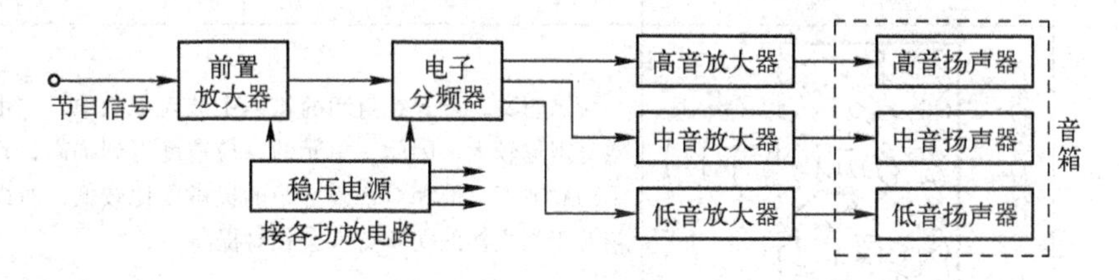

图 5–4　电子分频器

三、箱体

1. 箱体的结构

（1）音箱的外部结构

音箱的箱体外形有书架式和落地式之分，还有立式和卧式之分，如图 5–5 所示。

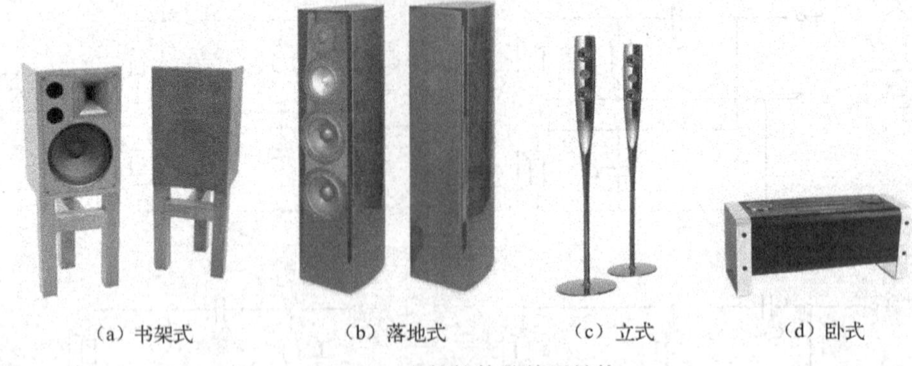

图 5-5　音箱箱体的外形结构

音箱的外部结构大致可分为网罩、箱体、接线柱、落地脚等几个部分，如图 5-6 所示。网罩主要用于保护扬声器，也有美观装饰作用；箱体主要作用是抑制声音的绕射、消除“声波短路”效应以及扩展频率响应和灵敏度，并阻止多余共振；落地脚用于支撑箱体。

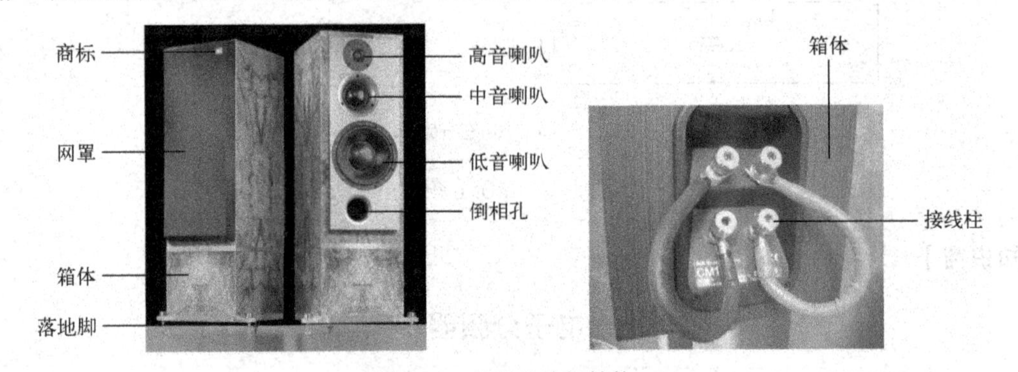

图 5-6　音箱的外部结构

（2）音箱的内部结构

常见音箱内部结构主要有三种，即密闭式结构、倒相式结构和迷宫式结构，见表 5-5。

表 5-5　常见音箱内部结构

序号	结构形式	图　示	说　明
1	密闭式	各类吸音材料	顾名思义，就是在封闭的箱体中装入喇叭单元，由于内部的空气阻尼较大，因此，单元的反应速度得到提高，且低频十分干净和清晰。但相对来说音箱的灵敏度比较低，所以密闭式音箱对于放大器的功率需求会相对提高
2	倒相式	倒相孔	是将喇叭单元的背面辐射波通过倒相管使其相位倒转，然后与喇叭单元的正面声波叠加，从而将音箱的低频下限拓宽，同时又可获得更多的低频能

续表

序号	结构形式	图 示	说 明
3	迷宫式	后开口	迷宫式结构又称“传输式结构”。这种音箱结构是在喇叭单元后面制作一条矩形截面的折叠反射管道，而放声管道的截面积一般等于喇叭单元振膜的有效面积。此外，反射管道的长度应是低音单元共振频率波长的1/4，以增加共振频率附近及其以下的声输出，从而更有效地扩展低频的下限，能从一个小箱体中获取更深沉、更充盈的低频。 这种音箱往往给人的感觉是低频的速度比较慢。因此，需要搭配阻尼系数较高的放大器才能提高低频的反应速度

2. 箱体的材质

大型音箱一般采用中密度纤维板（MDF板）或木材来制作箱体，然后在箱体内采用加强筋来加强箱体的强度，以适当降低音染。某部分高级音箱厂家则采用金属作为箱体材料，也有的厂家利用大理石制作箱体。

四、扬声器

1. 扬声器的类型

扬声器是把音频电流转换成声音的电声器件，其分类方法很多，表5-6介绍了常用的4种分类方法。

表5-6 扬声器的分类

序号	分类方法	种 类
1	按照电声换能方式	电动式扬声器、压电陶瓷扬声器、电容式扬声器
2	按振膜形式分	纸盆扬声器、球顶形扬声器、带式扬声器、平板驱动式扬声器
3	按外形形状分	圆形扬声器、椭圆形扬声器、圆筒形扬声器、矩形扬声器
4	按放音频率范围分	低音扬声器、中音扬声器、高音扬声器、全频带扬声器

2. 电动式扬声器的结构

在家用音响设备和专业音响设备中，主要使用的是电动式扬声器。电动式扬声器主要由磁路系统、振动系统及支撑辅助系统三部分组成。图5-7所示为常见电动式低音扬声器的结构。

（1）磁路系统主要由环形永磁体、上下导磁板、导磁柱（场心柱）组成。

（2）振动系统主要由音圈、锥形纸盆、定心支片等组成。

（3）支撑辅助系统主要由盆架、折环、接线板、压边、防尘罩、焊片、引出线等组成。

3. 扬声器型号命名法

国产扬声器的型号命名一般由4部分组成，各部分含义如下：

第一部分为产品名称，如用字母“Y”表示扬声器。

第二部分用字母表示产品类型，“D”为电动式，“DG”为电动式高音，“HG”为号筒式高音。

第三部分用字母表示扬声器的重放频带，“D”为低音，“Z”为中音，“G”为高音，

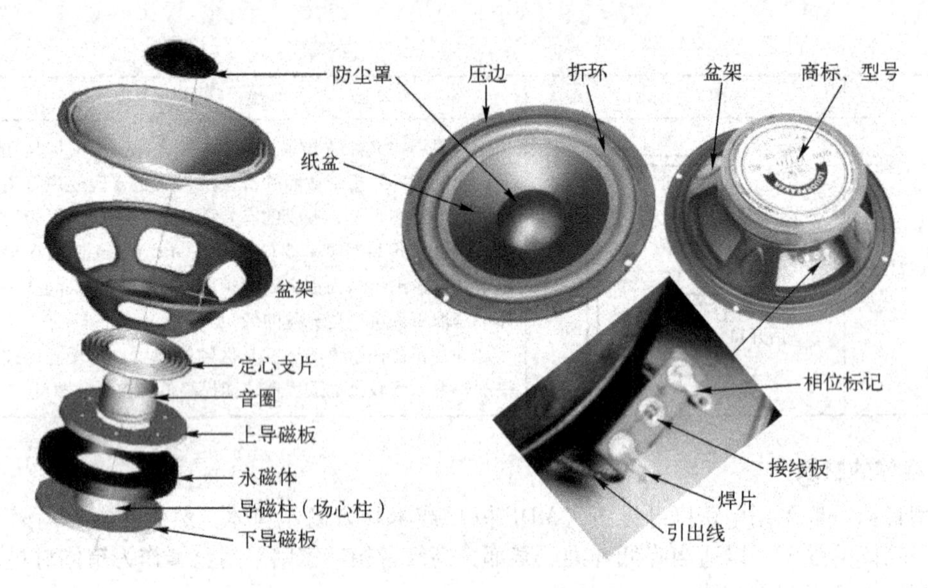

图 5-7　电动式低音扬声器的结构

"QG"为球顶高音，"HG"为号筒高音，用数字表示扬声器标称尺寸（单位为 mm）。

第四部分用数字或数字与字母混合表示扬声器的生产序号。

例如：

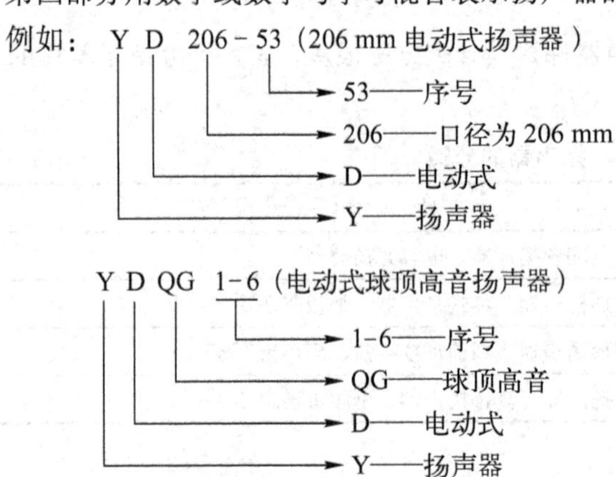

4. 扬声器主要特性参数

扬声器主要特性参数见表 5-7。

表 5-7　扬声器主要特性参数

序号	特性参数	说明
1	额定功率	又称标称功率或不失真功率，它是指扬声器能长时间工作的最大功率，它一般都标在扬声器的铭牌上，单位为瓦（W）。当扬声器工作于额定功率时，音圈不会产生过热或机械过载等现象，发出的声音非线性失真不超过标准规定（一般不超过 7%～10%）范围。 额定功率是一种平均功率，而实际上扬声器工作时功率往往是变化的，峰值脉冲信号到来时会超过额定功率很多倍，由于持续时间较短而不会损坏扬声器，但有可能出现失真。为保证在峰值脉冲出现时仍能获得很好的音质，扬声器需预留足够的功率余量。 一般扬声器能承受的最大功率是额定功率的 2～4 倍

续表

序号	特性参数	说明
2	标称阻抗	标称阻抗是指制造厂产品标准所规定的阻抗值，在该阻抗上扬声器可获得最大功率。 在数值上大致为音圈直流阻值的1.2～1.5倍，常见的有16Ω、8Ω、6Ω和4Ω
3	共振频率	扬声器的输入阻抗是随频率而变化的，扬声器在低频端某一频率处，输入阻抗最大，这一频率称为扬声器的共振频率f_0，也称为固有谐振频率。 共振频率与扬声器的振动系统有关，振动系统质量越大，纸盆折环、定心支片越柔软，其共振频率就越低
4	频率响应	是指扬声器发声的频率范围。理论上要求能重放20 Hz～20 kHz的人耳可听音域，用单只扬声器很难实现该音域，一般采用高、中、低三种扬声器来实现全频带重放覆盖
5	效率	扬声器的效率是扬声器输入电功率与总输出声功率之比
6	灵敏度	当输入扬声器的功率为1 W时，在轴线上1 m处测出的平均声压作为扬声器的灵敏度，单位是dB。在输入相同信号时，灵敏度高的扬声器听起来声音较大
7	指向性	扬声器在不同方向上声辐射本领是不同的，用指向性来表示，指向性与频率有关，扬声器的辐射指向性随频率升高而增强，一般在250～300 Hz以下，没有明显的指向性

【应用技巧】

选用扬声器要根据其用途并结合具体参数进行，综合考虑功率匹配、阻抗匹配、音色匹配、频响匹配等因素。不能盲目地追求高功率、大口径等参数。

（1）扬声器阻抗的选择

扬声器接到功率放大器输出端时，必须保证扬声器的阻抗等于放大器的输出阻抗。如一只扬声器的阻抗不能满足放大器的阻抗要求，可选择两只以上的扬声器进行串、并联使用。如功率放大器的输出为定压式输出时就可不考虑匹配问题。

（2）扬声器的功率的选择

选择扬声器时要根据功率放大器的额定功率大小，选用相当功率的扬声器，使两者基本相适应，同上述阻抗匹配的方法一样，如一只扬声器功率不能达到放大器的功率要求，可通过几只扬声器的串、并联来满足要求。

注意：扬声器的阻抗与功率和放大器的输出阻抗与输出功率要同时完成匹配，仅满足一项匹配是不行的。

（3）扬声器频率特性的选择

为了获得良好的音质，选择扬声器时可根据扬声器的频率特性，选用高频段（2～20 kHz）、中频段（500 Hz～5 kHz）、低频段（20 Hz～3 kHz）的扬声器进行配合使用。

如想获得丰富的低音，尽量选择大口径的扬声器。也可选用橡皮边扬声器，此种扬声器增加了振动系统的柔顺性，使低频特性大为提高。

如为剧场、体育馆、大型厅堂选用扬声器，可选择专业用高频号筒式扬声器及倒相式音箱。

各种扬声器由于振动系统所用材料和形状的不同，直接影响着重放时的音色，故选择扬声器时也可根据对音色需求进行选用。如锥盆型和软球顶型扬声器能够表达出音乐的柔和与温暖；而硬球顶型则能表达出音乐的清脆和力度与节奏感。

五、音箱的性能指标与选用

1. 音箱性能指标

音箱的性能指标是评价和选用音箱的最重要依据，音箱的主要性能指指标见表 5-8。

表 5-8　音箱的主要性能指标

序号	性能指标	应用说明
1	频率范围	指最低有效放声频率至最高有效放声频率之间的范围。音箱的重放频率范围最理想的是均匀重放人耳的可听频率范围，即 20 Hz～20 kHz。但要以大声压级重放，频带越低，就必须考虑经受大振幅的结构和降低失真，一般还需增大音箱的容积。一般选择 50 Hz～16 kHz 或者 40 Hz～20 kHz 即可
2	频率响应	指将一个恒定电压输出的音频信号与音箱系统相连接，当改变音频信号的频率时，音箱产生的声压随频率的变化而增高或衰减以及相位滞后随频率而变的现象，这种声压和相位与频率的相应变化关系称为频率响应。声压随频率而变的曲线称为“幅频特性”，相位滞后随频率而变的曲线称为“相频特性”，两者的合称为“频率响应”或“频率特性”。变化量用分贝来表示，单位是分贝（dB）。 该指标是考核音箱品质优劣的一个重要指标，分贝值越小，说明音箱的频率响应曲线越平坦，失真越小
3	指向频率特性	在若干规定的声波辐射方向，如音箱中心轴水平面 0°、30°和 60°方向所测得的音箱频响曲线簇。打个比方，指向性良好的音箱就像日光灯，光线能够均匀散布到室内每一个角落；反之，则像手电筒一样
4	最大输出声压级	是表示音箱在输入最大功率时所能给出的最大声级指标
5	失真	（1）谐波失真，是指在重放声中增加了原信号中没有的高次谐波成分。 （2）互调失真，当两个不同频率的信号同时输入扬声器时，因非线性因素的存在，会使两信号调制，产生新的频率信号，故在扬声器的放声频率里，除原信号外，还出现了两个原信号里没有的新频率，这种失真为互调失真。其主要影响的是音高（又称音调）。 （3）瞬态失真，是指扬声器振动系统的质量惯性引起的一种传输波形失真。由于扬声器存在一定的质量惯性，因此纸盆振动跟不上瞬间变化的电信号，使重放声产生传输波形的畸变，导致频谱与音色的改变。这一指标的好坏，在音箱系统和扬声器单元中是极为重要的，直接影响的是音质与音色的还原程度
6	标注功率	音箱上所标注的功率，国际上流行两种标注方法：长期功率或额定功率，单位为 W。前者是指额定频率范围内给扬声器输入一个规定的模拟信号，信号持续时间为 1 min，间隔 2 min，重复 10 次，扬声器不产生热损坏和机械损坏的最大输入电功率。后者是指在额定频率范围内给扬声器输入一个正弦波信号，信号持续时间为 1 h，扬声器不生产热损坏和机械损坏的最大正弦功率
7	标称阻抗	指扬声器输入的信号电压与信号电流的比值。我国国家标准规定的音箱阻抗优选值有 4 Ω、8 Ω、16 Ω（国际标准推荐值为 8 Ω）。 音箱的标称阻抗与扬声器的标称阻抗有所不同，因为音箱内不止一个扬声器单元，各单元的性质又不尽相同，另外还有串联或并联的分频网络，所以标准规定了最低阻抗不得低于标称阻抗值的 80%

续表

序号	性能指标	应用说明
8	灵敏度	是指当给音箱系统中的扬声器输入电功率为1 W时，在音箱正面各扬声器单元的几何中心1 m距离处，所测得的声压级。灵敏度的单位是dB。 灵敏度虽然是音箱的一个指标，但它与音质、音色无关，它只影响音箱的响度，可用增加输入功率来提高音箱的响度
9	效率	音箱输出的声功率与输入的电功率之比（即声－电转换的百分比）

2. 音箱选用注意事项

（1）要注意音箱输出的音色是否均匀，由于多媒体音乐的声源主要是以游戏和一般音乐为主，所以其中高音占的比例较大，低音比例较小。

（2）要注意声场的定位能力。音箱定位能力的好坏直接关系到用户玩游戏、看DVD影片的临场效果。

（3）应注意音箱频域动态放大限度，即当用户将音箱的音量开大并超过一定限度时，音箱是否还能再在全音域内保持均匀清晰的声源信号放大能力。

（4）要特别注意音箱箱体是否有谐振。一般箱体较薄或塑料外壳的音箱在200 Hz以下的低频段大音量输出时，会发生谐振现象。出现箱体谐振会严重影响输出的音质，所以用户在挑选音箱时应尽量选择木制外壳的音箱。

（5）要注意机箱是否具有防磁性。音箱的磁场较大会使周围的电子设备受到影响，在挑选时要格外注意。

（6）要注意音箱箱体的密闭性。音箱的密闭性越好，输出音质就越好。密闭性检查方法很简单，用户可将手放在音箱的倒相孔外，如果感觉有明显的空气冲出或吸进现象，就说明音箱的密闭性能不错。

3. 音箱维护保养常识

（1）避免放置于阳光直接暴晒的场所，不要靠近热辐射器具，如火炉、暖气管等，也不要放置于潮湿的地方。

（2）音箱在连接到放大器之前，应先切断放大器的电源，以免损坏扬声器。

（3）与放大器的馈线连接应稳妥，在受到拉拽时不能掉下，正负极性不能接错。连接扬声器的馈线要足够粗，不宜过长，以免造成损耗和使阻尼变坏。

（4）应注意扬声器的阻抗是否适合放大器的推荐值。

（5）不得超出额定功率使用。否则音质会变坏，甚至损坏扬声器。

（6）外壳应该用柔软、干燥的棉布擦拭，不要涂家具蜡或苯、醇类物质。

（7）扬声器表面的尘埃只能用软毛刷清除，不能用吸尘器吸除。

（8）音箱要放在坚固、结实的地板上，以免低音衰减。

（9）音箱不要太靠近墙壁放置。

【知识窗】

音箱与功放机的匹配

（1）功率匹配

功率匹配是指音箱的额定功率要与功率放大器的额定输出功率相一致。如果音箱的额定功率过小，易使扬声器烧毁；如果音箱额定功率过大，会因信号的激励不足而造成音轻和非线性失真。一般来说，音箱额定功率比放大器的额定功率小1/4左右比较合适。

（2）阻抗匹配

阻抗匹配是指音箱的阻抗要与放大器的额定负载阻抗相一致。如果音箱阻抗小于放大器的额定负载阻抗，则易使功放过载而导致信号瞬态失真；如果音箱阻抗大于功放的额定负载阻抗，则在大信号时功放不能轻松自如推动扬声器发声。

（3）音色匹配

音色匹配有两种方式：一种是选择音色表现相同的放大器和音箱相匹配，这样使音色相得益彰，韵味更浓；另一种就是选用不同音色的放大器和音箱，使不同的音色互相融合，互相弥补，以求得到更好的音质。

（4）频响匹配

在搭配各声道音箱时，还应注意各声道音箱的频率范围尽可能与功率放大器各对应声道频率范围一致或相近，以实现良好的频响匹配。

实际应用中，最主要的是应注意功率匹配和阻抗匹配。

（5）音箱线材的选配

各种音箱线材各有自己的独特风格，如果搭配合理，可以扬长避短，使放音质量得到明显的提高。

如果导线的芯线是由多股细软铜丝绞合而成的，这种音箱线一般属温和型，其音色柔和，声音醇厚；如果芯线是由粗硬线绞合而成的，这种音箱线的能量感将加强；如果芯线是单根铜芯，将对中低音有较强的表现，速度感快，分析力高，低音有力但略欠厚度，属清爽冷艳型；如果芯线采用镀银工艺，则低音富有弹性，中高音亮泽，高频饱满，分析力很高，失真很小，音染色极小。

任务实施

活动1　音箱摆位训练

根据表5-9的提示，模拟实地场景练习摆放音箱。

表5-9　音箱摆位常用方法

名　称	摆放方法	图　例
矩形摆法	如果听音室是矩形的可采用矩形摆法，这是一种比较常规的摆法	音箱 发声面 聆听者

续表

名　称	摆放方法	图　例
菱形摆法	音箱摆放在正方形的房间可使用“菱形摆法”。将正方形空间视为菱形，音箱摆在菱形的其中两个邻的两条边。 注意：音箱后面的菱形尖角与聆听位置后面的菱形尖角都要做圆弧或圆柱声波扩散处理。两个音箱不宜靠侧墙太近，否则会出现驻波太强，低音听起来有“隆隆”声	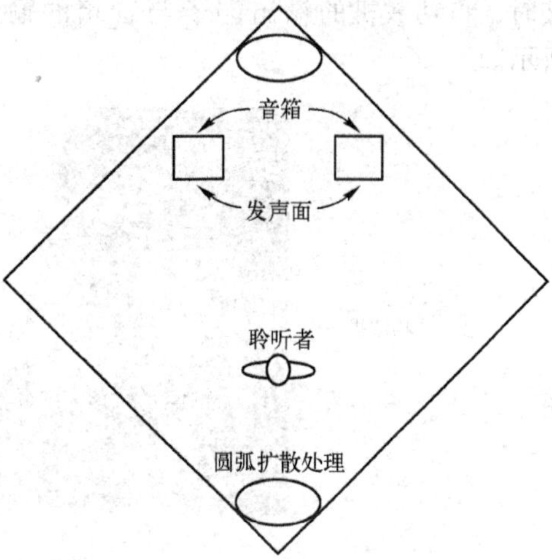
轴线内侧法	如果听音环境比较复杂，例如吸音不对称、房间不正、菱角多、房间太细长，音箱可采用“轴线内侧法”摆放。首先将音箱摆在房间的1/3～1/2长度之间，然后分别将音箱尽量靠侧墙，如果房间太宽的话则不一定要紧靠侧墙。音箱的向拗角度要大于45°，聆听位置要在两个喇叭的投射角交叉线交点之后约0.5～1 m之间	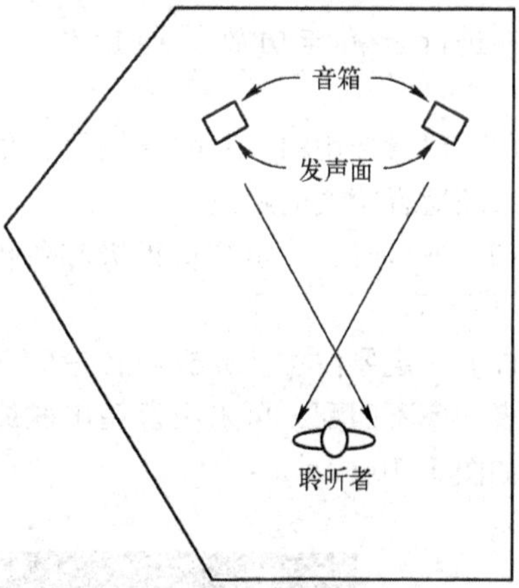
正三角形摆法	正三角形法音箱摆位法，又称近音场法。它的好处是可以减少四面墙壁反射音对喇叭的直达音过度干扰，因此可以得到很好的定位感以及宽深的音场。这种摆法出来的效果能出得更多的细节，清晰度也最好。 正三角形法需要音箱要离开后墙1 m以上，音箱与侧墙的距离0.5 m以上。两个音箱之间的距离与聆听者的位置构成一个正三角形，三角形的边长可根据房间的大小和功放机的功率大小来定，大的就可长些，小的就短些。两个喇叭的向内拗投射角度要求在45°以上	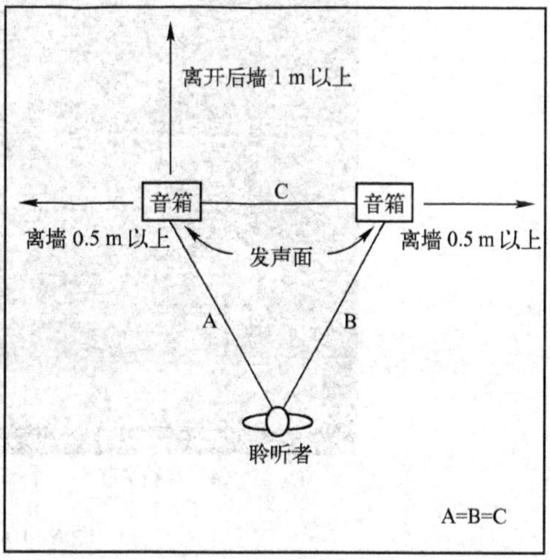

▶▶活动2　音箱与功放的匹接

音箱是功率放大器的负载，两者的正确匹配连接，才能高效率不失真地传输声音。连接时，将功放机的输出端子与音箱的输入端子用音箱线正负极对应连接即可，如图 5-8 所示。

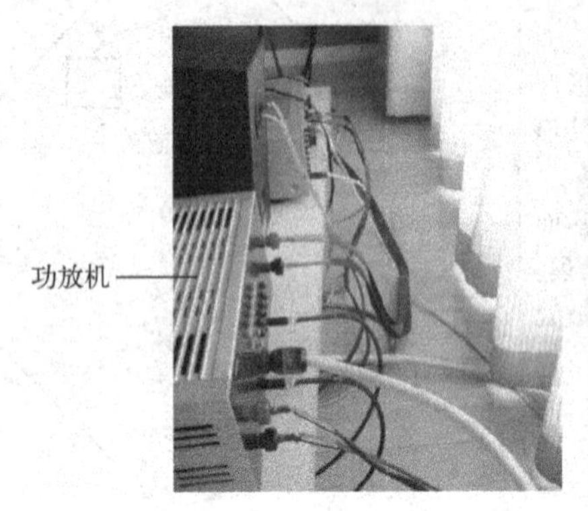

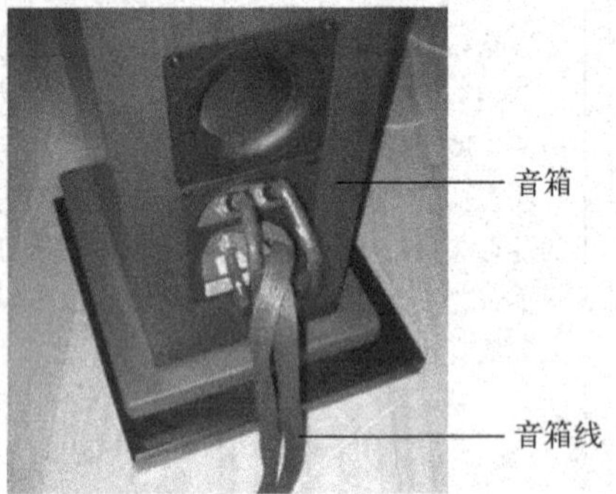

图 5-8　音箱与功放的连接

在进行音箱与功放的连接时，大家应注意以下两点：

（1）尽量选用粗一些的音箱线，尽可能采用合理的布线来缩短音箱线的距离。

（2）连接时，一定注意正极和负极，避免短路，如图 5-9 所示。

（3）一定要注意功放机与音箱的功率匹配问题，如果二者功率不匹配，可采用音箱串联或并联的方法来解决，如图 5-10 所示。

图 5-9　注意正极和负极

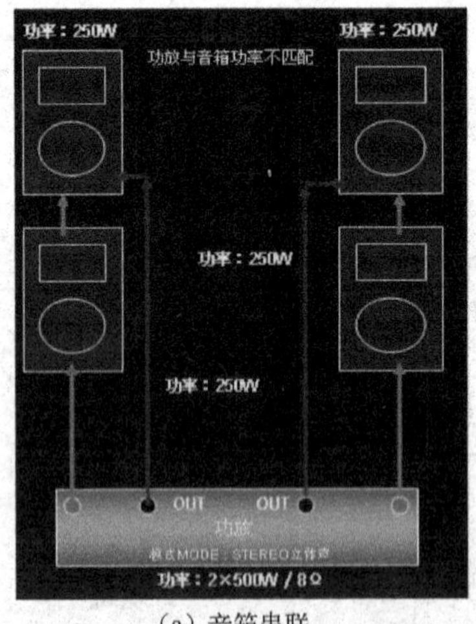

（a）音箱串联

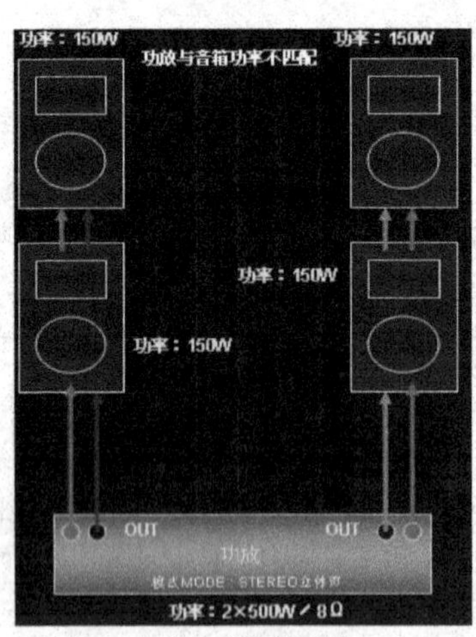

（b）音箱并联

图 5-10　音箱的匹配连接

▶▶活动 3　拆装与检测音箱

（1）工具准备。练习拆装音箱，需要准备万用表、螺丝刀（有些音箱采用内六角螺钉安装，需要用到内六角匙）、焊接用的电烙铁或焊台。

（2）按照表 5–10 所示的步骤及方法拆卸并检测音箱。

表 5–10　音箱拆卸与检测

步　骤	方　法	图　例	注意事项	训练记录
第 1 步：拆卸网罩	右手握一字形螺丝刀沿着箱体的四周边缘轻轻向上撬网罩的下边缘，左手将网罩边缘往上提，将整个网罩卸下		注意保护网罩，不能损坏网罩。 （1）螺丝刀口不要接触网罩。 （2）由于网罩材料一般是人造纺织品或尼龙织物，容易损坏，应将拆卸下来的网罩放置在比较安全的地方	
第 2 步：拆卸扬声器	用刀口大小合适的螺丝刀拧松喇叭固定螺钉		注意不能让螺丝刀的刀口滑动，以免损坏喇叭纸盆	
第 3 步：检测扬声器	将指针式万用表置于 R×1 挡，用红、黑表笔同时分别去碰触扬声器的两个接线端子，正常时扬声器会发出清脆的“咯咯”声音；同时，万用表指针会向右偏转		若扬声器引线断，测量时万用表指针不会动；若音圈烧毁，测量时电阻值为零且无“咯咯”声	
第 4 步：拆卸分频器	用螺丝刀拆下固定螺钉，取下分频器		分频器电路板上的接线较多，注意观察每一根信号线的来龙去脉，以免组装时接线错误	
第 5 步：拆卸接线柱盒	用螺丝刀拆下接线柱盒的固定螺钉，取下接线柱盒		注意检查信号线是否焊接牢固	

将观察与检测情况记录填入在表5-11中。

表5-11　音箱观察与检测记录

项　　目	观　　察	检　　测	备　　注
音箱外观观察与检测	音箱型号： 生产厂家： 功率：	两接线柱电阻值：	
分频器观察与检测	各元件的标称参数：	各元件实测参数值：	
扬声器观察与检测	各个扬声器标称阻抗 高音： 中音： 低音：	检测各个扬声器电阻值 高音： 中音： 低音：	

（3）音箱组装。一般来说，可按照拆卸的相反步骤来组装音箱，见表5-12。

表5-12　音箱组装

步　　骤	图　　示
第1步：安装接线柱盒	
第2步：安装分频器	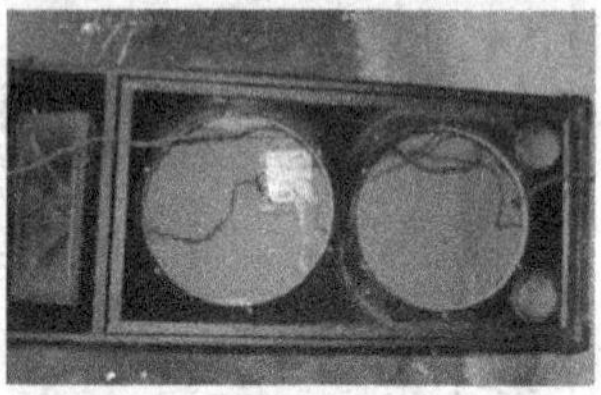
第3步：安装网罩	
第4步：安装扬声器	 HAODAYX

续表

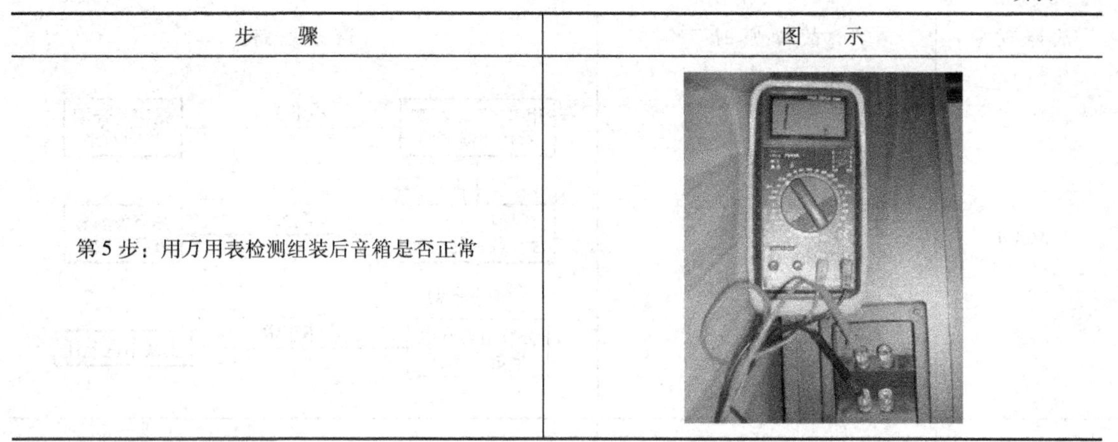

步　骤	图　示
第5步：用万用表检测组装后音箱是否正常	

活动4　音箱常见故障的排除

一般来说，音箱工作比较稳定，故障率较低，故障类型较少，其常见故障原因分析及检修方法见表5-13，供同学们维修训练时参考。

表5-13　音箱常见故障排除

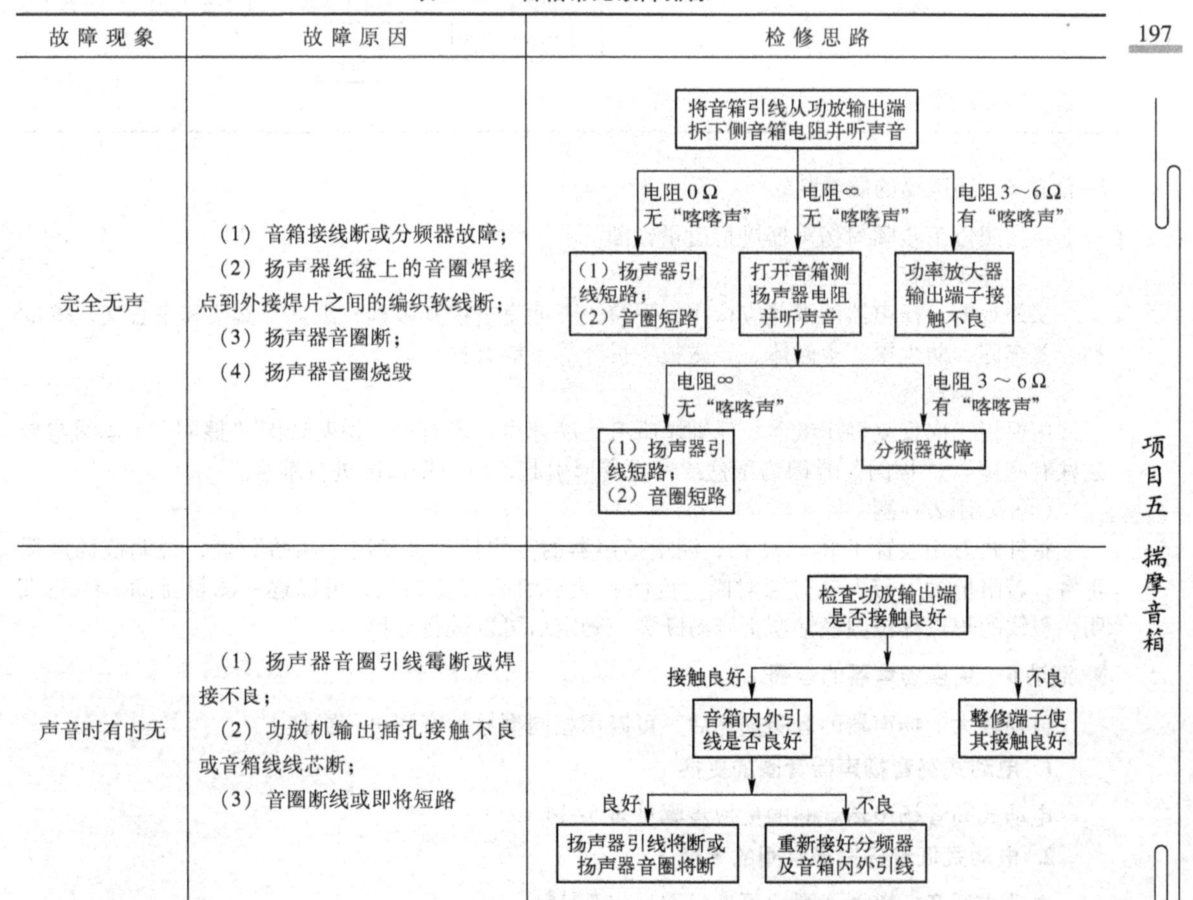

故障现象	故障原因	检修思路
完全无声	（1）音箱接线断或分频器故障； （2）扬声器纸盆上的音圈焊接点到外接焊片之间的编织软线断； （3）扬声器音圈断； （4）扬声器音圈烧毁	将音箱引线从功放输出端拆下侧音箱电阻并听声音 电阻0 Ω 无“喀喀声” → （1）扬声器引线短路；（2）音圈短路 电阻∞ 无“喀喀声” → 打开音箱测扬声器电阻并听声音 　电阻∞ 无“喀喀声” → （1）扬声器引线短路；（2）音圈短路 　电阻3～6 Ω 有“喀喀声” → 分频器故障 电阻3～6 Ω 有“喀喀声” → 功率放大器输出端子接触不良
声音时有时无	（1）扬声器音圈引线霉断或焊接不良； （2）功放机输出插孔接触不良或音箱线线芯断； （3）音圈断线或即将短路	检查功放输出端是否接触良好 接触良好 → 音箱内外引线是否良好 　良好 → 扬声器引线将断或扬声器音圈将断 　不良 → 重新接好分频器及音箱内外引线 不良 → 整修端子使其接触良好

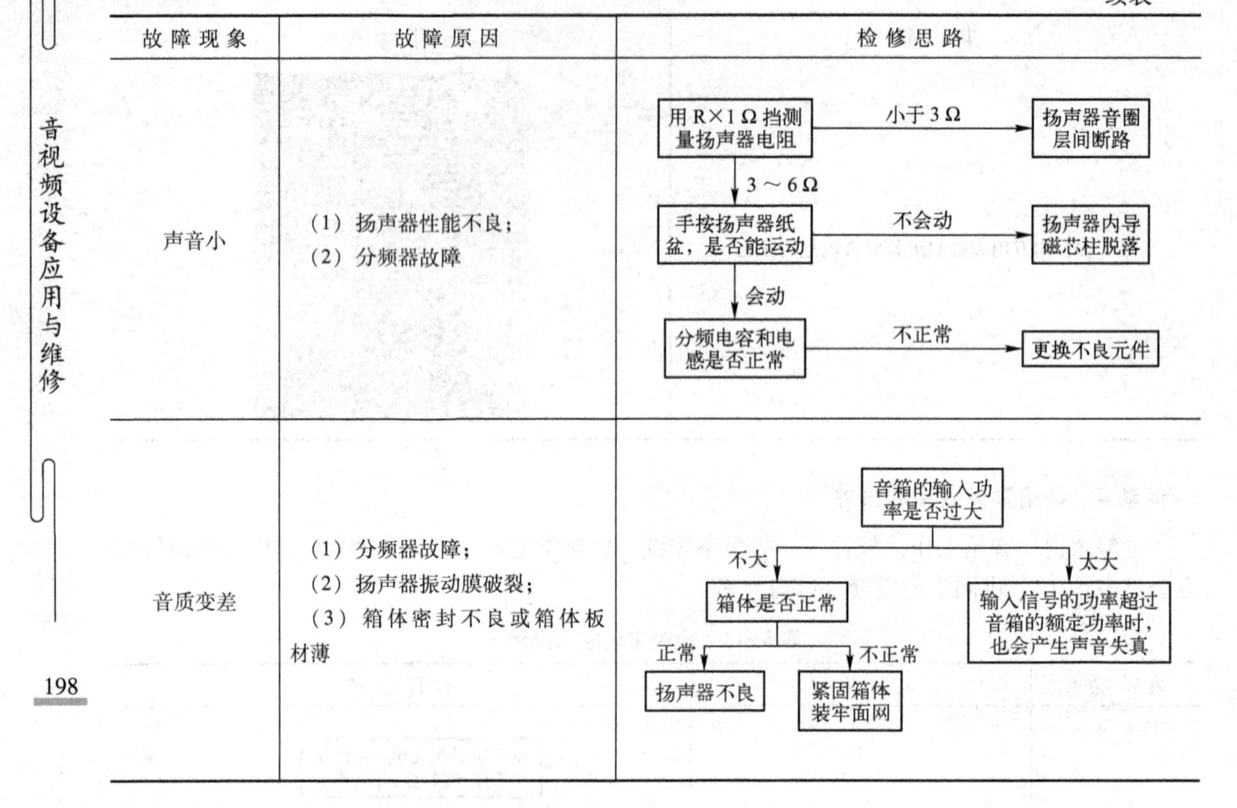

续表

故障现象	故障原因	检修思路
声音小	（1）扬声器性能不良； （2）分频器故障	用R×1 Ω挡测量扬声器电阻 —小于3 Ω→ 扬声器音圈层间断路 用R×1 Ω挡测量扬声器电阻 —3～6 Ω→ 手按扬声器纸盆，是否能运动 手按扬声器纸盆，是否能运动 —不会动→ 扬声器内导磁芯柱脱落 手按扬声器纸盆，是否能运动 —会动→ 分频电容和电感是否正常 分频电容和电感是否正常 —不正常→ 更换不良元件
音质变差	（1）分频器故障； （2）扬声器振动膜破裂； （3）箱体密封不良或箱体板材薄	音箱的输入功率是否过大 —不大→ 箱体是否正常 音箱的输入功率是否过大 —太大→ 输入信号的功率超过音箱的额定功率时，也会产生声音失真 箱体是否正常 —正常→ 扬声器不良 箱体是否正常 —不正常→ 紧固箱体装牢面网

活动5　扬声器的质量判断

请按照以下步骤对扬声器进行质量判断。

（1）外观检查

从外观看，扬声器的纸盆应该比较平整，不能有折痕和破损，纸盆与盆架和定心支片等的粘合要牢固，防尘罩、永磁体、导磁板、折环等不能有松动。

（2）音圈检查

用拇指径向反复轻压纸盆，仔细试听有无摩擦声，若有声，说明音圈“擦圈”（音圈与导磁柱有摩擦），“擦圈”常因为纸盆或音圈变形引起，应根据情况进行维修。

（3）万用表检测

指针式万用表置于R×1Ω挡，测量扬声器的接线柱时会发出“喀喀”声，说明该扬声器正常；若阻值为无穷大或时通时断，说明音圈与引线有断路点，可以逐一测量排除。经验表明，引线的焊点部位因经常弯折容易断裂，确定后可以进行更换。

活动6　更换扬声器的音圈

口径较大的扬声器的音圈损坏后，可以用相同型号的音圈进行更换。

1. 电动式高音扬声器音圈的更换

电动式高音扬声器音圈的更换步骤见表5-14。

2. 电动式低音扬声器音圈的更换

电动式低音扬声器音圈的更换步骤见表5-15。

表 5-14　电动式高音扬声器音圈的更换

步　　骤	图　　示	说　　明
第 1 步：卸下支架螺钉		根据螺钉选用合适的螺丝刀，请认真感受施力技巧，避免损坏螺钉和螺丝刀
第 2 步：取下支架	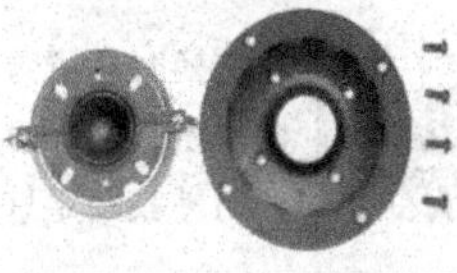	取下支架后，音圈和音圈支架就显露出来
第 3 步：取下音圈支架		用力一定要轻，不要损坏音圈，这时可以清楚音圈是如何在磁场中运动的了
第 4 步：观察与测量音圈	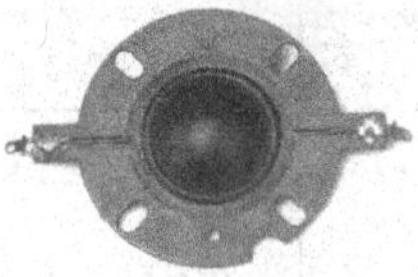	认真观察音圈与支架的连接，当音圈损坏后可以进行更换，你能确定音圈的好坏与正确更换音圈吗
第 5 步：扬声器的组装		高音扬声器的组装过程是拆卸过程的逆过程，请参照拆卸过程进行，不要忘记组装好后要测量一下它的好坏

表 5-15　电动式低音扬声器音圈的更换

步　　骤	图　　示	说　　明
第 1 步：软化并取下防尘罩	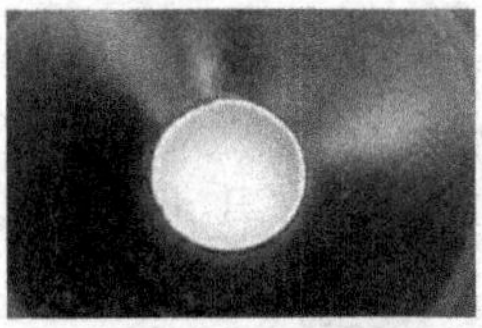	用香蕉水将防尘罩与纸盆的胶黏剂软化，用尖刀轻轻撬下防尘罩
第 2 步：软化音圈		用香蕉水将音圈与纸盆的胶黏剂软化，用尖刀轻轻去除胶黏剂
第 3 步：取下音圈	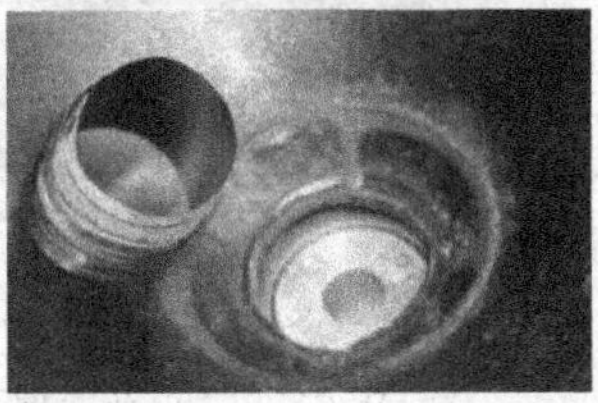	一定要仔细，防止损坏纸盆和定心支片，仔细观察并记住音圈与纸盆、定心支片、导磁柱（场心柱）的位置关系，以便按原样恢复

续表

步　　骤	图　　示	说　　明
第 4 步：清除粘接面残渣		清理残渣时要求口向下，防止残渣进入磁钢缝隙阻塞音圈自由运动
第 5 步：选择适合的音圈更换		更换时注意音圈的位置必须精确，必要时要用支撑物固定，确保音圈能带动纸盆自由运动而无任何阻碍，再用黏胶固定好音圈
第 6 步：焊好引出线		注意引出线的相位，可以通入一定直流电流看纸盆的运动方向来确定相位
第 7 步：粘好防尘罩		用胶水把防尘罩粘好

【广角镜】

家庭影院的音箱布置与调试

家庭影院系统对音箱的安装、摆位以及调试等方面都有一套严格的规范，只有遵守这些规范来对音箱进行安装和调试，才能得到理想的声音。

1. 前方声道音箱的安装

前方声道由两只主音箱和一只中置音箱组成，简称 LCR 声道（其中，L 为左声道音箱，R 为右声道音箱，C 为中置声道音箱）。

根据 THX 的范例，LCR 音箱最佳的安装方法是将三只音箱安装在同一高度，并与收听者坐下时的耳朵高度齐平，这样才能获得最佳的音场以及正确的人声对白定位。不过，对于绝大部分家庭环境来说并不一定具备这样的条件。例如，没有使用透声幕或者使用电视机的家庭就不能按照以上的方法进行安装。对于这部分家庭来说，可以尝试把中置音箱安装在电视机的上沿或下沿，然后再对音箱的辐射方向进行调整，如图 5-11 所示。

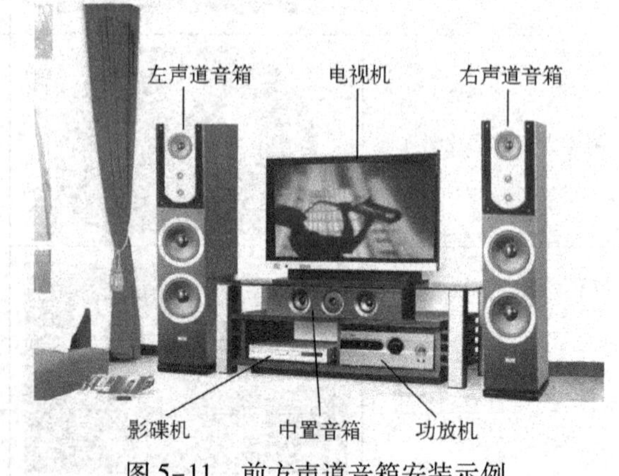

图 5-11　前方声道音箱安装示例

采用上述方法时，中置音箱的安装高度与 L、R 声道音箱之间的夹角不能大于 10°，以免破坏人声对白的声像定位以及声场。

除了上述的安装方法外，也可以尝试将 LCR 声道的音箱同时安装在显示设备的上沿或下沿。然后，再对三只音箱的辐射方向做相同的调整，这样也可以获得一个理想的前方声场。

2. 环绕音箱的安装

环绕音箱有偶极辐射式音箱和直接辐射式音箱两大类。对于 5.1 声道需要 AV 系统，需要安装 2 只环绕音箱。对于 7.1 声道 AV 系统来说，则需要使用 4 只环绕音箱。

一般情况下，可以配置 4 只偶极辐射式音箱或者 4 只直接辐射式音箱，也可以侧声道采用偶极式音箱，后置声道则采用直接辐射式音箱。这些音箱安装时也有一些特定的要求。例如，直接辐射音箱与前方 LCR 声道一样将辐射方向指向聆听位置，对于偶极式音箱则需要将音箱的“零区”指向聆听位置。

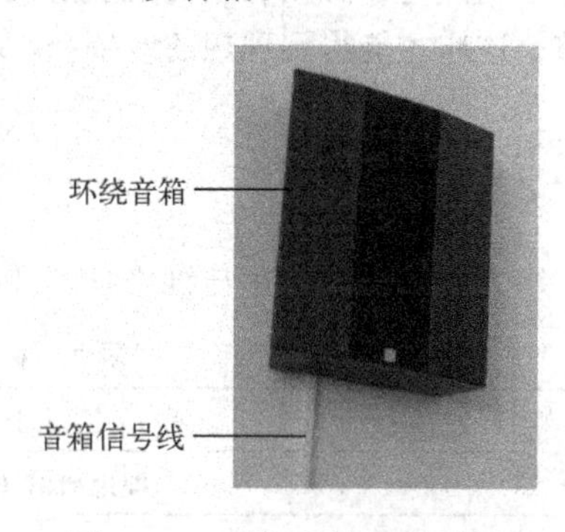

图 5-12　环绕音箱安装示例

关于音箱的安装高度，根据 THX 的范例，安装的高度为 1.8 ～ 2.2 m，一般需要利用音箱支架将音箱固定在墙面上。如果没有购买合适的支架，可以考虑把音箱直接固定安装在墙体上，如图 5-12 所示。

3. 超低音音箱的设置与摆放

超低音音箱主要是用来弥补主音箱的低频下限不足而设的，同时，它还可以起到增加低频能量的作用。所以，在使用之前必须设定好 AV 放大器的低频分频点。而在设定分频点时，应根据所选择的音箱进行设定。例如，所选择的是 M&K、亚特兰大等有 THX 认证的家庭影院音箱时，那么可将分频点全部设定在 80 Hz。至于其他音箱，必须根据每只音箱的低频响应来设定每个声道的分频点。分频点设置完成后，就可以对超低音音箱进行摆位。

超低音音箱摆在房间中哪个位置比较适合呢？由于 80 Hz 以下的低频几乎是没有方向性的，因此从理论上说，超低音音箱可以随意放置在房间中任何一个地方。但实际上需要尝试将超低音音箱放在房间中不同的位置来试听，以找出最好效果的放置点。一般情况下，可以将超低音音箱放置在前方，如图 5-13 所示。

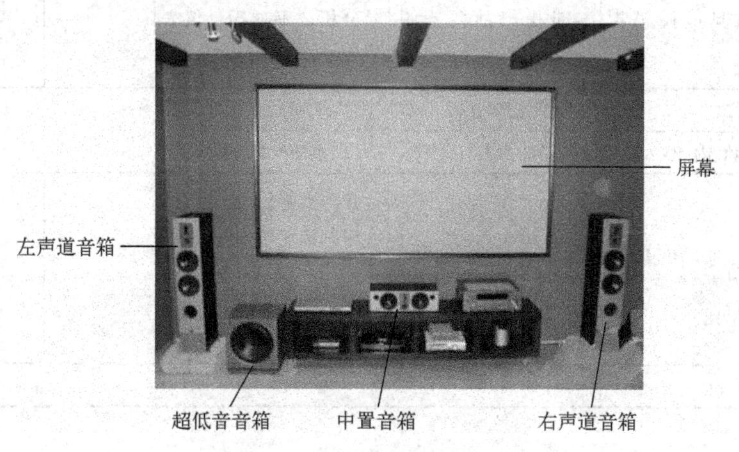

图 5-13　超低音音箱摆放示例

4. 音箱系统的总调试

各个声道的音箱安装完毕，应对音箱系统进行总调试。首先量度出每个音箱到人耳之间的距离（一般以高音单元到人耳之间的距离为准），并将测量的距离值输入到AV放大器中。然后在聆听位置上利用声压计测量出每个声道的输出声压，并根据读数对AV放大器里面各声道的输出电平进行独立的调整，让每个声道的声压达到80 dB的参考声压值。至此，音箱设置基本完成。

调试时，必须利用自己熟悉的音乐软件，并通过自己实际的听感对音箱系统进行不断调整，这样才能得到理想的效果。

任务评价

无源音箱的应用与维修学习评价表见表5-16。

表5-16　无源音箱的应用与维修学习评价表

姓名		日　期		自　评	互　评	师　评
理论知识（30分）						
序号	评价内容					
1	无源音箱主要由哪些部分组成					
2	分配器有何作用					
3	举例说明怎样根据性能指标选择音箱					
技能操作（60分）						
序号	评价内容	技能考核要求	评价标准			
1	音箱摆位训练	按照表5-9的要求进行	摆位正确得满分			
2	拆装与检测音箱	正确使用工具和仪表，按照操作步骤进行拆装	检测数据基本正确；拆装过程步骤正确			
3	音箱常见故障模拟检修	能找出故障点并排除	分析故障原因；仪表检测故障点；排除故障			
学生素养（10分）						
序号	评价内容	专业素养要求	评价标准			
1	基本素养	参与度； 团队协作； 自我约束能力	参与度好； 团队协作精神好； 纪律好； 无迟到、早退； 服从实训安排			
综合评价						

任务二　有源音箱的应用与维修

任务描述

有源音箱又称“主动式音箱”。通常是指带有功率放大器的音箱，如多媒体计算机音箱、有源超低音箱，以及一些新型的家庭影院有源音箱等。有源音箱由于内置了功放电路，使用者不必考虑与放大器匹配的问题，同时也便于用较低电平的音频信号直接驱动。

近年来，有源音箱的社会拥有量很多，尤其是多媒体音箱，几乎有计算机的家庭都有这种音箱。本任务主要学习有源音箱的结构及工作原理，以及有源音箱常见故障的维修。通过训练，可进一步提高同学们的综合维修技能。

相关知识

一、有源音箱的概念

所谓有源音箱就是指将功放做在音箱内部，可直接与音源连接并正常工作的音箱。一些有源音箱不仅将功放集成到音箱内，还将解码器也集成到音箱内部，可以直接接收数字信号，这就是数字有源音箱。

虽然从字面上看，有源音箱可以认为是必须插电源的音箱，但严格地说这个“源”应理解为功放，而不是指电源，因为有不少需要插电源却仍需外部功放推动的音箱，这些音箱显然不属于有源音箱。

此外，还有一些专业用内置功放电路的录音监听音箱和采用内置电子分频电路和放大器的电子分频音箱也可归入有源音箱的范畴。

二、有源音箱的结构

有源音箱的构成可分为有源和无源部分。有源部分主要由功放组件和电源变压器组成；无源部分主要包括扬声器、分频器和音箱箱体。

（1）扬声器

如图 5-14 所示，目前绝大多数有源音箱采用的是动圈式扬声器，低音单元的重放频率一般在 20 ～6 000 Hz 之间，喇叭口径大多数在 3 ～8 英寸之间。高音单元一般体积较小，重放频率为 1 500 ～25 000 Hz，振膜直径在 12 ～25 cm 之间。

（2）分频器

分频器的作用是根据频率将信号分别分配给高音单元和低音单元，防止大功率的低频信号损坏高音单元。考虑到成本问题，一般中低档有源音箱仅用最简单的单电容分频，虽然成本低但效果差；高档音箱则配备了由 LC 多元件构成的分频器，如图 5-15 所示。

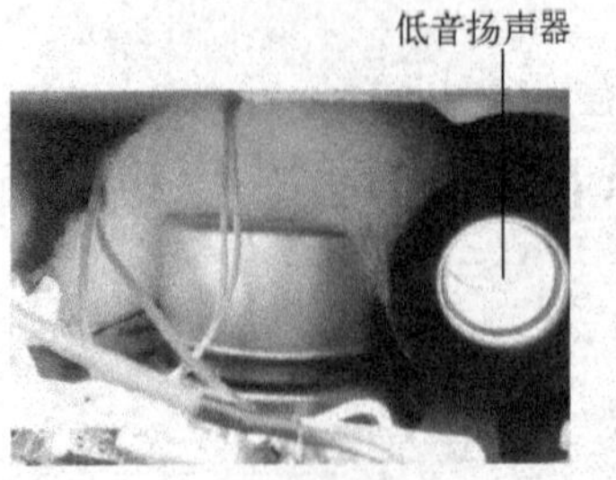

图 5-14　有源音箱的扬声器

图 5-15　有源音箱的分频器

（3）箱体

一只再好的扬声器不放入箱体，也不能出好声，所以说箱体不仅仅是脸面，“声”是最重要的。有源音箱的箱体有木质结构和塑料结构两大类。箱体的作用主要是将扬声器两面的声波隔离，防止发生“声短路”现象。“声短路”现象是指扬声器正面和背面所发出的声波因相位相反而抵消，主要发生在低频段。

（4）功放组件

功放组件包括前级放大电路和后级放大电路，主要用来对音乐信号进行放大并实现各种操控功能，如图 5-16 所示。

（a）晶体管末级功放

（b）集成电路末级功放

图 5-16　功放组件

前级放大电路又称运放电路，其主要作用是通过运算放大器的运算，对原始音频信号进行电压放大，因为只有信号电压达到一定要求，才能输入到功率放大电路进行功率放大。前级电路一般都使用一块运算放大器芯片作为主要处理部件。后级放大电路功率放大元件使用的是专用的功放集成电路为核心的功率放大部件。

有源音箱的运放集成电路主要有 JRC4558、TL084、NE5532、LM837 等；功放集成电路主要有 TDA2025、TDA2030A、LM1875T、LM1876T、LM3886T、TDA7294 等几种。

(5) 电源变压器

电源变压器的主要作用是为功放组件提供电能。变压器功率大小直接影响着有源音箱的功率输出，决定了是否能提供足够的功率供给给放大电路以及后面的喇叭单元，功率不足往往限制喇叭单元先天素质的发挥，而且使得变压器过热。

有源音箱采用的变压器有方形变压器和圆形变压器，如图 5-17 所示。

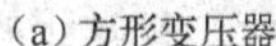

(a) 方形变压器

(b) 圆形变压器

图 5-17　电源变压器

三、有源音箱的控制方式

有源音箱的控制方式一般有三大类，一是传统的固定在主音箱箱体上的调控设备，二是信号线控制设备，三是是独立的线控或是遥控设备。

第一种控制方式是最常见的，也是造价最低的，但由于放在箱体上，操作起来不是很方便，还会造成箱体漏气的问题。所以，中档以上的音箱一般不采用这种操作方式。

第二种方式是信号线控制设备，就是将音量控制和开关放在音箱信号输入线上，成本不会增加很多，但操控却方便了，但这种方式存在新的问题：信号线由于天线效应，很容易被外界干扰源干扰，所以这种方式也不是最理想的选择。

第三种是最优秀的控制方式，就是使用一个专用的数字控制电路来控制音箱的工作，而使用一个外置的独立线控或遥控器来控制。例如，创新的各种高端音箱、漫步者的各款高端音箱，还有麦兰、兰欣等多家厂商的 5.1 音箱都使用了这种设计，这种方式不会对音质产生影响，而且可控制的功能多。

四、有源音箱的扬声器

目前，有源音箱基本上都是采用动圈式扬声器。按照结构分，有源音箱的扬声器可分为锥盆扬声器、球顶扬声器和平板扬声器三大类。

锥盆扬声器所采用的振膜种类比较多，例如纸盆、羊毛盆、防弹布盆、金属盆、陶瓷盆、PP 盆（即聚丙烯复合盆）等。有的人认为纸盆就属于低等货，羊毛盆自然高档一些，这其实是一种误解。各种振膜不存在绝对的好坏，不同的振膜有自己个性的音色。

(1) 纸盆和 PP 盆的适应性最好，音色比较适中，能够把握力度和柔美的平衡，只不过纸盆的问题就是在潮湿的环境下容易生霉，它的使用环境相对来说比较苛刻。

（2）羊毛盆由于掺入羊毛纤维，音色温暖而轻柔，但在大动态的演绎中效果不佳，适合于听轻音乐、人声之类的作品。

（3）防弹布盆使用的是高强度的维纶材料，由于这种材料纤维含量很高，厚度和密度较大，音色特征和羊毛盆相反，适合于大动态作品。

（4）陶瓷盆和金属盆分别使用刚化陶瓷和铝合金（或铝镁合金）等轻金属来制造，它们的音色类似，反应速度快，材质轻，其物理特性决定了它们在中高音上的表现力很好，但在低音上就不是很柔和了。这两种振膜也像纸盆、PP 盆一样，可以作任何一种扬声器。但对于多媒体音箱来说，在全频带扬声器上用得更多一些。

五、有源音箱的电源

有源音箱的电源电路主要由变压器、桥式整流电路和滤波电路网络三部分组成。

电源电路负责将 220 V 交流电转换为低压直流电。变压器功率大小直接影响着有源音箱的功率输出，功率不足往往限制喇叭单元先天素质的发挥，而且使得变压器过热。

电源功率的大小是由变压器额定功率和桥式整流二极管的性能指标决定的。使用劣质的铁芯，降低变压器的功率，直接的恶果就是增大了电源中的杂波信号，产生明显的电流声并且限制了喇叭的动态表现。使用 4 英寸甚至 5 英寸的中音单元的中高档书架箱，其电源功率不应小于每声道 20 W，最好能够有 30 W 左右；而对于使用 5 英寸、6 英寸的低音炮，其电源功率不应小于 30 W；对于使用 8 英寸盆的低音炮，其电源功率应在 50 W 以上，否则低音必然会变得松散。

在有源音箱的功放系统中，滤波网络中的电容器是一个值得重视的问题，其电容总容量越大，输出的电流越平稳，混入音频信号的杂波越少。在总容量不变的情况下，电容数量越多，滤波效果越好。一般来说，大多数电路中使用两个 3 300 μF 的电容就可满足需要；有些音箱上使用了更好的 4 700 μF 甚至更大的电容，当然效果会更好。

六、2.2 有源音箱

1. 2.2 有源音箱的结构及类型

2.2 有源音箱中的“.2”指的是低音音箱，所不同的是这种低音箱装有两只低音单元。这种喇叭又分为单腔双喇叭和双腔双喇叭，为了区别于传统 2.1 音箱的单只低音喇叭所组成的低音炮故而称为“2.2 有源音箱”，如图 5-18 所示。

图 5-18　2.2 有源音箱

2.2 音箱的构成方式按结构分有两种，即单腔双喇叭型和双腔双喇叭型；按电路输出方式分有两种，即串联输出型和并联输出型。因此 2.2 音箱的构成方式总共有 4 种：单腔双喇叭串联输出型、单腔双喇叭并联输出型、双腔双喇叭串联输出型、双腔双喇叭并联输出型。

2. 2.2 有源音箱的性能

2.2 音箱系统的低音箱由于采用了两只低音喇叭来对超低频进行重放，这种双超低音的输出模式，不仅低频动态反应迅速，而且劲道十足、浑厚有余，清晰丰富的低频细节绝无遗漏；而且由于采用双腔双喇叭结构，箱体内便规划出了两个独立的音室，让两只低音单元彼此可以近距离安置在两个独立音腔中，使得单体可以产生迅速紧密的低频反应而互不干扰，能有效消除驻波与梳形滤波效果的产生；同时由于中隔板的存在，等于增加了一道有效的强化补强措施，确保音箱具备低谐振的优异特性，轻松应付庞大的低频动能考验；主体左右两侧各设一枚双曲线倒相管，还能让超低音更加扩散，整个声音场面是更形稳定宽广，使整体音箱在临场摆位和不同环境下的适应能力方面，均具有传统音箱所难以比拟的优势。

七、有源超重低音音箱

超重低音音箱俗称低音炮，对营造震撼的气势效果具有非常重要的作用，如图 5–19 所示。从低音炮的构成来讲，可分为有源与无源两类。所谓有源低音炮指包含功率放大器的低音炮，其中电路部分除功率放大外，通常还具有音频频率滤波（滤去低音以上的音频频率成分）、相位调整、音量调整等单元。

图 5–19　有源超重低音音箱

重低音一般指 120 Hz 以下的音频，喇叭口径越大，低音下潜就越低。功放要求功率大一些的，特别是输出电流要大，因为重低音喇叭一般采用双音圈的、长冲程的，即喇叭震动范围较大的。大电流流过喇叭时，产生的发电势就大，推力就大，喇叭前后振幅大，空气运动就强，低音就劲。

低音功放与普通功放电路基本一样、只是前面加了一个低通滤波器，把中高音全部滤除，只放大低频。

八、插卡音箱

插卡音箱一般是指支持或能够读取 SD 卡、TF 卡、U 盘等内存处理器的音乐文件，可播放 MP3、MP4、手机、计算机等存储硬件的音箱。目前市场上除了有便携式插卡音箱之外，有的多媒体 2. 1 音箱也具备了读卡的功能，如图 5–20 所示。

（a）多媒体式

（b）便携式

图 5–20　插卡音箱

插卡音箱主要由扬声器、腔体、解码/主控、电源、功放等组成，见表 5–17。

表 5–17　插卡音箱的组成

序号	组　成	说　明
1	扬声器	一般采用电动式扬声器，其特点是响应速度快、失真小，重放音质细腻、层次感好
2	腔体	腔体用于防止扬声器振膜正面和反面的声波信号直接形成回路，造成仅有波长很小的高中频声音可以传播出来，而其他的声音信号被叠加抵消掉。目前，腔体的形状有巴掌造型、条形状、圆筒状等
3	功放	一般采用集成电路的音频功率放大器
4	电源	多数配备锂电池，在不连接外部电源的时候也能播放
5	解码/主控	常见的解码方案有山景、建荣、炬力、硅动力等。读卡电路是由一个主控芯片和一级音频DAC组成的

从技术角度看，插卡音箱的发展趋势主要有以下 4 个方面。

（1）网络化。增加 WiFi 功能，实现联网。

（2）智能化。增加软件功能，例如学习机、复读机等。

（3）强调收音功能。实现收音功能的成本比较低，配置好磁性的微航天线可以实现多频段接收。

（4）强化移动电视功能。内置全频段电视天线的推出，使得这类终端可实现接收模拟和数字电视的功能。

九、有源音箱常见故障检查思路

（1）音箱电源灯亮，但无声音。这可能是音箱内部线路问题，或者扬声器音圈烧断；扬声器音圈引线断路；馈线开路；与放大器的连接未接妥等。

（2）有声音，但是只有高音，却没有低音。这种故障一般是因为音箱的音量过大，在长时间使用后把低音炮给烧了。

（3）音箱的声音失真。这种故障的原因一般是因为扬声器音圈歪斜了，或扬声器铁心偏离或磁隙中有杂物影响。扬声器纸盆变形。放大器馈给功率过大。

（4）音量很小。扬声器性能不良，磁钢的磁性下降。扬声器的灵敏度主要取决于永久磁铁的磁性、纸盆的品质及装配工艺的优劣。可利用铁磁性物体碰触磁钢，根据吸引力的大小大致估计磁钢磁性的强弱，若磁性太弱，只能更换扬声器。导磁芯柱松脱。当扬声器的导磁芯柱松脱时，会被导磁板吸向一边，使音圈受挤压而阻碍正常发声。检修时可用手轻按纸盆，如果按不动，则可能是音圈被芯柱压住，需拆卸并重新粘固后才能恢复使用。

【广角镜】

多媒体有源音箱的发展趋势

多媒体音箱发展至今已有 20 多年的历史，早期只是辅助聆听的计算机外设产品，但到目前来说，它已经成为了一个独立的产品市场而存在。音箱比耳机使用起来更加方便，聆听起来也更为舒适，这正是多媒体音箱能够永葆青春的源泉。

（1）内置蓝牙功能的音箱

很多使用桌面有源音箱的人们都是搭配台式计算机使用，一般人接好音箱是不会经常挪动的。如果想要在手机、平板或者其他播放设备上使用音箱，将线材插来拔去确实是件很麻烦的事儿。不得不承认使用计算机聆听音乐确实没有使用这些便携设备方便，但要想获得更好的音质音箱还是必要的，所以借鉴了很多便携设备的设计理念，传统多媒体音箱也加入了蓝牙无线播放的功能。

目前，加入蓝牙无线功能的传统多媒体音箱已经特别多了，麦博的雅皮士不仅仅拥有极其出色的工艺设计，同时也非常小巧，其音质表现也不错，如图5-21（a）所示。漫步者的e30创新的大三角帆造型摆在桌子上使用则是非常霸气，独立的遥控操作令它能够在有线/无线之间自由切换，如图5-21（b）所示。

（a）麦博雅皮士音箱　（b）漫步者e30大三角帆音箱

图5-21　内置蓝牙功能的多媒体音箱

（2）内建解码系统的音箱

KEF X300A音箱内置了异步USB解码功能，让人们可以将音响通过USB直接连接计算机使用，这款内置解码芯片的有源音箱可以最高支持24/96码率文件的直接播放。当然这款音箱也是一款由两个独立功放模块驱动的有源Hi－Fi音箱，在有源桌面Hi－Fi产品中已经算是比较不错的了，如图5-22所示。

图5-22　KEF X300A音箱

（3）带插卡槽的音箱

为了方便聆听，人们一般不会使用手机或者便携设备去连接音箱。有些带有读卡播放或者U盘直读播放的便携音响在直接插入这些存储设备后就能够直接播放聆听了。而近年来传统的桌面多媒体音箱产品也加入了这样的功能，无疑还是非常实用的。图5-23所示为奋达521音箱。

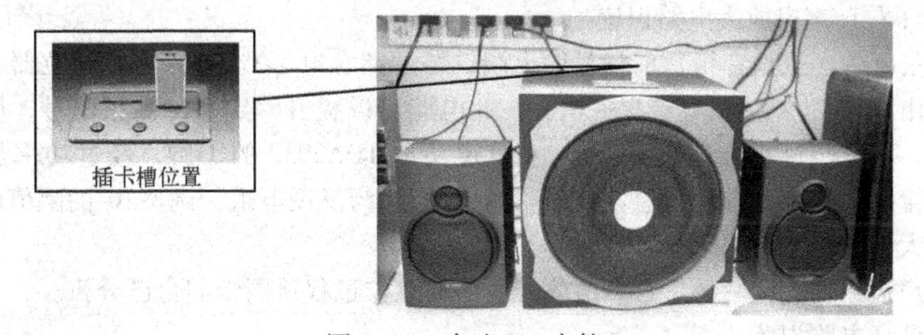

图5-23　奋达521音箱

任务实施

活动1　识图通用2.1声道有源音箱电路原理

图5-24所示为通用2.1声道有源音箱电路原理图。

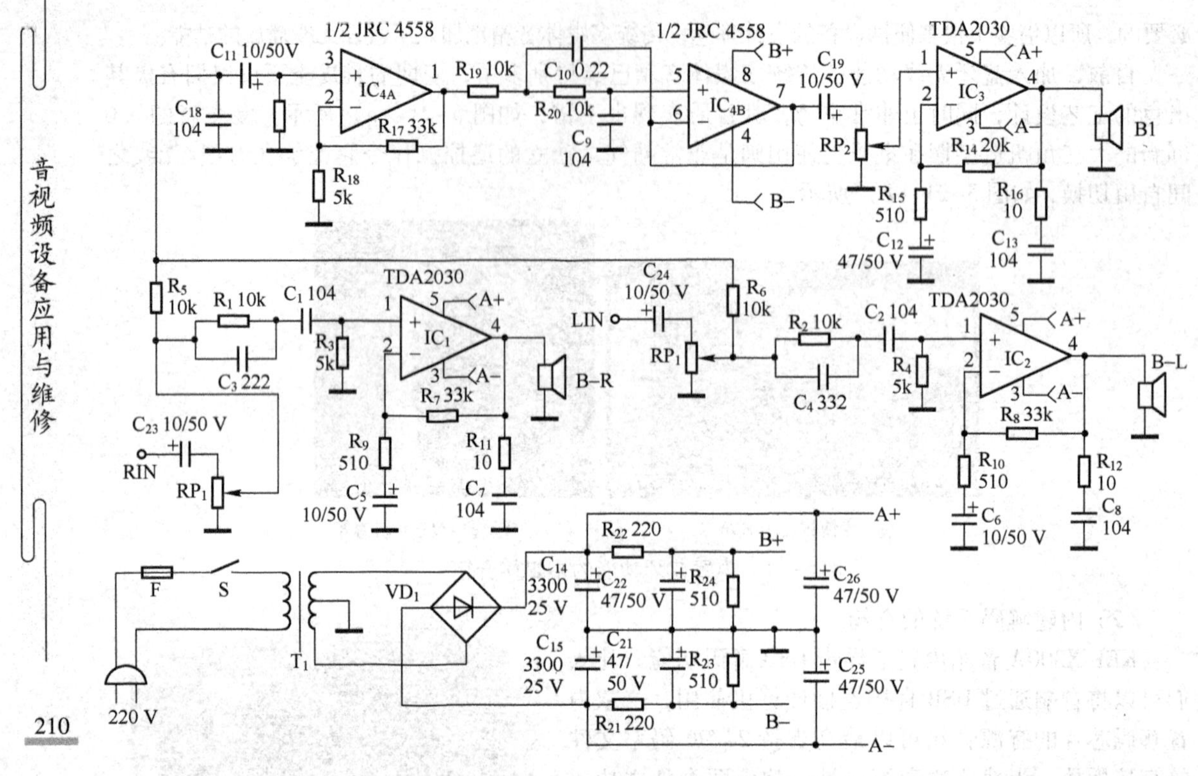

图 5–24　通用 2. 1 声道有源音箱电路图

(1) 电源电路识读

220 V 市电经过保险管（F）、开关 S 后进入变压器一次侧，变压器二次侧输出双 12 V 交流电，双 12 V 送入由 VD_1 组成的桥式整流电路，经过桥式整流和 C_{14}、C_{15}滤波后，输出的空载电压约为正负 16 V 左右，即 A + 为正 16 V，A – 为负 16 V。正负 16 V 为三块功放集成电路 TDA2030 提供电源。另一路经过 R_{21}、R_{22}降压后，由 B +、B – 输出约正负 12 V 为低音前置放大和低通滤波器 IC_4 提供电源电压。

(2) 左（右）声道放大电路识读

RIN 为左声道（卫星音箱）的信号输入端，经过耦合电容 C_{23}进入音量电位器，调整音量后信号进入由 R_1、C_3 组成的高音提升电路，此电路可以提升一定量的高频信号，使声音更加清晰。然后，信号经过耦合电容 C_1 进入左声道功放 TDA2030 的①脚，经过功率放大后，从 TDA2030 的第④脚输出，推动卫星箱发声。图中的 R_7 为反馈电阻，调整 R_7 的阻值就可以调整放大器的放大倍数。R_{11}、C_7 为扬声器补偿网络。

因左右声道原理完全一致，右声道放大电路的工作过程请同学们自己分析。

(3) 超低音电路识读

左右声道的信号分别经电阻 R_5、R_6 后至耦合电容 C_{11}进入前级放大电路 IC_{4A}的③脚，IC_{4A}（型号为 JRC4558）为超低音的前级放大器。JR4558 的①脚为前置输出端，信号经 R_{19}后进入由 IC_{4B}的⑤脚，由 C_9、C_{10}、R_{20}组成低通滤波器，其作用是截止 200 Hz 以下的低频信号，R_{20}和 C_{10}决定截止频率。(具体每个厂家的截止频率设置略有不同)

IC_{4B}的⑦脚输出的信号，经 C_{19}与超低音音量电位器 RP_2 的输入端相连接，由电位器滑动端输出的信号进入超低音功放电路 IC_3，此电路的原理与卫星箱功放一致。④脚为输出端，推动低音喇叭发声。

活动 2　有源音箱典型故障及排除

参考图 5-24，分析有源音箱典型故障的排除方法，并将故障排除过程填入表 5-18 中。

表 5-18　有源音箱典型故障排除记录表

序号	故障现象	排除方法	效　果
1			
2			
3			
4			
5			

【应用技巧】

有源音箱典型故障原因与排除方法见表 5-19。

表 5-19　有源音箱典型故障原因与排除方法

序号	故障现象	故障分析	故障排除
1	扬声器有“嗡嗡”的交流声	产生“交流声”的途径来自两个方面：第一是由于电源滤波不良而引发的，表现为不管有无信号，扬声器中总是发出“嗡嗡”的交流声，且还要影响到功放对低频信号的频率响应。第二是由于功放输入级感应到了不良交流信号，经过放大后所产生的，表现为有信号时“交流声”很小，在无信号的静态条件下则“交流声”明显。 目前音箱功放部分大都使用集成电路，其输入级的阻抗很高，因此，一旦屏蔽做得不好或电源变压器的漏磁较大，极容易产生交流声。严格地说，这种交流声应该称为“调制交流声”。为了查明音箱产生交流声的原因，将带有功放的主音箱拆分后仔细观察，见其电源变压器的体积还是比较大的，功放采用的是 TDA2030A，而用于电源滤波、退耦的电容数量明显较少、容量较小，印刷电路板有些标记有电容的安装孔，却没有安装电容	首先将 4 只电源整流二极管（1N4001）逐一拆下，用一只整流电流为 3 A/50 V 的整流硅桥替换，用两只容量为 6 800 μF/35 V 的电解电容（注意安装空间）换下原来的两只 3 300 μF/25 V 的电源滤波电容，并在每只电容器上并联一只 0.1 μF/50 V 的 CBB 型电容，目的是消除高频纹波，接下来补齐印刷板上的电容，原则是在安装空间允许的情况下，尽量选择容量大、耐压高的电容器，且各供电支路也同样并联 0.1 μF/50 V 的 CBB 电容。经过这样改造后接上电源试机，发现音箱的频率响应有了较大的改善，音质有了极大的提高，效果非常明显，但“嗡嗡”声却没有完全消除。接下来将其电源变压器低压绕组的输出引线加长后，从音箱内移出箱外再次试机，这下“嗡嗡”声彻底没有了，原来是变压器的磁漏太大造成的，原因终于找到了。接下来选厚度在 0.5～1 mm、宽度比变压器绕线方向框架稍宽、长度可围绕整个变压器绕上几圈的紫铜薄片，正对变压器沿着线圈绕制方向紧紧地绕上三圈，用功率在 75 W 以上的电烙铁，将接口处焊牢，作为变压器的磁屏蔽。将变压器装回音箱后，用一根直径较粗的导线把作为屏蔽紫铜薄片与电路接地相连。再一次按下电源开关通电试机，讨厌的“嗡嗡”声终于听不见了，即便是夜深人静，“嗡嗡”的交流声也不明显了。 目前的一些低价有源音箱普遍存在着音质不好，带“调制交流声”的现象，尤其是电源变压器所使用的硅钢片质量欠佳、含硅量不高、磁泄漏量较大，可采用本例介绍的方法进行修理

续表

序号	故障现象	故障分析	故障排除
2	播放正常，调整重低音（BASS）时，喇叭会传出“霹雳啪啦”的噪声	音箱在使用时会有“霹雳啪啦”的杂音，特别是旋转重低音旋钮时，情况会更加严重。因为是旋转 BASS 旋钮引起的，可以肯定是 BASS 电位器损坏。大多数音箱的音量调节和重低音调节，都使用的是电位器来改变信号的强弱。电位器是通过一个活动触点改变在炭阻片上的位置来改变电阻值的大小，随着使用时间的增长，电位器内会有灰尘或杂质落入，其触点也可能会氧化生锈，造成接触不良，这时在调整音量时就会有“霹雳啪啦”的噪声出现	对于这种故障处理起来很简单，更换一个新的电位器就行了，花费不会超过 2 元钱。也可以采用不花钱的最简单的处理办法，就是打开机箱，把电位器后面的 4 个压接片打开，留下电位器上的活动触点，用无水酒精清洗炭阻片，再在炭阻片滴一滴变压器油，把电位器按原来位置装好就可以解决噪声问题
3	开机后音箱没有声音	开机后音箱没有声音，这种故障比较常见。首先，在给音箱加电之前，把音量电位器旋至最大位置，在接通电源开关时，注意听音箱是否有“砰”的一声。如果有，就说明音箱没有什么问题，电源是好的，没有声音可能是信号源故障（如 MP3、DVD 机），也有可能是信号线插头没有插接好，或者信号线断线。 在不拆卸音箱的前提下，判断音箱是否损坏的最简单方法是：音箱通电后直接用手或镊子碰触信号线的插头，若音箱传出“嗡嗡”的交流声，说明有源音箱是好的。否则，说明音箱电路有故障，应进行修理	经用人体信号注入法检查音箱无声，说明音箱确实有故障。用万用表电阻测量电源线插头，无论电源开关接通和断开，万用表均指示无穷大。说明电源输入回路的交流保险管或变压器一次侧损坏。经检查，电源变压器内的温度保险熔断。这主要是因为音箱使用时间过长，变压器温度过高造成的。 我们不必更换电源变压器，只要小心地取下变压器，从外表观察电源变压器的一次侧线圈（也就是接 220 V 电的那一端），看哪一边凸一点。对凸一点的那一侧，用尖镊子小心地拆开表面的塑料薄膜，会发现有一个写有“250 V/2 A”字样的白色的小方块，这就是温度保险电阻。用同规格的温度保险电阻更换，即可排除故障。应急修理时，也可以把这个保险电阻的两端直接短路接起来，同样可正常使用，在使用中需要注意散热，不要使用时间过久。待有了同规格的温度保险电阻后，再把短路线拆开，用温度保险电阻更换
4	无声，三块 TDA2030A 全部损坏	有源音箱出现无声故障，检查发现三块功放集成电路 TDA2030A 全坏，初步估计电源电路肯定也有问题，拆下测量电压果然一路是 20 V，另一路只有 8 V，因为功放 IC 已拆，为了快速区分故障，拨掉前面板音量、指示灯等电源，电压回复正常，是不是电源负载能力差呢？ 仔细看电容等未见明显问题，换了前面板的 4558 等电压依然不能恢复正常，折腾了近半小时仍然找不出问题，仔细分析还是觉得电源有问题，但看电容外观完好，只是用热熔胶封得很严，是不是它掩盖了故障根源呢，使劲撬开胶，电容竟也跟着掉	用 4 700 μF/35 V 电容器更换后，电源电压恢复正常，再更换三块功放集成电路，故障排除

任务评价

有源音箱的应用与维修学习评价表见表5-20。

表5-20 有源音箱的应用与维修学习评价表

<table>
<tr><td>姓名</td><td></td><td>日 期</td><td></td><td>自 评</td><td>互 评</td><td>师 评</td></tr>
<tr><td colspan="4">理论知识（30分）</td><td rowspan="2" colspan="3"></td></tr>
<tr><td>序号</td><td colspan="3">评 价 内 容</td></tr>
<tr><td>1</td><td colspan="3">什么是有源音箱，它一般由哪些部分组成</td><td></td><td></td><td></td></tr>
<tr><td>2</td><td colspan="3">有源音箱的控制方式有哪些</td><td></td><td></td><td></td></tr>
<tr><td>3</td><td colspan="3">插卡音箱由哪些部分组成</td><td></td><td></td><td></td></tr>
<tr><td colspan="4">技能操作（60分）</td><td rowspan="3" colspan="3"></td></tr>
<tr><td>序号</td><td>评 价 内 容</td><td>技能考核要求</td><td>评 价 标 准</td></tr>
<tr><td>1</td><td>有源音箱检修</td><td>能找出故障点并排除</td><td>分析故障原因；仪表检测故障点；排除故障</td></tr>
<tr><td colspan="4">学生素养（10分）</td><td rowspan="2" colspan="3"></td></tr>
<tr><td>序号</td><td>评 价 内 容</td><td>专业素养要求</td><td>评 价 标 准</td></tr>
<tr><td>1</td><td>基本素养</td><td>参与度；
团队协作；
自我约束能力</td><td>参与度好；
团队合作精神好；
纪律好；
无迟到、早退；
服从实训安排</td><td></td><td></td><td></td></tr>
<tr><td colspan="2">综 合 评 价</td><td colspan="5"></td></tr>
</table>

项目 六

玩转 KTV 设备

许多人从小或多或少都曾有过明星梦想，随着近年来选秀节目盛行，越来越多的人想要一展歌艺，卡拉 OK 恰好提供了这样一个机会。音乐一起，将自己苦练多日的拿手曲目款款唱来，既可展现歌喉，表现自己；又可放松大脑，抛却烦恼；还可增进友谊，联络情感。经济实惠，何乐不为？

本项目主要学习点歌机和调音台的使用和调音技术的基础知识，为同学们了解目前比较专业的音响设备的应用做一些铺垫。

知识目标

△ 了解点歌机的种类、点歌系统的硬件组成。

△ 了解以点歌机为中心组建点歌系统的方法。

△ 了解调音台的作用、类型及基本结构。

△ 了解声反馈的产生原因及抑制方法。

技能目标

△ 能正确选择、安装和使用点歌机。

△ 能排除点歌系统的简单故障。

△ 能正确安装调音台及周边设备，尽量多懂一些调音方法。

△ 能排除调音台的一些简单故障。

安全目标

△ 安全第一，不仅要注意自身的安全，也要注意别人的安全，同时还要注意实训设备的安全。

△ 在实训操作过程中不发生安全事故。

情感目标

△ 学无止境，学海无涯，培养学生主动学习新技术的兴趣。

△ 理论联系实际，知行合一，培养学生善于勤学苦练电子技术的应用本领，以拓宽就业门路。

#任务一　学用点歌设备

任务描述

去KTV唱歌，需要点歌，点歌则需要点歌机。点歌机，通俗讲就是卡拉OK机。借着移动存储技术的进步以及互联网的发展，点歌机进入了多元化发展趋势，点歌机不仅能商用，还走进家庭成了民用电器。新一代的点歌机的功能很多，款式新颖，还能存储海量高清曲库。使用点歌机点歌，方便快捷，操作简单，很受人们的青睐。

学会点歌机的应用，知道一些应用技巧，不仅可丰富同学们的专业知识，也可为同学们今后的业余生活增添乐趣。

相关知识

一、点歌机的硬件

1. 点歌机的类型

点歌机可分为家庭点歌机和商用点歌机，其中商用点歌机又分为有单机版和网络版两大类，见表6-1。

表6-1　点歌机的类型

类　型		简　介
家庭点歌机		顾名思义，就是针对家庭特点的点歌机，一般具有连接方便、使用方便、维护方便、歌曲更新方便等特点，家用点歌机放到客厅里，是亲朋好友聚会娱乐的好方式。 一般来讲，家用单机版点歌机是最适合家庭使用的点歌机。其机身小巧，可用U盘随时更新歌库。能配套点歌台使用，也可通过电视作为显示屏幕，用遥控器操作。 使用家庭点歌机，可实现与KTV包房中一样的歌曲效果
商用点歌机	商用点歌机（单机版）	商用点歌机单机版是嵌入式点歌机、硬盘点歌机的统称，是用Linux系统开发的点歌机，可用于大中小型KTV场所，无须联网即可使用。 自带操作系统，可任意开关机，商业场所可自行购买版权音乐，内置其中播放，采用主从架构设计，分为服务器端和客户端，系统稳定可靠，通过触摸屏操作，具有按歌星点歌、按拼音点歌、按笔画点歌等功能，同时还具有边唱边点功能
	商用点歌机（网络版）	由一台服务器作为歌曲的载体，其他所有终端机可读取歌曲数据，并可播放到电视屏幕上的一种形式。 网络版点歌机可分为机顶盒式和PC式两类。网络版相对单机版而言，功能更为强大，效果更为清晰。 网络版点歌机适用于大型娱乐场所，具有与酒水系统、收银系统等联网功能

2. 点歌机的组成

点歌机的组成见表 6-2。

表 6-2　点歌机的组成

机　型	组　成	性能简介
单机版点歌机	点歌主机、触摸屏（点歌台）、投影仪（电视机也可以）、功放等	目前，单机版的硬盘容量一般为 500 GB，歌曲在一万首左右。 单机版点歌台是一个独立的系统，不受其他包房影响，缺点是维护不方便，每一台都得一一维护
网络版点歌机	中心服务器、各个包房分机、触摸屏（点歌台）、功放等	网络版各个包房的歌曲是通过网络相互传输的，它的歌曲全是放在服务器上，服务器的硬盘一般较大，从 5～10 TB不等。 硬盘中存储的 MTV 是无压缩的，画面质量较好。加歌、维护都较方便，直接在服务器上操作即可

【应用技巧】

一套完整的点歌系统硬件组成如图 6-1 所示。

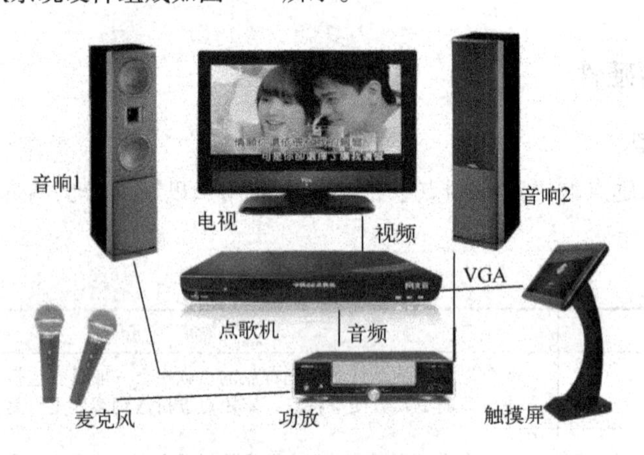

图 6-1　点歌系统的硬件组成示意图

触摸屏（又称点歌台）是用来触摸点歌的显示器；点歌机是播放、存储歌曲的主机，是连接服务器的一个工作站。

如果想节省成本，不用点歌台也可以用显示器，用遥控器点歌，也可以用鼠标点歌，操作都比较方便。美中不足的是不能触摸点歌。

二、点歌机系统软件

点歌机系统软件的组成通常包括点歌软件系统和后台软件系统两大系统。

1. 点歌软件系统

点歌软件系统用于客人根据个人爱好通过该软件查询（包括歌星查询、笔画查询、字数查询、拼音查询、字母查询、组合查询等多种查询方式）所需要的歌曲。另外，客人还可以了解歌星的简介、播放歌曲、控制歌曲、点酒水服务等。系统采用了多模块交叉使用功能，如客户在点播服务功能、酒水功能时，仍可对正在点播的节目进行控制和操作，可实现完全交叉式的操作。

点歌软件系统由点歌软件、点歌管理软件、歌曲编辑软件、歌曲自动分发软件等组成，见表6-3。

表6-3　点歌软件系统的组成及功能

序　号	组　成	功　能
1	点歌软件	有三种版本（单界面、多界面和Flash动感界面）、多套界面供用户选择
2	点歌管理软件	对点歌软件进行有效的管理，负责配置参数、设置界面的功能等。用户或代理商可以根据自己的想法来部分编排软件的功能
3	歌曲库生成软件	可按照服务器的硬盘容量、服务器数和拷歌方案，生成不同方案的歌库
4	歌曲自动分发整理软件	对歌曲进行整理，通过排行榜完成通盘整理，并形成一个新的数据库。根据新的数据库可以随时进行歌曲存放的调整，自动更新本地硬盘组上的歌曲，自动下载数据库到本地硬盘

2. 后台软件系统

后台软件系统由多个软件组成，专门用于KTV场所的各项管理，见表6-4。

表6-4　后台软件系统的组成及功能

序　号	组　成	功　能
1	开房系统	用于包房的管理和控制，如查询、预订、购买、开房、转房、并房、关房等
2	酒水系统	用于客人可能通过包房计算机点取经营者所提供的酒水、饮料等，经营者可通过该软件查询客人酒水消费情况
3	收银系统	用于客人消费完后的结账（娱乐场所根据经营的性质来制定收费标准，建立多种结账方式）
4	超市收银系统	用于量贩式KTV超市的收银
5	歌曲编辑系统	用于系统歌库中的歌曲管理，如添加、编辑、制作、删除、更改等。该系统分硬卡编辑和软件编辑系统
6	经理查询系统	用于娱乐场所的经营管理者查询经营状况、财务支出、费用查询等方面信息
7	服务响应系统	用于客人和管理者两方面。客人呼叫服务内容可根据需要进行设置，如呼叫服务员等，该服务信息通过网络会发送到服务响应计算机上，根据用户的需求进行响应服务、项目应答和服务安排；管理者可以向各包房发短消息、广告、祝词、寻人启事等
8	财务管理系统	用于娱乐场所财务部门专门针对该场所的财务管理，如收入、支出、记账、销售情况、财务报表、人员管理等
9	库房管理系统	对于库存产品进行简单的进、销、存管理

【应用技巧】

根据不同用户的需求，点歌机系统软件可以采用不同的组合方式。

（1）纯点歌型的软件组成

① 点歌＋点歌管理＋节目编辑。

② 点歌＋点歌管理＋节目编辑＋服务呼叫。

（2）量贩式型的软件组成

① 订房＋收银＋点歌＋点歌管理＋节目编辑＋服务呼叫。

② 订房＋收银＋点歌＋点歌管理＋节目编辑＋服务呼叫＋超市收银＋财务管理＋库房管理＋经理查询。

（3）KTV 型的软件组成

① 订房＋收银＋点歌＋点歌管理＋酒水＋点餐＋节目编辑。

② 订房＋收银＋点歌＋点歌管理＋酒水＋点餐＋节目编辑＋服务呼叫＋财务管理＋库房管理＋经理查询。

【知识窗】

点歌机发展史

点歌机，别名卡拉 OK 机、点唱机等。早期的卡拉 OK 机就是盒式录音磁带机，只有声音，没有图像；20 世纪 70 年代后，随着录像机面世，卡拉 OK 即升级到图像和歌词都能同时显示出来，更容易踏准节奏和歌词（歌词利用镶边、变色的方法），丰富的画面提升了唱歌的气氛；20 世纪 80 年代末期，LD 大碟让影音播放设备进入了数字激光光盘时代，LD 和 90 年代初期的 CD、VCD，都成了卡拉 OK 机的曲目的载体，但这一时期的图像分辨率局限于 320×240 的效果。直到 20 世纪 90 年代末期 DVD 的出现，清晰的 720×480 图像是 DVD 的杀手锏，DVD 高清晰的画面把演唱者带入了一个全新的意境。21 世纪后，借着移动存储技术的进步以及互联网的发展，出现了嵌入式硬盘点歌机，点歌机进入多元化发展趋势，出现了商用点歌机、家用点歌机和在线点歌机等类型。

三、点歌系统

1. 点歌系统的主流方式

目前，KTV 系统的点歌方式有很多种，可归纳为点歌机方式和 VOD 方式两种。

（1）点歌机方式

不需要网络支持，用独立的一台计算机或者一台类似的电子产品来完成点歌放歌的系统，一般称之为点歌机或者单机版。

（2）VOD 方式

VOD 是英文 Video On Demand 的首字头字母的简称，意思是按照需求播放视频节目，意译为视频点播。实际上就是利用计算机网络，通过服务器存放歌曲，通过各种有盘包房计算机、无盘包房计算机、有盘机顶盒、无盘机顶盒等终端设备来完成的点歌和放歌的系统，一般称之为网络版。

2. VOD 点歌系统的主要特点

目前 VOD 系统是 KTV 经营场所里点歌系统的最主流方式。全套系统是架构在计算机网络上的，由计算机来自动管理点歌和放歌的过程，无须人员操作，极大地提高了经营效率。该系统从歌曲录制编辑、歌曲库的自动生成、点歌软件的功能、界面的多样性和美观性、客人的使用人性化、前后台管理的多样性和方便性、与各种外围点歌设备的结合等方面，形成了完整的解决方案，是一套集大成的全面先进的系统。由于采用数字方式，所以在视、音频传送中不会有任何的失真、衰减及干扰，在采用多服务器安全方案时会使系统更安全、更可靠。VOD 系统的技术架构如图 6-2 所示。

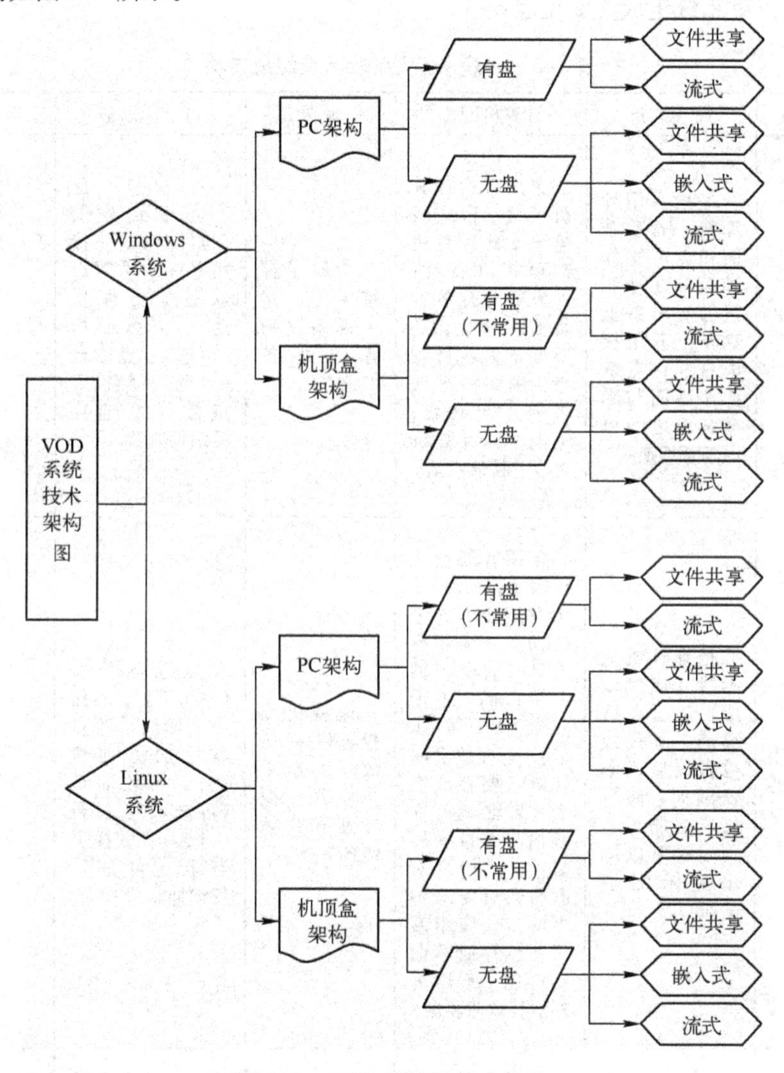

图 6-2　VOD 系统的技术架构

3. VOD 点歌系统的工作原理

（1）将所有的卡拉 OK 歌曲的音乐及图像画面经过特殊压缩转成 MPEG1（VCD）、MPEG2（DVD）和 MPEG4（DIVX、AVI、VP6）等计算机可识别的文件格式。

（2）将这些文件存储在歌曲磁盘库中，根据不同的包房数量、硬盘数量、歌曲数量、点歌系统的播放方式（流式或文件共享式）和场所所需要采用的安全方式配置服务器的数量。

（3）配置和经营场所相适应的网络设备，即使用交换机和网线搭建相应的网络环境。

（4）客人在房间通过计算机点播歌曲后，向服务器发出播放歌曲的请求，歌曲文件通过网络迅速传到房间计算机并由计算机转换为正常的视频和音频信号。

（5）音视频信号通过相对应的音视频连接线分别送到卡拉 OK 混音功放和电视或者投影仪上去，从而实现整个点歌过程。

4. 家庭 KTV 点歌系统组成方案

家庭 KTV 点歌系统组成方案见表 6-5。

表 6-5 家庭 KTV 点歌系统组成方案

序号	方案	简介	计算机配置	其他外设	可选设备	点歌软件	局域网
1	单机单屏方案	是指只用计算机，唱歌画面和点歌操作画面都在计算机的显示器上显示，不用接电视机；点歌操作画面与唱歌画面之间可以随意切换	家用普通计算机一台，台式或笔记本式计算机都可以（备注：如果需要存放大量 KTV 歌曲，还要准备大容量硬盘，例如一个或多个 2 TB 硬盘；笔记本式计算机可以外接硬盘盒）	功放 + 音箱 + 传声器 + 视频线和音频线各一条	点歌遥控器（也可不要，直接用鼠标或手写点歌更加方便快捷）、点歌面板（可选）、点歌台（可选）、触摸屏点歌（可选）、反馈抑制器	单机版本	—
2	台式计算机单机双屏方案	指计算机显示器（或触摸屏）显示点歌界面，电视或投影仪显示唱歌画面。而且显示器屏幕在空闲时可以同步显示唱歌画面	家用普通台式计算机一台 + DVD 解压卡一张（提醒：计算机显卡自带有电视输出接口的，不用安装 DVD 解压卡）+ 存放歌曲硬盘（要存放多少首歌曲就要准备相应容量的硬盘，家庭用户对歌曲数量要求不多的，直接用系统硬盘存放歌曲就可以，不用另外加装歌曲硬盘）	电视机或投影仪 + 功放 + 音箱 + 传声器 + 视频线和音频线各一条	点歌遥控器（也可不要，直接用鼠标或手写点歌更加方便快捷）、点歌面板（可选）、点歌台（可选）、触摸屏点歌（可选）、反馈抑制器	单机版本	—
3	笔记本式计算机单机双屏方案		家用普通笔记本式计算机一台 + 存放歌曲外置硬盘盒（注：如果不用很多歌曲，可以不用另外外接硬盘盒；市面上的笔记本式计算机一般都自带有电视输出接口，所以这里不用 DVD 解压卡）	电视机或投影仪 + 功放 + 音箱 + 传声器 + 视频线和音频线各一条	点歌遥控器（也可不要，直接用鼠标或手写点歌更加方便快捷）、点歌面板（可选）、点歌台（可选）、触摸屏点歌（可选）、反馈抑制器	单机版本	—

续表

序号	方案	简介	计算机配置	其他外设	可选设备	点歌软件	局域网
4	多个用户（或房间）共用一套KTV歌曲库方案	此方案组建方法其实和歌厅里的多包房网络版点歌系统组建原理是一样的，只不过歌厅里如果包房数量比较多时，歌库服务器计算机的硬件配置要更高一些	（1）房间点歌计算机：家用普通计算机一台，台式或笔记本式计算机都可以；或是做无盘网络点歌也可以。 （2）存放歌曲库计算机：家用普通台式计算机一台+歌曲库硬盘；（或是用“笔记本式计算机一台+UBS外置硬盘盒+大容量硬盘”的模式做家庭歌库服务器计算机）	电视机或投影仪+功放+音箱+传声器+视频线和音频线各一条	点歌遥控器（也可不要，直接用鼠标或手写点歌更加方便快捷）、点歌面板（可选）、点歌台（可选）、触摸屏点歌（可选）、反馈抑制器（可选）	网络版本	有线或无线家庭局域网均可

【应用技巧】

采用多个用户（或房间）共用一套KTV歌曲库时，用户如果只有两台计算机，要做网络版并且两台计算机都想用来点歌的，可以拿其中配置比较好的那一台计算机用来挂歌曲库，同时兼做点歌用；这样可以节省一套计算机的成本。

5. 歌厅/酒店、酒吧等KTV场所点歌系统组建方案（见表6-6）

表6-6 歌厅/酒店、酒吧等KTV场所点歌系统组建方案

序号	方案	简介	计算机配置	其他外设	可选设备	点歌软件	局域网
1	单机多屏方案	适用于只需要单台计算机点歌的歌厅、酒店、酒吧、餐厅、花园会所、公司企业等KTV娱乐场所使用	普通台式计算机一台+DVD解压卡一张（计算机显卡自带有电视输出接口的，不用安装DVD解压卡）+存放歌曲硬盘，要存放多少首歌曲就要准备相应容量的硬盘	电视机或投影仪+功放+音箱+传声器+视频和音频线各一条；调音台（可选）；反馈抑制器（可选）。1进4出（或1进8出）音视频分配器/切换器，用于连接多个音箱和电视机或投影仪	点歌遥控器（也可不要，直接用鼠标或手写点歌更加方便快捷），点歌面板（可选），点歌台（可选），触摸屏点歌（可选）	单机版本	—

续表

序号	方案	简介	计算机配置	其他外设	可选设备	点歌软件	局域网
2	多个包房和大厅同时使用方案	适用于有多个包房的歌厅、酒店、酒吧、餐厅等 KTV 娱乐场所使用	（1）房间点歌计算机：普通计算机一台，台式或笔记本式计算机都可以；或是做无盘网络点歌也可以。（2）存放歌曲库计算机：普通台式计算机一台 + 歌曲库硬盘；（或是用“笔记本式计算机一台 + UBS 外置硬盘盒 + 大容量硬盘）。（3）包房计算机：普通计算机一台	电视机或投影仪 + 功放 + 音箱 + 传声器 + 视频和音频线各一条；调音台（可选）；反馈抑制器（可选）等；1 进 4 出（或 1 进 8 出）音视频分配器/切换器；用于连接多个音箱和电视机或投影仪	点歌遥控器（也可不要，直接用鼠标或手写点歌更加方便快捷），点歌面板（可选），点歌台（可选），触摸屏点歌（可选），反馈抑制器（可选）	网络版本	局域网

6. 主流 KTV 点歌系统各版本对比（见表 6–7）

表 6–7　主流 KTV 点歌系统各版本对比

项目 \ 版本	DVD 标准版本	VCD 标准版本	MPEG4 版本	机顶盒版本	软硬自识别综合版本
画质	画质很好，不经任何压缩，原版 DVD 原人原唱，唱歌画面直接从 DVD 解压卡输出到电视	画质较好，不经任何压缩，原版 VCD 原人原唱，唱歌画面直接从 DVD 解压卡输出到电视	画质一般，采用 DVD 片源压缩生成的 WMV 格式歌曲，原人原唱，唱歌画面从显卡 TV – OUT 接口输出到电视	歌库由 VCD 和部分 DVD 歌曲混合组成，原人原唱，画质较好	取决于用户选用的歌曲格式：DVD、VCD、MP4 或 AVI 效果等
音质	音质很好（声音直接从 DVD 压解卡输出到功放，保真度非常好）	音质较好（声音直接从 DVD 压解卡输出到功放，保真度非常好），和 DVD 相比声效会差一些	音质一般（声音直接从声卡输出到功放，保真度与声卡有关），和 DVD 相比声效会差一些	音质较好（声音直接从 DVD 压解卡输出到功放，保真度较好）	除了与声卡或解压卡有关外，还取决于用户选用的歌曲格式：DVD、VCD、MP4 或 AVI 效果等
稳定性	稳定性非常好，而且备份方便，支持绿色软件功能	稳定性非常好，而且备份方便，支持绿色软件功能	稳定性好，而且备份方便，支持绿色软件功能	稳定性较好，嵌入式点歌系统，不用另外安装操作系统，启动速度快	稳定性非常好，集合了 DVD、VCD、MP4 三个版本的所有优点

续表

项目 \ 版本		DVD 标准版本	VCD 标准版本	MPEG4 版本	机顶盒版本	软硬自识别综合版本
兼容性		专业 DVD 解压卡播放，支持 DVD、VCD 及 MPG 文件格式，用户自己加歌简单方便	专业 DVD 解压卡播放，支持 DVD、VCD 及 MPG 文件格式，用户自己加歌简单方便	调用微软播放控件，支持 VCD、AVI、RMVB 等文件格式，用户自己加歌简单方便	专业 DVD 解压卡播放，支持 DVD、VCD、MPG 等文件格式，用户可以自己加歌	专业解压卡或显卡输出自由选择，同时支持 DVD、VCD、MP4、AVI、RMVB 等所有常用的卡拉 OK 歌曲
扩展性		非常好，例如，想升级到软硬自识别综合版本时，只需更新点歌软件即可	非常好，想升级成 DVD 版时只需更换歌曲库即可，其他设备保持不变	扩展方便，想升级成 DVD 版时只需更换点歌系统和歌曲库，再加多一张解压卡即可，其他设备保持不变	机顶盒本身软硬件集成度比较高，想向其他版本升级时没有计算机版本的方便	非常好，各版本点歌软件之间的转换，只需更换歌曲库即可
每首歌曲平均大小		DVD 歌曲每首大小平均为 145 MB 左右，例如，一个 1 TB 的硬盘可以存放 7 000 首左右 DVD 歌曲	VCD 歌曲每首大小平均为 45 MB 左右，例如，一个 1 TB 的硬盘可以存放 20 000 首左右 VCD 歌曲	WMV 歌曲每首大小平均为 20 MB 左右，例如，一个 500 GB 的硬盘可以存放 20 000 首左右 WMV 歌曲	机顶盒歌库为混盒歌库，取决于所用歌库格式，例如，1 TB 硬盘可以存放 20 000 首左右 VCD 混合歌曲	取决于用户选用的歌曲格式，每首歌大小请参考：DVD、VCD、MP4、AVI 等歌曲格式的大小
适用场所	网络版	所有 KTV 场所均适用，特别是中大型高档 KTV 娱乐场所	对歌曲声音画面要求一般的中小型 KTV 娱乐场所	对歌曲声音画面要求一般的中小型 KTV 娱乐场所	—	所有 KTV 场所均适用，特别是中大型高档 KTV 娱乐场所
	单机版	只需单台计算机点歌且对歌曲音质画面要求比较高的政府机关、花园会所、工厂企业以及家庭用户等	只需单台计算机点歌、对歌曲音质画面要求一般的政府机关、花园会所、工厂企业以及家庭用户等	工厂企业、家庭用户（特别是自己已经有计算机的，再加上歌库硬盘即可），还有那些有多个包房但无法布网线的娱乐场所	工厂企业，家庭用户，还有那些有多个包房但无法布网线的 KTV 娱乐场所，机顶盒不需计算机，直接接电视就可以进行卡拉 OK	只需单台计算机点歌且对歌曲音质画面要求比较高的政府机关、花园会所、工厂企业以及家庭用户等

任务实施

活动 1　KTV 点歌机的安装

1. 线材准备

（1）机房：电源线；网线（5 类 8 芯线，长度不超过 100 m）。

（2）包房：电源线；网线、音频线；视频线（AV 线或者 S 端子线）；VGA 延长线（长度不超过 10 m）；触摸屏延长线（通常用网线，也可以用专门的延长线，长度不超过 30 m）。

2. 按照接线原理图接线

VOD 系统连接接线原理图如图 6-3 所示。VOD 包厢连接接线示意图如图 6-4 所示。

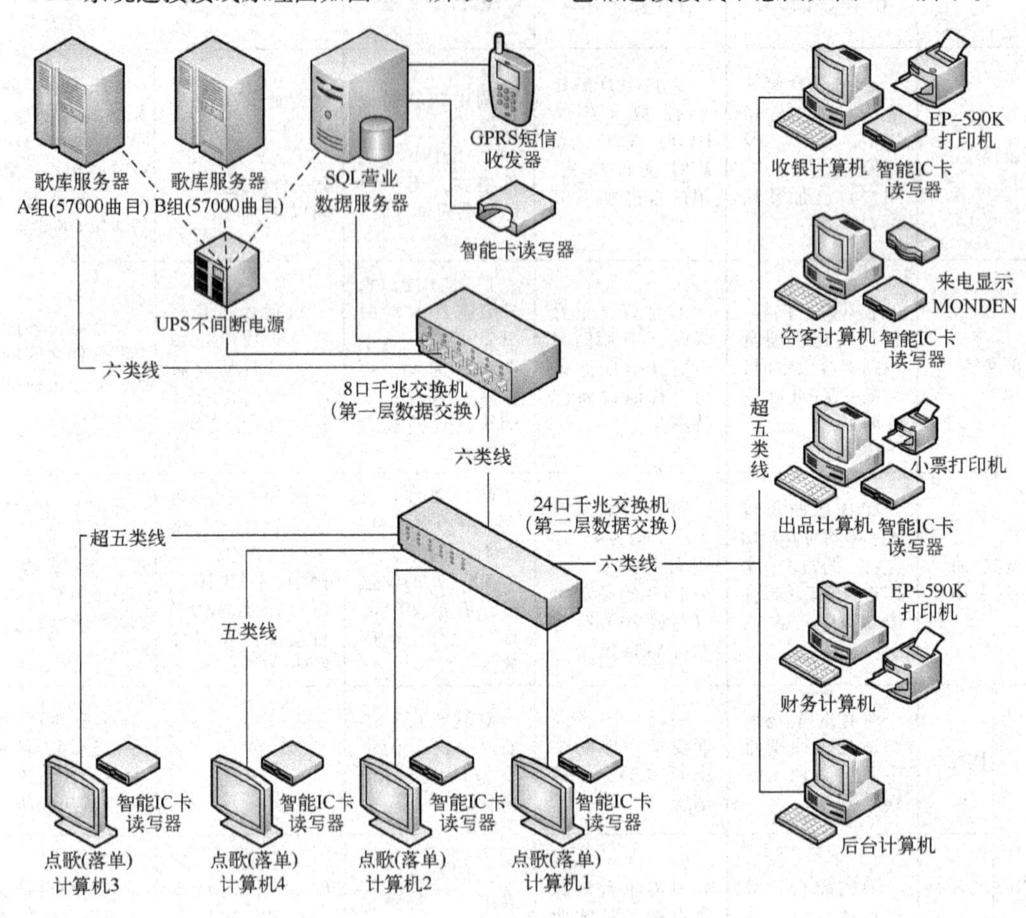

图 6-3　VOD 系统连接接线原理图

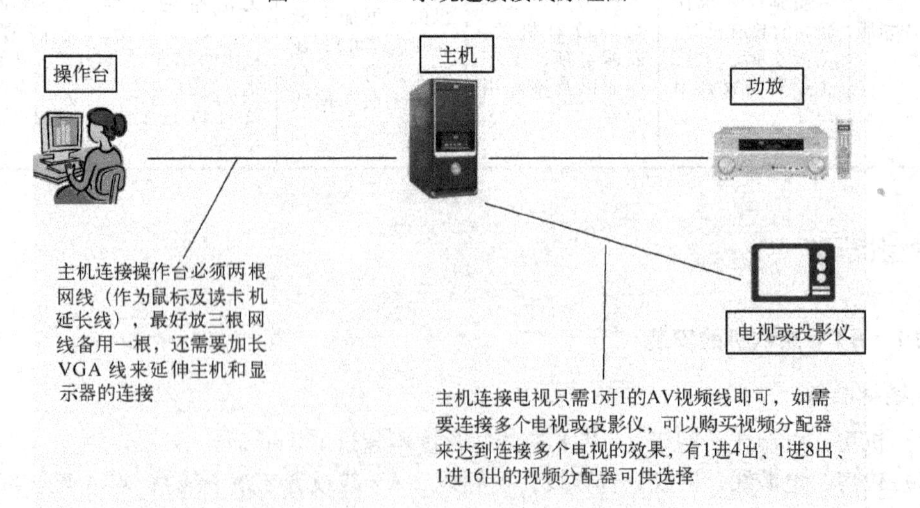

图 6-4　VOD 包厢连接接线示意图

各种不同品牌点歌机的接口大同小异，各个接口的功能如图 6-5 所示。

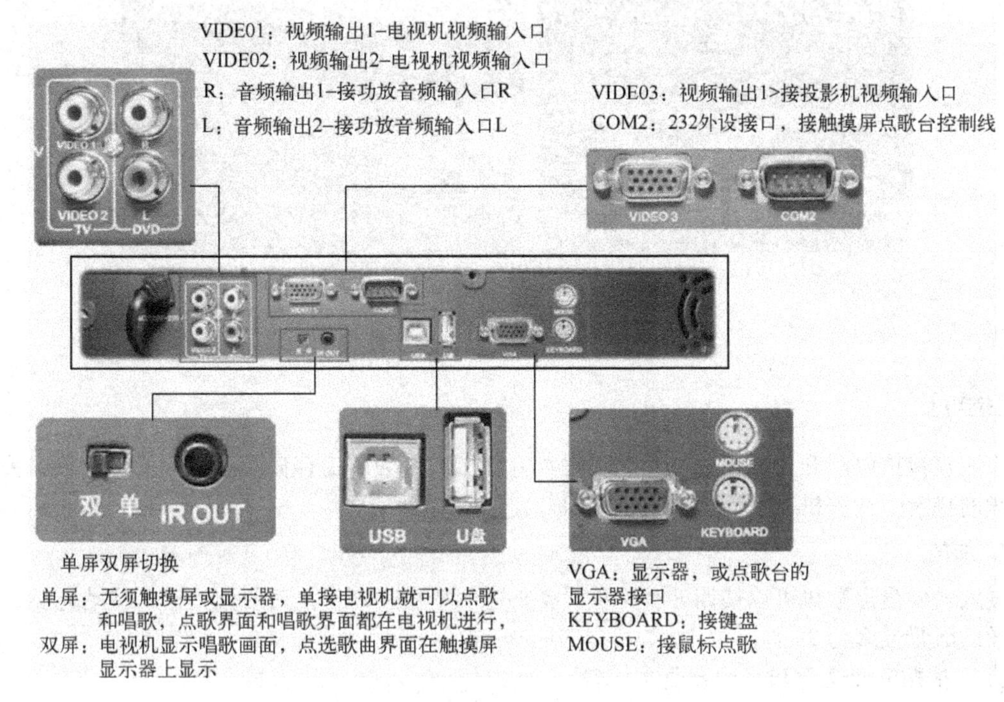

图 6-5　点歌机各个接口的功能

KTV 包房设备安装完成后的效果图如图 6-6 所示。

图 6-6　设备安装后的效果图

活动 2　点歌机的使用

下面以嵌入式硬盘点歌机为例介绍其使用方法。

1. 开机

按点歌机前面板的开关纽，此时电源指示灯亮。此时，电视机和显示器同时显示本机的数据，稍等便进入点歌状态。

2. 关机

在主界面里按“8”系统设定，如图 6-7（a）所示；进入“系统设定”，如图 6-7（b）所示；按“7”关闭系统，输入密码（如果设置了密码则输入密码），按“确定”键，此时显示“请等待 10 s 后，再关闭电源”；等待 10 s，按下点歌机前面板的开关钮，此时电源指示灯灭。

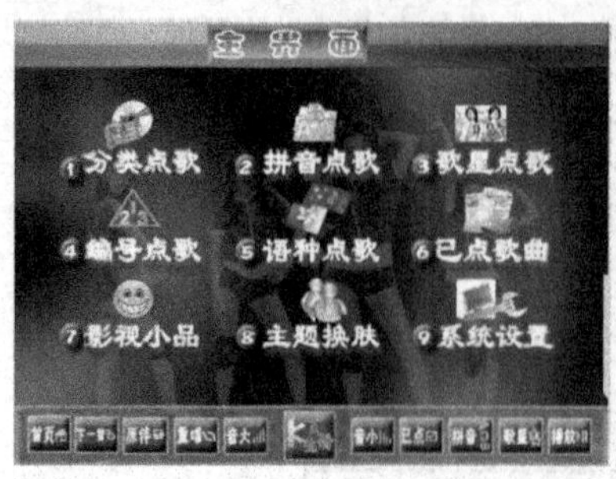

(a) 主界面

(b) 系统设定

图 6-7　关机步骤

【应用技巧】

不能直接按电源开关按钮，以免损伤硬盘。该机内部为硬盘存储数据，为了防止数据丢失和硬盘的稳定，在关机 10 s 后才能再次开机。

3. 加歌

嵌入式硬盘点歌机可以使用三种外接设备加歌：U 盘、USB 移动硬盘、USB 移动光驱，每次加歌的数量最多为 99 首。

(1) 粘贴歌曲文件和修改歌曲文件名

在计算机的硬盘中建立一个文件夹，命名为 vod（小写），将从市场上购买的 VCD 碟片放入计算机光驱中，打开光盘，如图 6-8（a）所示；然后打开 MPEGAV 文件夹，选中想要复制的文件，如图 6-8（b）所示。

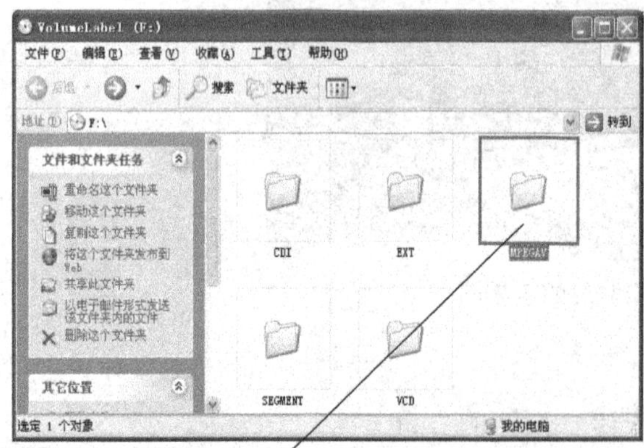

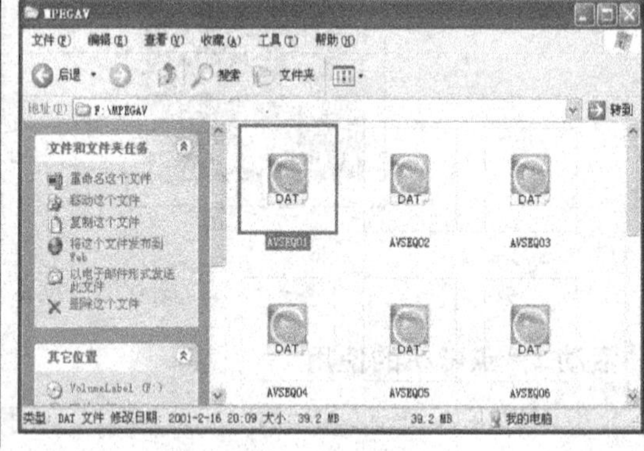

打开MPEGAV文件夹

(a) 打开MPEGAV文件夹　　(b) 复制文件

图 6-8　打开 MPEGAV 文件夹，复制文件

把想要复制的文件粘贴到 vod 文件夹，把文件名改为 66＊＊＊＊，扩展名为 dat，＊＊＊＊代表 4 位数字，66＊＊＊＊就是这首歌曲的编号，如图 6-9 所示，每次新加入歌曲的编号，不能与以前的重复，否则系统会提示“歌曲编号不正确”，厂家为歌厅预留的编号是 660000 ～ 665000，为经销商预留的编号是 665001 ～ 669999。

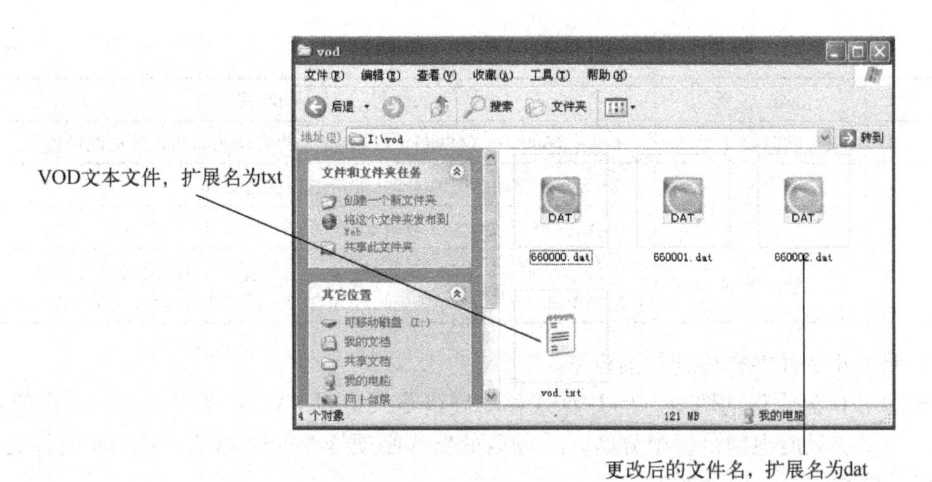

图 6-9　文件扩展名

（2）编辑歌曲信息

在 vod 文件夹下创立一个记事本文本文件，创建过程如图 6-10（a）所示，文件名为 vod，扩展名为 txt。在 vod. txt 文件中建立歌曲信息，对应每首歌曲信息有 8 项内容，输入到一行中，每项用分号隔开，如图 6-10（b）所示。注意：分隔符只能用半角的分号，不能用全角的分号。

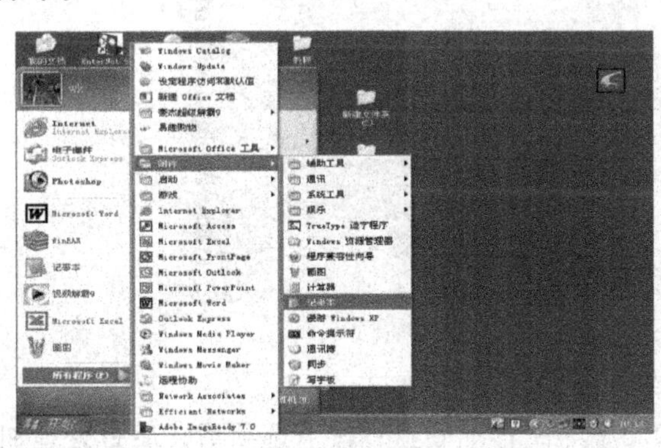

（a）创建文本文件

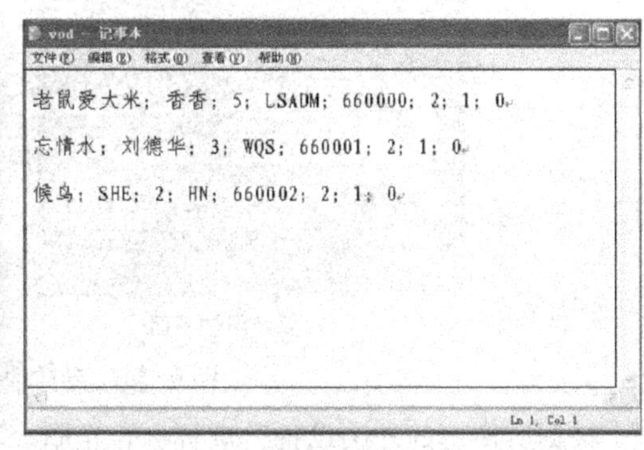

（b）建立歌曲信息

图 6-10　编辑歌曲信息

编辑歌曲信息时的具体格式说明见表 6-8。注意，每项歌曲信息不能空。演唱者必须正确，否则不能用歌星点歌。

表 6-8　编辑歌曲信息的具体格式说明

序　号	信息名称	具体格式
1	歌曲名称	不能超过 10 个汉字，如果其中包含字母或标点符号，请使用半角输入（本系统不识别全角的英文字母和标点符号）
2	歌星姓名	不能超过 7 个汉字，如果其中包含字母或标点符号，请使用半角输入
3	字数	0～10，英文歌曲输入 0，中文歌曲超过 10 个字的，按 10 个字输入
4	拼音码	为歌曲名称的首字拼音，最多输入 5 位拼音码，请使用半角输入

续表

序　号	信息名称	具体格式
5	歌曲编号	6 位，660000～669999，以 66 开头的为经销商和歌厅加歌区段
6	声道	对于标准的片源应输入 2，如声道相反则输入 3
7	语种	1 普通话；2 英语；3 粤语；4 闽南语；5 日语；6 韩语；7 其他
8	歌曲类型	1 情歌对唱；2 军歌；3 儿歌；4 生日歌曲；5 影视插曲；6 舞曲；7 迪曲；8 抒情歌曲；9 电影；10 小品；11 相声；12 戏曲；13 二人转；0 其他

（3）将 vod 文件夹转移到外围设备

如果使用 U 盘或移动硬盘，将 U 盘或移动硬盘格式化成 FAT32 格式，假如用户的 U 盘有多个分区，系统只能识别第一个分区，且分区的格式必须是 FAT32 格式。把 vod 文件夹粘贴到 U 盘或移动硬盘的第一个分区中。

如果使用移动光驱，可以将 vod 文件夹刻录到光盘之中。

（4）开始加歌

在关机状态下，把外部设备插入点歌机的 USB 加歌口；开机；进入系统，在主界面里，按“8”进入“系统设定”；按“5”，输入密码“000000”，进入“系统维护”，如图 6–11（a）所示；按“7”，进入“曲库维护”，如图 6–11（b）所示；按“2”，进入“客户加歌”。

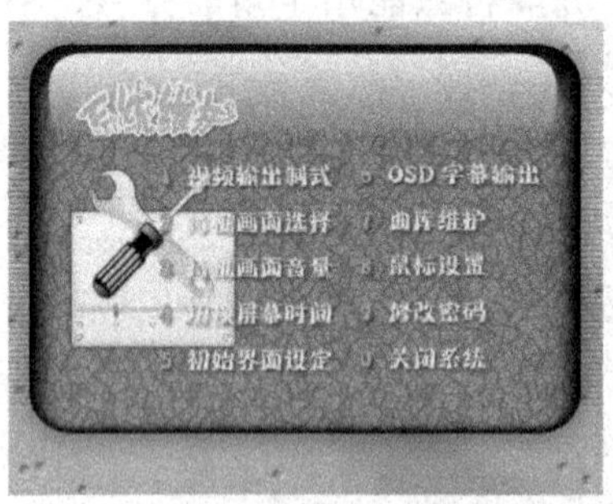

（a）系统维护界面

（b）曲库维护界面

图 6–11　系统维护和曲库维护界面

根据所使用的外围设备，选择：1 光驱、2 U 盘、3 移动硬盘；按下选项后，后台处理加歌，需等待，根据所加歌曲数量的不同，等待的时间不同。

加歌完毕后，单击鼠标右键返回“系统维护”，按“0”关闭系统。关闭电源后，拔下外接设备。

【应用技巧】

如在进行加歌操作时有错误，则不能加歌，同时，系统做相应的提示，表 6–9 为系统提示的内容及错误的原因。进行加歌操作时，不能断电或关闭机器，否则容易丢失数据。

表 6–9　系统提示的内容及错误的原因

序　号	提示内容	错误原因
1	乱码	误用全角分号
2	歌曲文件编写错误	误用全角分号
3	歌曲编号不正确	编号重复

续表

序　号	提示内容	错误原因
4	复制歌曲文件时出错	（1）歌曲文件扩展名不正确； （2）没有歌曲文件扩展名； （3）歌曲文件扩展名重复
5	歌曲信息文件读取错误	（1）文本文件 vod 扩展名错误； （2）文本文件 vod 扩展名重复； （3）vod 没有扩展名

4. 删除歌曲

用拼音点歌、歌星点歌或其他方法选择歌曲；进入“已点歌曲”，用鼠标点屏幕右上方的状态栏，如图 6–12 所示，此时的歌星变化为歌曲编号；记录所要删除歌曲的编号。

在主界面里，按“8”进入“系统设定”；按“5”进入系统维护，输入密码“000000”，进入“系统维护”；按“7”曲库维护，选择“1”歌曲删除。用鼠标按数字键，键入想要删除歌曲的编号，如图 6–13 所示。按“√”，再次输入，全部输入后按“完成”键；稍等，完成删除。

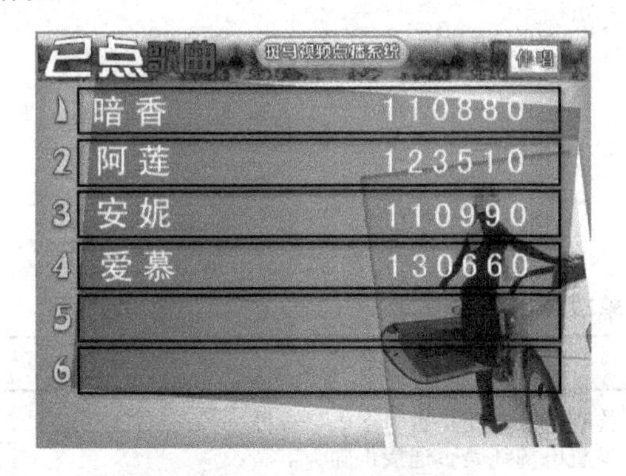

图 6–12　已点歌曲界面

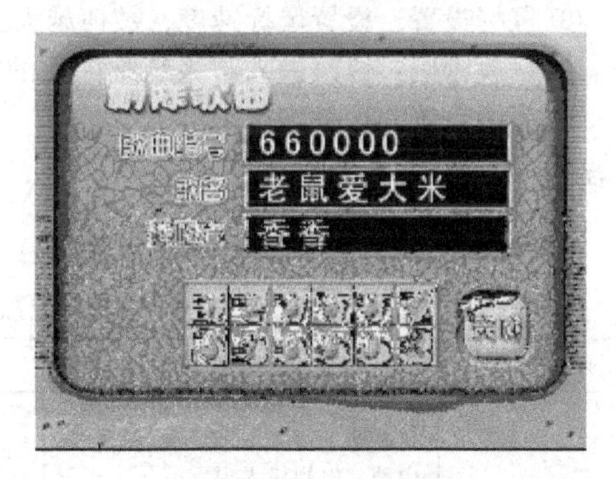

图 6–13　删除歌曲界面

5. 系统设定

系统设定分为自由设定和管理员设定两个层次。

（1）第一层为自由设定，没有进入密码，顾客可自由进入，进入后的设置可以随意修改，体现个性，但修改的是只读文件，关机重启后，又回到原来的设置。操作步骤如下：

① 在主界面里按“8”，进入“系统设定”。

② 待机画面音量：调节待机时播放背景音乐的音量。调整的数值越大声音越高。反之越低。0 为没有声音。

③ 切换屏幕时间：显示器播放与电视机相同的节目，显示器需要等待的时间。调整的数值越大间隔的时间越长，反之越小，0 为不切换。

④ OSD 字幕输出：按 YES 键，在电视机的上端偏左位置，显示播放“下一曲”的名称，按 NO 键，则没有显示。

⑤ 清空播放列表：清空已点歌曲。

⑥ 进入系统维护：详见进入“系统维护”。

⑦ 鼠标设置：设置鼠标速度，数值越大速度越快，反之越小。

⑧ 关闭系统：输入密码“999999”，按开关按钮，关机。

（2）第二层为管理员设定，设有进入密码，设置生效后别人不能修改。每次开机，系统自动进入这个设定。

在主界面里按“8”，进入“系统设定”。按“5”进入系统维护，输入密码“000000”，进入“系统维护”，此时进入系统设定的第二层，可进行以下设定。

① 视频输出制式：选择 PAL 或 NTSC。

② 待机画面选择：选择待机时电视屏幕播放的画面。

③ 待机画面音量：调节待机时播放背景音乐的音量。调整的数值越大声音越大。反之越小。0 为没有声音。

④ 切换屏幕时间：显示器播放与电视机相同的节目，显示器需要等待的时间。调整的数值越大间隔的时间越长，反之越小，0 为不切换。

⑤ 初始界面设定：开机时显示的点歌界面。

⑥ OSD 字幕输出：按 YES 键，在电视机的上端偏左位置，显示播放“下一曲”的名称，按 NO 键，则没有显示。

⑦ 曲库维护：进入可以执行“删除歌曲”和“加歌”。

⑧ 鼠标设置：设置鼠标速度，数值越大速度越快。

⑨ 修改密码：修改进入“系统维护”的密码。

⑩ 关闭系统：按下即可关机。

活动 3　点歌机简单故障的处理

点歌机简单故障的处理方法见表 6-10。

表 6-10　点歌机简单故障的处理

序　号	故障现象	处理方法
1	电源开关打开后，机器无法启动，电视机无显示	（1）检查电源电压是否与本机不相符。 （2）检查电源线是否连接正确、牢靠。 （3）检查电源开关是否按下
2	开机后，电视机有图像显示但无声音	（1）确认功放的电源开关是否打开。 （2）检查两端的音频线插接是否良好。 （3）检查音频线是否插在正确的插孔。 （4）音频线插头接触不良，重新插接。 （5）音频线已断，更换音频线
3	开机后，电视机无图像但有声音	（1）确认电视机的电源开关是否打开。 （2）检查两端的视频线（或 S 端子线）插接是否良好。 （3）检查视频线（或 S 端子线）是否插在正确的插孔。 （4）视频线（或 S 端子线）插头接触不良，重新插接。 （5）视频线（或 S 端子线）已断，更换视频线（或 S 端子线）
4	电视图像有干扰，正常声音中夹杂有噪声	（1）检查两端的音、视频线是否插接良好。 （2）音、视频线质量不好，更换线材
5	遥控器按键失效、遥控接收不灵敏	检查遥控器的电池接触是否良好，电池是否有电

【广角镜】

经济型 KTV——卡拉 OK 欢唱棒

对于喜欢唱 KTV 而暂时又不想花较多的钱买伴唱器材的人，可利用卡拉 OK 欢唱棒，以及自己的台式计算机、笔记本式计算机、手机、iPhone 或 MP5，搭配原声原影的伴唱影片，就有不错的效果。利用随身听扬声器还能当扩音器使用，或将卡拉 OK 欢唱棒与计算机直接连接液晶电视或投影仪，就又变成了家庭 KTV。

卡拉 OK 欢唱棒的使用方法是：先将三合一线连接至传声器底部，如图 6-14（a）所示，然后将三合一连接线耳机头端子接至计算机声音输出孔，将扬声器或耳机接至三合一连接线的声音输出孔，即将计算机的声音和欢唱棒的声音经三合一连接线共同输出至所连接的扬声器或耳机中，如图 6-14（b）所示。

打开欢唱棒的电源开关。欢唱棒上方有一个按钮，可直接切换原音导唱和伴奏模式，利用左右声道的快速切换（一般切换至 R 右声道是伴奏模式，计算机中播放的歌曲就会转为只有伴奏没有人声），如图 6-14（c）所示。调节完成，就可以对着欢唱棒唱歌了，如图 6-14（d）所示。

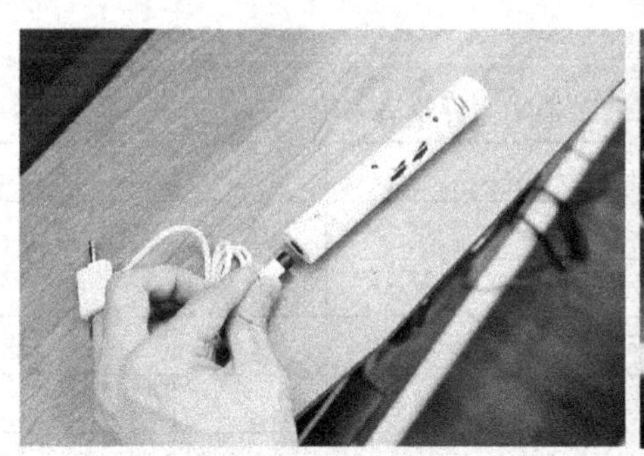

（a）连接传声器插孔

（b）与功放机和计算机连接

（c）转换声道

（d）唱歌

图 6-14　欢唱棒与计算机功放机配合使用

欢唱棒不是只能接计算机，任何能接 3.5 mm 音源输出的影音装置都能使用，如 MP5 或手机，如图 6-15 所示是与手机连接，此时接上耳机就成了随身卡拉 OK 了。

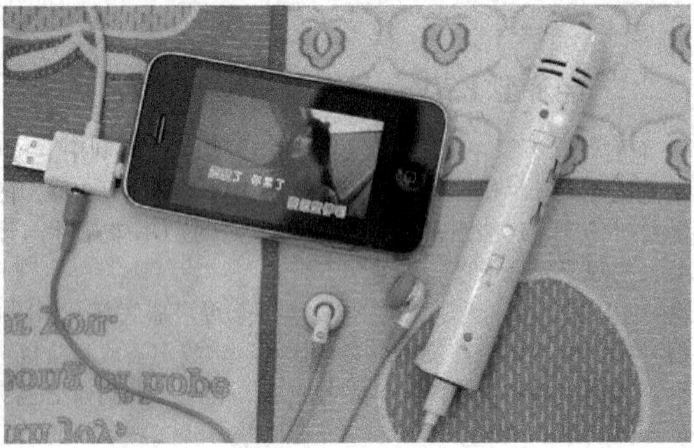

图 6-15　欢唱棒与手机配合使用

任务评价

学用点歌设备学习评价表见表 6-11。

表 6-11　学用点歌设备学习评价表

姓名		日　期		自　评	互　评	师　评
理论知识（30 分）						
序号	评 价 内 容					
1	有哪些类型的点歌机，家庭用户应选择哪种类型的点歌机					
2	点歌系统的主流方式有哪些					
3	家庭 KTV 点歌系统有哪几种组成方案					
4	主流 KTV 点歌系统有哪些版本					
技能操作（60 分）						
序号	评 价 内 容	技能考核要求	评 价 标 准			
1	点歌机与外设的安装	接线正确，安装后能正常使用	在规定时间完成任务等满分			
2	使用点歌机	按步骤加歌和删除歌曲	按照在规定时间内加歌和删除歌曲的数量给分			
学生素养（10 分）						
序号	评 价 内 容	专业素养要求	评 价 标 准			
1	基本素养	参与度； 团队协作； 自我约束能力	参与度好； 团队协作精神好； 纪律好； 无迟到、早退； 服从实训安排			
综 合 评 价						

任务二　学用调音设备

任务描述

学校举办音乐晚会时，或家中有喜事邀请乐队演出时，歌手激情演绎的出色效果，在很大程度上应归功于调音技术。

调音台最主要的作用之一就是对音色进行修饰。最初接触调音台时，很容易被它面板上数目较多的旋钮和推子唬住。实际上，每一路的推子杆和旋钮的意义都是一样的，只需要集中精力了解一个通道的操作方法就可以全面掌握一个调音台的使用。

调音是一门艺术性很强的操作过程，它需要调音者有很好的乐感与悟性，需要平时有较高的音乐修养，对现场要有灵敏的听觉反应，这样调出来的声音才能被听众所接受。

本任务主要学习调音台的性能及使用，学习现场调音的一些基本方法。

相关知识

一、调音台简介

1. 调音台的种类

提到音响系统，人们当然会想到调音台，调音台的好坏，直接影响到整个音响系统的性能。调音台的种类见表6–12。

表6–12　调音台的种类

分类方法	种　类	功能说明
按使用形式分	便携式调音台	便携式调音台有2～4个通道，台上装有简单的高、低音补偿器，有输入、输出、混合电路。多用于扩声或现场录音，优点是携带方便，易于操作
	半移动式调音台	半移动式调音台有4～6个通道，台上装有高、中低频率补偿器，有的还装有高、低通滤波器及自动音量控制，输出电路多为双声道。主要用于语言录音
	固定式调音台	有大型与中型两类，大型调音台有24个通道以上，甚至上百个通道，中型调音台一般有12～24个通道，功能齐全并附有混响器、压限器等周边设备。既可录音乐，又可进行混合录音，输出声道多，配合多轨录音机，可以进行多声道录音。在大型剧场、音乐厅也可使用固定式调音台进行扩音
按结构形式分	一体化调音台	将调音台、功率放大器、图示均衡器和效果器等功能集于一身，装在一个机箱之内。外型基本保持调音台的样式不变。这种调音台有时被称为“四合一”调音台。这类调音台的输出功率较小（一般不超过2×250 W）操作简便，特别适合于流动性演出
	非一体化调音台	最显著的特征是不带功率放大器

续表

分类方法	种　类	功能说明
按信号处理方式分	数字调音台	调音台内的音频信号是数字化信号，可以方便地实现全自动化，总谐波失真和等效输入噪声均很低。常被用于要求高的音响系统
	模拟调音台	采用传统的模拟方式进行信号处理，技术成熟，成本低
按输入路数分类	有6、8、12、16、24路等多种	各输入通道性能、结构相同，每个输入通道可接受一路话筒或线路电平信号，若是立体声信号则要占用两个通道

2. 调音台的主要技术指标

调音台的主要技术指标有输入特性、输入灵敏度、信噪比、失真度、通道均衡特性、交扰串音和输出特性等，见表6-13。

表6-13　调音台的主要技术指标

序　号	技术指标	说　明
1	输入特性	调音台的输入特性包括：可同时输入的音源的路数；输入形式；输入阻抗；输入电平
2	输入灵敏度	输入灵敏度是指调音台达到额定输出时，输入信号所应具有的数值，通常用分贝数来表示
3	频率响应	频率响应表征了调音台对不同频率信号的放大能力
4	信噪比	调音台的噪声指标有两种表示方法：等效噪声电平和信噪比。话筒输入常常用折算到输入端的等效噪声电平来表示，它等于输出端噪声电平与调音台增益之差。线路输入以信噪比表示，信噪比定义为调音台额定输出电压与无信号输入时的输出噪声电压之比，用分贝数表示，一般大于80 dB
5	失真度	通常指总谐波失真（THD），定义为调音台输出的谐波成分的均方根值与基波之比
6	通道均衡特性	指调音台在输入通道上对各频段（通常为高、中、低三频段）的提升或衰减量的特性
7	交扰串音	串扰电压的大小，表示相邻通道之间的隔音度，有时可用分离度来表示，它定义为无串扰信号时的输出与串扰信号之比，用分贝数来表示
8	输出特性	调音台的输出特性包括：可同时输出的信号路数；输出阻抗；输出电平

3. 调音台的组成及作用

调音台主要由三大部分组成：即输入通道部分，主控输出部分，外接效果器接口和内部混响器部分。

调音台的作用主要有：

（1）对各路音频信号进行放大。

（2）对各路输入/输出信号进行电平控制与混合。

（3）对音频信号的音调音色进行修饰与调整。

（4）对输出信号进行监听与指示。

【广角镜】

调音台的选用

调音台的品种型号很多，要想在众多的品牌型号中选好调音台，应从下列 4 个方面来考虑。

（1）满足使用功能要求

歌舞厅、大剧院、会场、体育比赛场（馆）、大型文艺演出和室外艺术广场等各类扩声系统的规模不一，环境各异，节目内容和音响效果要求各不相同，因此必须根据系统的要求配置相应功能和档次的调音台。调音台的输入通道和输出通道的数量除了必须能满足平时正常工作外，还必须考虑若干数量的备用通道，以适应系统扩充、临时增加和工作备份的需要，还要根据系统使用的周边设备的类型和数量确定必须的辅助输出（AOX）的数量和需要的特种输入功能。

（2）优良的技术性能指标

优良的技术性能是获得良好音质的保证。调音台是在微弱输入信号电平上工作的，很易引入噪声和交流哼声，因此其等效输入噪声电平应特别小。等效输入噪声电平的换算方法是：在调音台正常工作状态下，输出端的总噪声电平（用 dBu 表示）减去调音台增益（dB）。一般调音台的等效输入噪声都应小于 -126 dBu，好的调音台可达到 -129 ～ -130 dBu 的水平。

第二个主要技术参数是调音台的增益（放大量）正常工作时，调音台必须具有 60 dB（1000 倍）的电压增益，好的调音台可达到 70 dB 的增益。

第三个主要参数是输出电平的动态余量，即最大不失真输出电平与额定输出电平（一般为 0 dBu）之差，以 dB 表示。动态余量越大，节目的峰值储备量也越大，声音自然度越好。一般调音台的动态余量至少为 15 dB，较好的调音台可达到 20 dB 以上。

第四个主要参数是通道之间的串音。相邻通道之间的串音以中低频更为突出，一般要求能大于 80 dB。

第五个主要参数是完善的操作指示系统，能正确指示调音台各部份的工作状态。其他技术参数如非线性失真、频响特性、通道均衡器的衰减、提升特性等一般都容易达到。

（3）操作使用方便，接插件性能良好，工作稳定

调音师的主要操作都在调音台上进行。因此，操作方便、维护简单也是选择调音台的重要条件之一。调音师的操作是通过各种电位器的切换按钮进行的，尤其各通道的主音量推子电位器操作更是频繁，因此推子调节的手感应是精细、平滑、寿命长（一般均要超过 3 万次以上）和无噪声。推子的移动长度一般都在 60 mm 以上，越长调节起来越精细，声音平滑过渡。调音台的各种接插件弹性要好，接触电阻应极微，为防止表面氧化，影响接触性能，有些高档次产品采用表面镀金处理。

（4）最好的性能价格比

有的人在选用时只注意有多少路输入，而不大注意输出功能、控制功能和技术性能参数。有的人还以每路多少钱来恒量其贵贱，这是不对的。我们购买的是调音台的功能、技术特性和优良的音质，因此必须以其性能/价格比来全面恒量，买到性能价格比最高的调音台。

二、调音台的电路结构

综合分析多种中小型调音台的资料，其主要部分电路和结构大同小异。图 6-16 所示是结

构框图，每个通道单独做在一块印刷板上，各通道电路通过多条母线与各输出电路和供电电路连成一体，完成信号输入、放大、调音、混音、效果、监听、输出等功能。从框图中可以全面了解音频信号是如何从各通道输入放大后分配到各个母线，各母线又是如何把信号送到各输出电路完成输出，从而对一般调音台电路结构有个基本的了解。

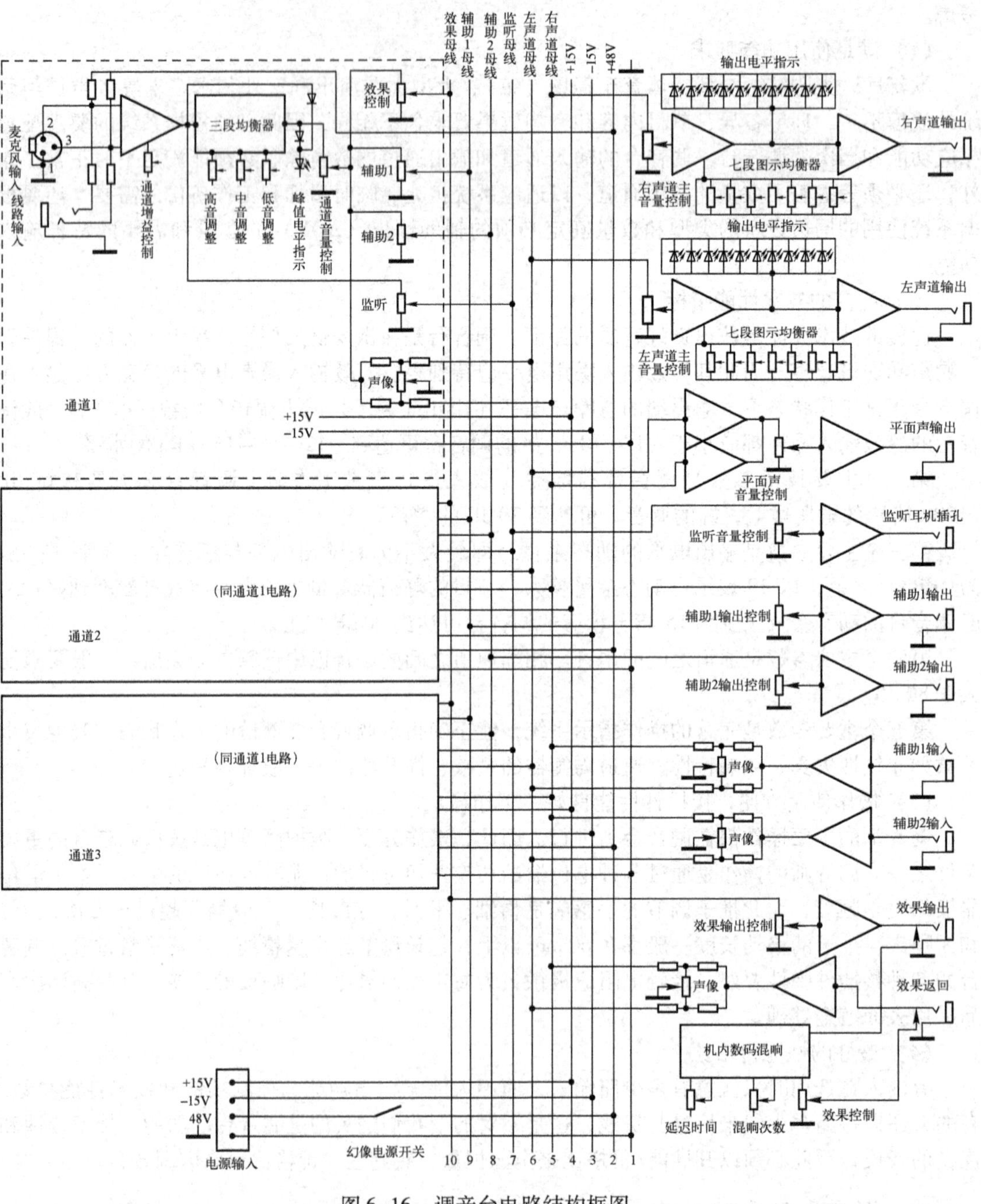

图 6-16　调音台电路结构框图

常规型调音台有内置电源和外配电源两种。中小型调音台除通道数较少外，各通道功能设置比较简洁。

图6-17所示是一般调音台通道电路图，以8路调音台为例，有8块一样的通道电路板由各功能电位器螺母固定在面板下，用扁平排线作母线把它们与后级连接起来。话筒输入采用卡侬插座平衡输入方式，这种接法抗干扰能力强，较长的话筒传输线会受到空间电场的干扰，如果采用非平衡输入方式，干扰信号就会进入放大电路形成交流干扰。而平衡输入方式中加在两根传输线上的干扰信号是一样的，进入由T_1、T_2组成的差动放大电路后因同相同步而抵消。卡侬输入口标准输入电平是-52 dB（分贝）2 mV，与动圈式话筒输出电平相匹配。为配接电容话筒一些调音台还给该插座提供48 V幻像电源。线路输入口一般都采用6.35 mm大三芯插座，同样是平衡输入方式，作为卡座、CD、VCD、电声乐器等音乐信号线路输入口，输入信号电平是0 dB（775 mV），这是音响设备标准线路输出输入电平。因干扰信号相对小得多，常用独芯屏蔽线接成非平衡方式使用。线路信号电平比话筒信号电平强数百倍，所以用电阻衰减后才进入差动放大器。

差动输入级由T_1、T_2组成，两管基极分别是平衡式输入的两端，两管发射极间可调电阻VR_1是输入增益控制钮，通过它可改变放大器的负反馈，对输入信号增益进行控制。放大后的信号经集电极输出后进入双运算放大器IC_1 4558的⑤⑥脚，放大后由⑦脚输出给由另一半4558组成的三段均衡电路，调整VR_2、VR_3、VR_4可分别对中心频率为10 kHz、3 kHz、100 Hz的高音、中音、低音进行12 dB的提升或衰减。经放大和均衡后的信号由通道衰减推子VR_{10}控制后分配给各母线送往后级。

监听信号取自三段均衡前，是让调音师监听原信号以便均衡补偿。VR_5用于送往监听母线的音量调整。VR_6和VR_7是辅助1、辅助2送往辅助母线的音量控制电位器，经辅助母线送至辅助输出电路，辅助输出可配接外置效果设备或舞台返听监听功放等。VR_8控制送往效果母线的信号强度，经效果母线送至效果输出口和机内延迟混响电路，经效果处理后的信号再由效果输入口返回至左右声道母线。一般只在使用麦克风的通道顺时针开启此钮，用混响润色人声。在音乐输入通道慎用此钮。

每个通道信号都是单声道信号，经VR_9声像调整后分配给左右声道母线。适当调整该旋钮位置可改变该路声源在左右音箱中间的空间位置感，形成立体声效果。

峰值电平指示灯L_D是检测信号放大过程中是否有信号过强造成削顶（饱和）失真现象，被检测信号取自三段均衡前和三段均衡后两处。两处信号各经二极管D_1、D_2检波后分压给推动三极管T_3、T_4，当有一处信号过大时，三极管便导通，LD点亮，提示操作员调整通道增益旋钮VR_1和三段均衡调整旋钮VR_2、VR_3、VR_4做相应的衰减控制。通道音量推子VR_{10}只对输给母线的信号有衰减作用，对通道削顶失真无调整作用。

图6-18所示为主输出一个声道的电路，右声道母线的信号经4558放大后通过主音量电位器（主推子）控制主输出信号电平，再经另一半运放缓冲后进入由多个运放组成的七段频率均衡电路。经对不同频率的信号进行提升或衰减，最后由主输出插座输出给配接的功率放大器。一般调音台都设置有输出电平表，有采用指针式电压表的，也有采用由发光二极管组成的电平表。电平表驱动信号由输出端分压取得。指针表表盘右侧红线部分和发光二极管电平表上边红灯部分也是强信号削顶指示，可通过通道推子和主推子协调控制。

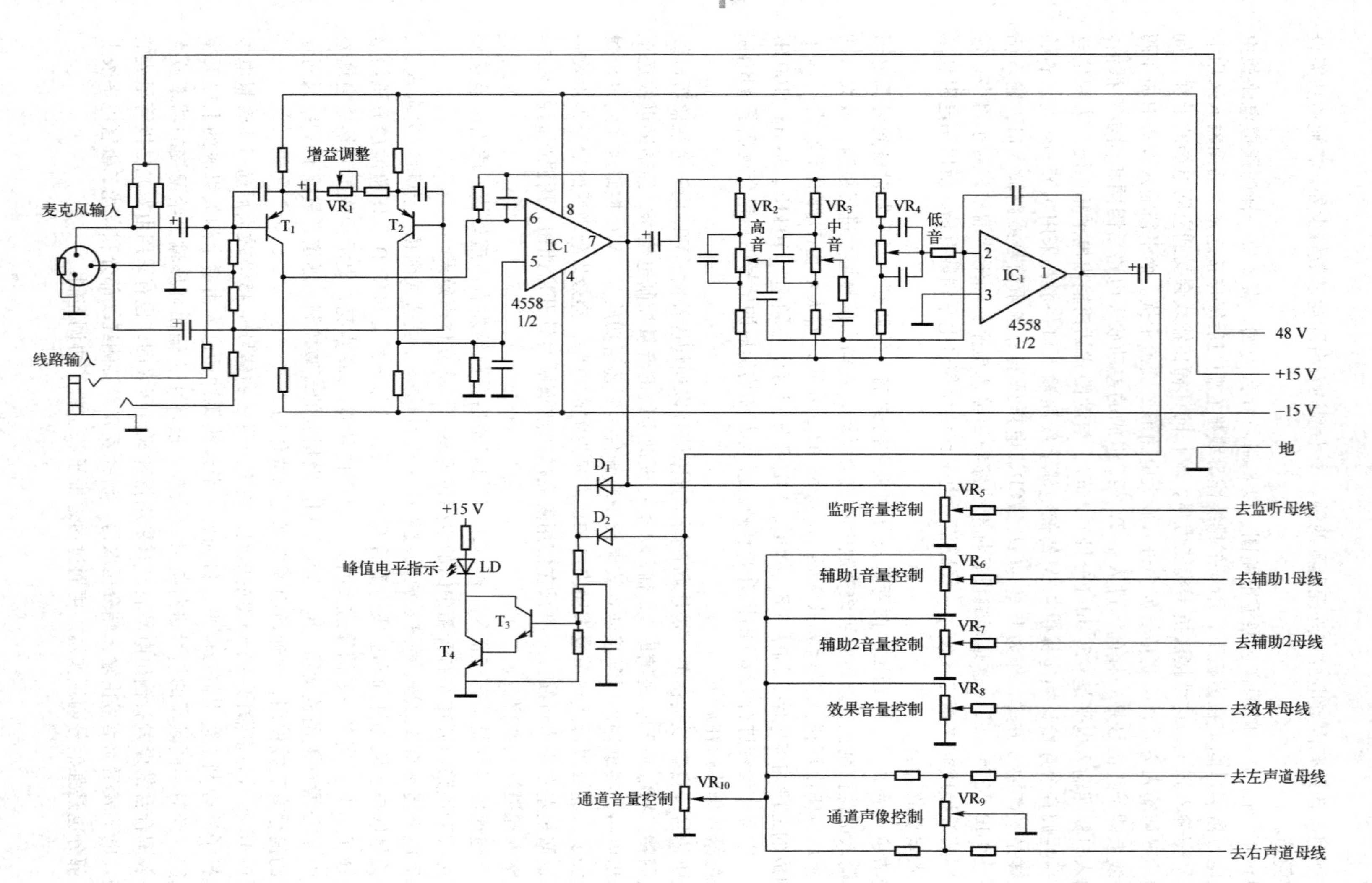

图 6-17　调音台通道电路图

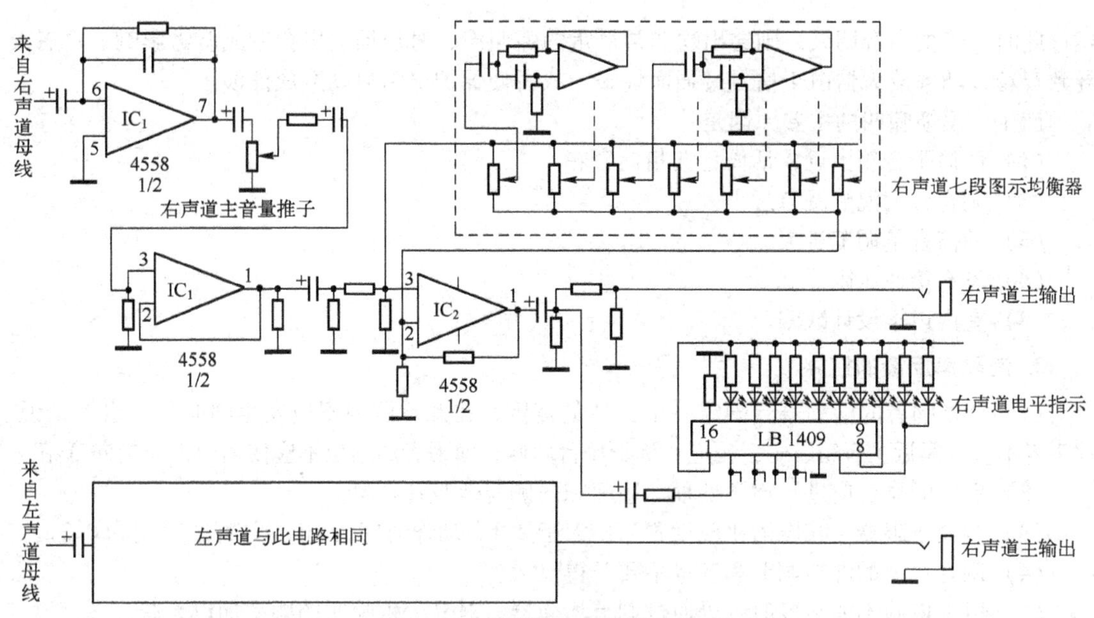

图 6-18　主输出一个声道的电路

辅助输出、监听输出、效果输出电路基本一样，如图 6-19 所示。由母线送来的信号经放大并通过音量电位器衰减后缓冲输出。辅助输入、效果返回电路也基本一样，先经音量控制再进入运放放大，通过声像电位器分配给左右声道母线。

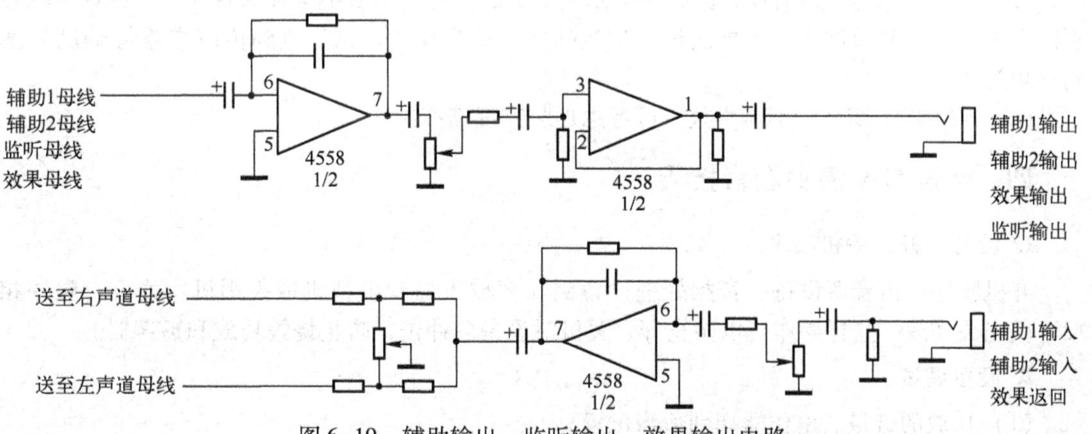

图 6-19　辅助输出、监听输出、效果输出电路

机内混响电路是通过双触点插座接入效果电路的，在不外接效果器时机内混响电路由效果输出插座取得信号经延迟混响后再通过效果返回插座送回左右声道母线。当外效果器插头插入时机内混响器被断开。机内混响电路与卡拉 OK 机混响电路基本一样，常使用 BBD、M50195 等。也有采用有预设功能和数字显示的音效处理电路的。

三、声反馈及其抑制

1. 声反馈的危害及产生原因

声反馈指由音箱发出的声音又返回到话筒的现象。

声反馈现象一旦发生，轻者会出现失真，表现为音量无法调大，干扰加剧，声音模糊、发闷。此时，若把声音调大，则会出现非常严重的啸叫声，对现场演出会造成恶劣影响。重者会导致音箱或功率放大器由于信号过强而烧毁，或者使保护电路启动造成停演。

产生声反馈啸叫的主要原因是：

（1）话筒距音箱太近，话筒正向指向音箱。

（2）调音台上混响调节过大。

（3）话筒音量调节过大。

（4）没有接通压限器。

（5）室内声学设计缺陷。

2. 消除声反馈的措施

（1）为演唱者的活动舞台限定一个大致的范围，在此范围内不应发生啸叫声。也就是说，演唱者不应太靠近主音箱，主音箱应对称于舞台两侧；演唱者的站位不应使话筒正向指向音箱。

（2）歌厅的舞台应进行声学处理，墙面和两侧应装吸音材料。

（3）接通压限器，其压缩比应设置为不大于2∶1，动作时间为10 ms，释放时间为0.3 s。

（4）调音台上的混响调节和音量不要开得过大。

（5）以上措施不能奏效时，可通过调节均衡器，对易产生啸叫的频率加以衰减。

具体操作方法如下：将均衡器各频点位置先做好记录，然后模拟现场演出。逐渐加大音量（用调音台总推子调节），直到系统刚好产生自激的位置，将均衡器上的调节钮从低频开始逐个下调，就能够有效消除自激啸叫的频点。（根据经验，一般只有一个自激谐振频率，此频率附近可下拉3 ～5 dB，其余频点仍应保持原先记录的位置）然后继续加大音量，直到新的频点再次发生自激，并通过均衡器再次消除自激啸叫。这样反复调试，直到传声增益（响度）达到理想为止。

（6）如果以上措施仍不能奏效，可考虑加装声反馈抑制器。

四、卡拉OK演唱调音技巧

1. 设备的开、关机顺序

开机顺序：由音源设备、音频处理设备到功率放大器到电视机或投影机。关机时顺序相反，应先关功放。这样操作可以防止开、关机对设备的冲击，防止烧毁功放和扬声器。

2. 设备调试

（1）功放的音量、电位器调到适当位置。

（2）音质补偿旋钮均放在中间位置。

（3）先试传声器的灵敏度和动态性能，然后加上混响和伴奏音乐唱歌。歌声经过混响处理，应该比原歌声音色更加圆润、丰满和有层次，富有现场感。

（4）试验伴奏音乐。伴奏音乐开至正常工作时的音量，但要注意音量适度悦耳，响度过大易使人疲劳和难以忍受。对音乐效果的要求应是有力度、有美感，高音不能刺耳，低音不能混浊，要求歌声清楚，如女声的齿音清晰可闻，但不可过重。

试验调音时，调音员应播放自已熟悉的曲子，在不同位置聆听效果。操作要点如下：

① 分别监听左右声道。应熟知监听音和现场音的关系，此很大程度上依靠个人的听觉。

② 用混响美化歌声。对非专业歌唱者应适当加重混响，以掩盖噪声和发声中的缺陷。

③ 音量小时，注意提升低频和高频；音量大时，适当提升中频，以增强声音的明亮度。

④ 调音以歌声为主。当歌声出现之前，把伴奏渐渐压低下来，以突出歌声。

⑤ 对迪斯科或摇滚乐则要注意：提升低音时切不可猛旋补偿钮，以免因功率输出过大而损坏功放和扬声器。

⑥ 如果发生声反馈啸叫声，应迅速将传声器总音量减小（或微调旋钮）以去掉啸叫声，找出原因后再逐步加大。

（5）注意在正式演唱时，消掉原唱歌声。

3. 传声器输入信号的调整

唱歌底气不足的演唱者，应加中高频；唱歌底气很足的演唱者，应减低频。女性演唱者加低频，则声音厚；男性演唱者加高频，则声音透。

4. 人声音色的调试

（1）如果高频段频率过弱，其音色就变得灰哑、缺少韵味和个性；如果高频段频率过强，音色就会变得尖噪、刺耳。

（2）如果中高频段的频率过弱，音色就变得暗淡、朦胧；如果中高频段的频率过强，其音色就会变得呆板。

（3）如果低频段的频率过弱，音色将会变得单薄、苍白；如果低频段的频率过强，音色会变得浑浊不清。

5. 混响时间的调节

混响通常决定了余音的长短，对声音的色彩和清晰度有直接的影响。一般处理方法如下：

（1）男低音演唱时，可将混响时间调得短一些，以提高声音的清晰度；如果是女高音演唱时可适当延长混响时间，以增加声音的色彩。

（2）对于演唱场所来说，如果房间四周墙壁是由木板材料构成的，那么，其本身就有一定混响效果，这时混响时间应调小一些，以免声音模糊不清；反之，如果房间是玻璃结构，或者挂有绒布窗帘等吸声材料，这样的房间缺少混响，应将混响时间调大一些，以免声音发生干涩。

（3）现场观众的多寡也有很大的影响，因为观众的服装对声音也有很大的吸收作用。一般说来，调音者可在 1 ～ 2 s 间选择一个感觉适宜的混响时间。

（4）通常混响时间在 0. 7 ～ 1. 2 ms 之间比较合适。简单的办法是在房间内击掌，感觉一下声音在房间内的混响状态，如果共鸣适中就表示该房间的混响时间合适。

6. 传声器音量与伴奏音量之间的比例调节

（1）一首好听的歌曲，就量感分配而言大致应该是伴奏音乐占 40%，演唱声音占 60%。

（2）如果演唱者音色不错，可适当减小一些伴奏音乐的音量，以突出演唱者的歌声；如果演唱者对这首歌曲旋律不很熟悉，容易唱走调、合不上拍，为了掩饰这些缺点，这时可适当加大一些伴奏音量。

（3）在操作中，应注意不要把传声器音量过分调大，以至失去了卡拉 OK 的气氛；也不要使伴奏音太强，而“淹没”演唱者的歌声。

7. 伴奏音乐的音调调节

伴奏音乐是根据原唱者的声调而定调演奏的，它不可能适应每一个演唱者的嗓声条件。

（1）为了能让伴奏音乐照顾到每一个演唱者的嗓音特性，调音者应对演唱者的声音特性有准确的判断。

（2）演唱时，先把音调控制放在中间位置，既不提升，也不下降。一曲开始，如果演唱者合得上调，那就不必去调节它；反之，演唱者如感到低音区唱不下去，或者是高音区跟不上来，可根据实际情况将伴奏音调调节到演唱者适应的音区。

8. 直达声和混响声份量的比例调节

若混响声太多而直达声分量太少，则会使声音严重失真，就像在浴室、澡堂里听到的声音那样含混不清，即所谓“浴室效应”。因此，应适当调节直达声和混响声分量的比例。

（1）适当地加大混响声分量比例，有利于模拟自然混响效果，使声音丰满动听，可增加观众与听众的现场立体感。

（2）在无特殊要求的情况下，可将混响调节旋钮调在中间位置（或小少许），即直达声分量与混响声分量比例为1∶1。这样，声音既不会产生失真，同时亦有一定的混响效果。

任务实施

活动1　认识和使用百灵达 UB1622FX 调音台

尽管调音台的种类及型号很多，但知识是相通的，只要掌握了调音台的基础知识，就可以很快掌握和使用各种各样的调音台，无论是模拟的还是数字的，都能很快上手。

下面以百灵达 UB1622FX 调音台为例，介绍调音台的接插口、衰减器、旋钮、功能键等的使用方法。

百灵达 UB1622FX 调音台属于超低噪调音台，3 路单声，4 路立体声，2 编组，带有隐蔽话筒前置放大器、插入通道和幻像电源的4 单声道加上4 立体声声道。2 编组、2 辅助发送和2 立体声辅助返回。带有半参数中频的3 波段均衡器加上在所有单声道上的低频滤波，如图 6-20 所示。

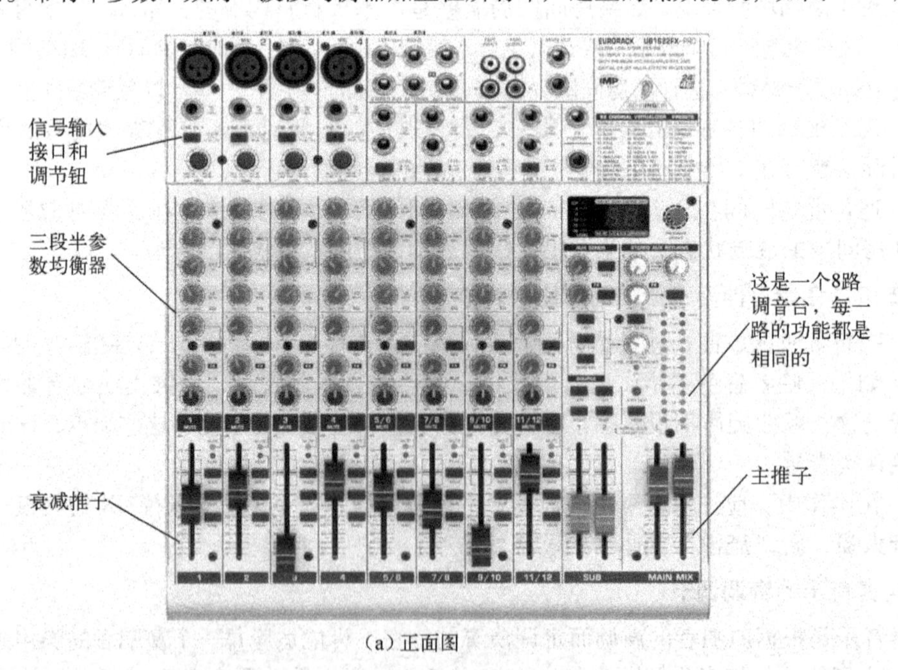

（a）正面图

图 6-20　百灵达 UB1622FX 调音台

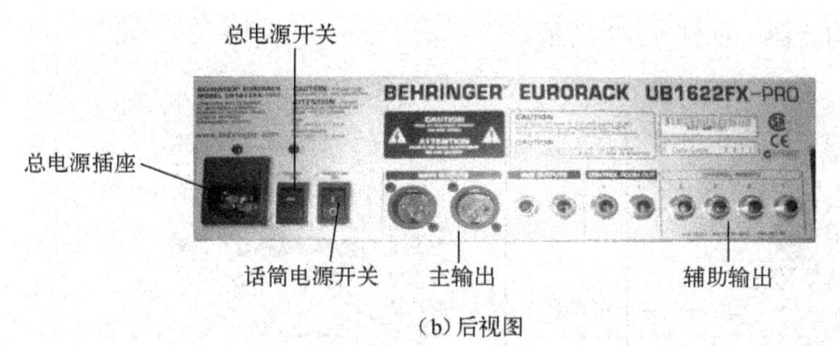

(b)后视图

图 6-20　百灵达 UB1622FX 调音台（续）

电容话筒和底座采用卡侬接头连接，底座与调音台也采用卡侬接头连接，如图 6-21 所示。电容话筒由调音台提供 48 V 电源供电，否则无法工作。

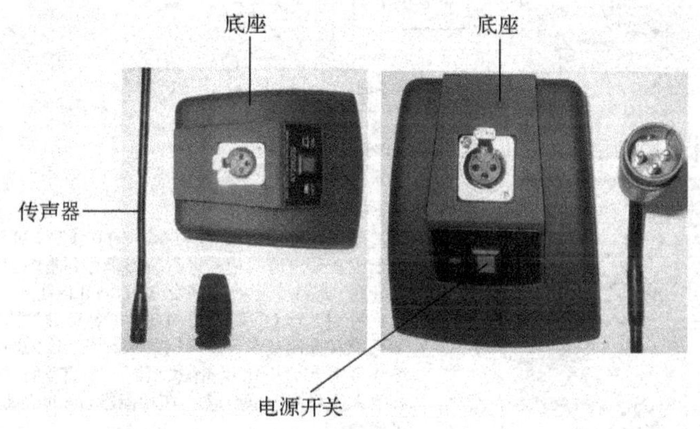

图 6-21　电容话筒和底座

活动 2　各种插口及操作键的使用

（1）信号输入接口和调节钮，如图 6-22 所示。

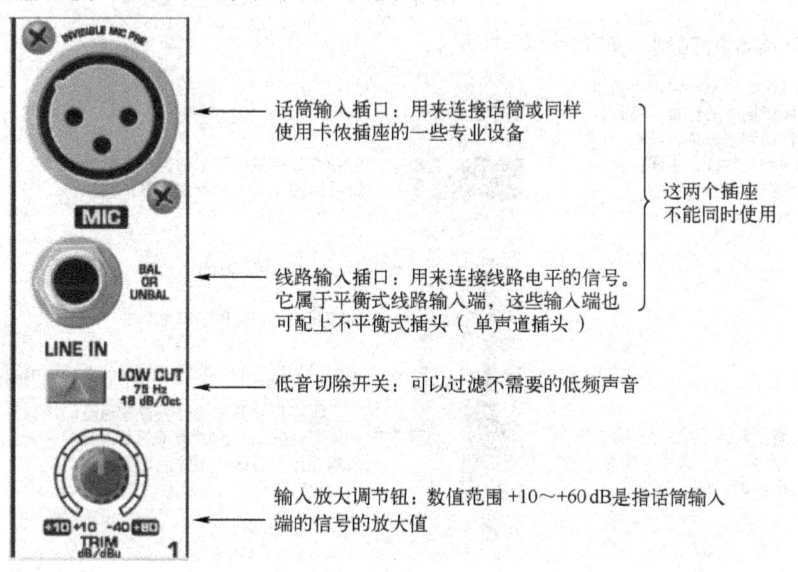

图 6-22　信号输入接口和调节钮

（2）三段半参数均衡器，如图 6-23 所示。

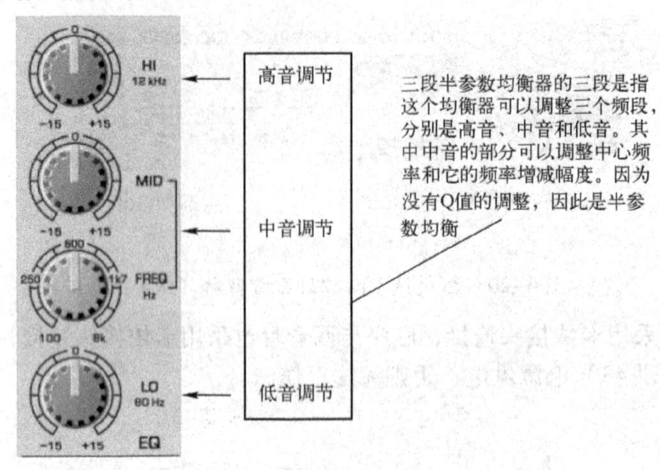

图 6-23　三段半参数均衡器

（3）监听和效果调节旋钮，如图 6-24 所示。

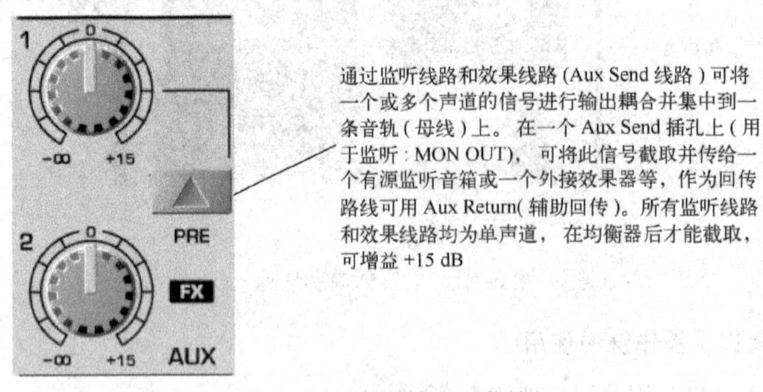

图 6-24　监听和效果调节旋钮

（4）声像及音量控制，如图 6-25 所示。

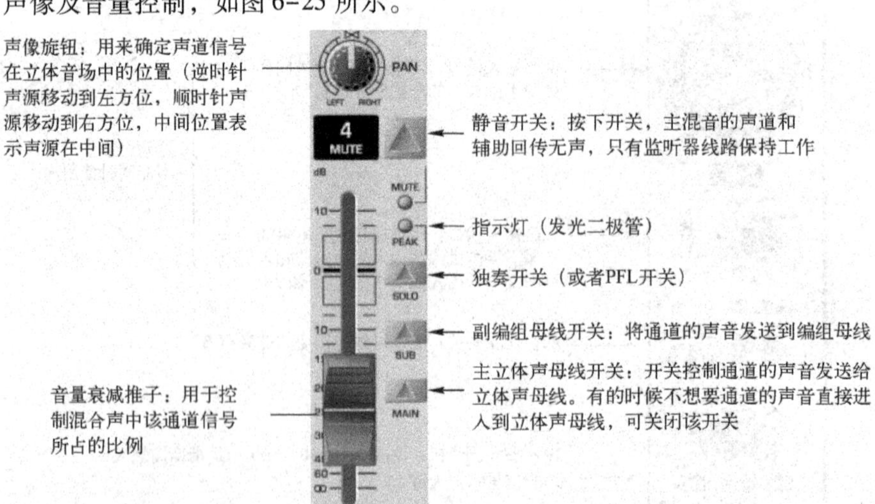

图 6-25　声像及音量控制

（5）Insert 插入点插孔，如图 6–26 所示。

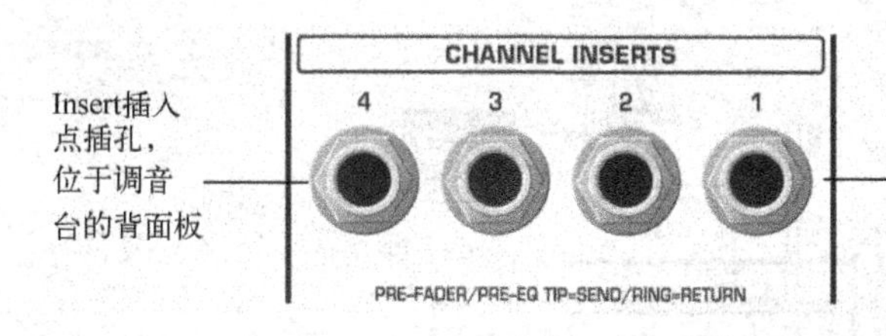

图 6–26　Insert 插入点插孔

（6）主控部分的推子和旋钮，如图 6–27 所示。

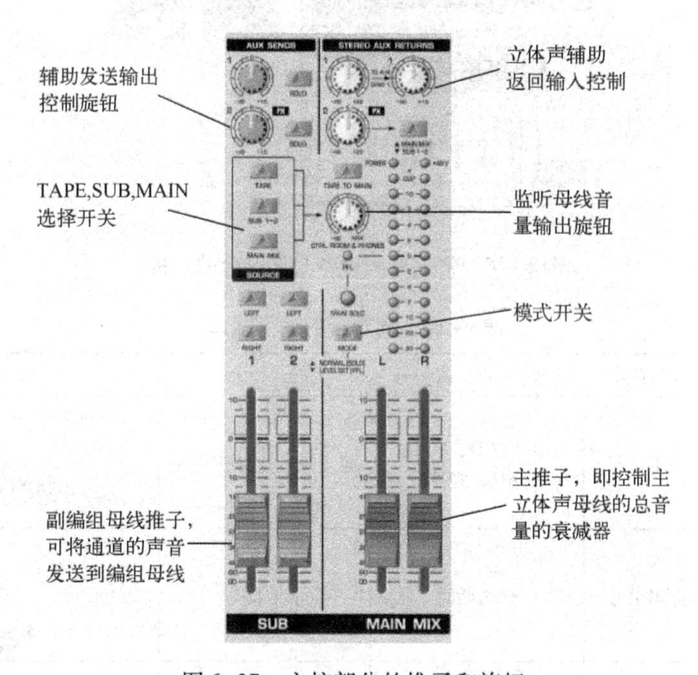

图 6–27　主控部分的推子和旋钮

活动 3　调音台与周边设备的配接

调音台的接口包括输入和输出两大部分，请同学们按照下面的介绍完成与周边设备的连接任务。

1. 输入部分的连接

常用音频设备与调音台的连接方法如图 6–28 所示。

调音台的输入信号大体上分为低阻话筒信号和高阻线路信号两种，只有分清高阻、低阻之后才可以选择正确的线材进行相应的连接。调音台输入插口基本可以分为三种类型，见表 6–14。

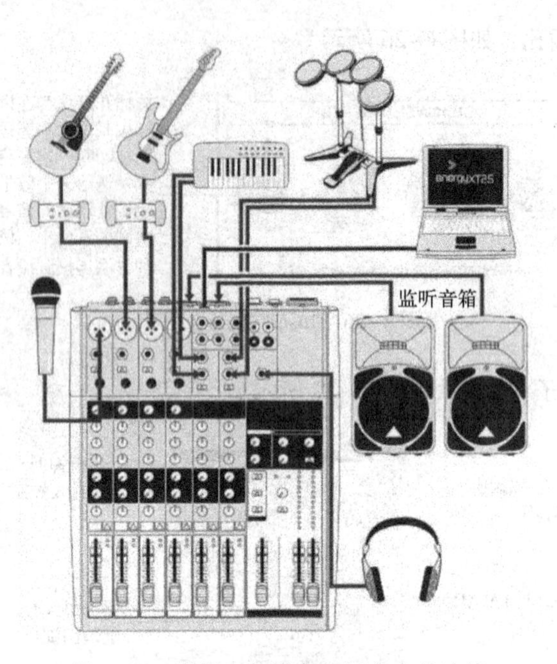

图 6-28　常用音频设备与调音台的连接

表 6-14　调音台的输入插口

序号	插口类型	信号阻抗	可输入的音源信号	接　　头	接 头 图 示
1	TRS	高阻信号	CD、VCD、DVD、MD、MP3	ϕ6. 35 cm 立体声接头	
2	XLR	低阻信号	有线话筒	卡侬接头	
3	RCA	—	录音输入	RCA 莲花接头	

2. 输出部分的连接

专业调音台输出部分的插口较多，且各有分工，按功能分一般可以分 6 种插口，见表 6-15。

表 6-15　调音台的输出插口

序　　号	插 口 类 型	连 接 方 法
1	编组输出	如果把低音音箱通过 1～2 编组来单独控制音量，那么就只能从调音台 1～2 编组相对应的输出插口输出音频信号。 编组输出的输出口大多数采用 TRS 立体声插口作平衡输出，也有的用卡侬插口

续表

序　号	插口类型	连接方法
2	主声道输出	L－R主声道输出通常采用XLR卡侬平衡输出，如图6-29所示
3	AUX输出	采用TRS立体声插口输出信号
4	Direct输出	比较专业的调音台每个输入通道里还有一个“Direct直接输出”插口，这个插口可以提供给另外的设备用来录音、监听等，调音台的每通道通常是采用TRS立体声插口输出信号。例如，一场演出电视台需要直播，现场也要直播，假如有20路音源信号，可先将这20路音源信号通过信号放大分配器调整、分配好后再分别送给电视台调音台、现场演出调音台、备用应急调音台、录音调音台或其他设备等
5	录音输出	一般的模拟录音输出信号插口大都采用RCA莲花接头。如果是数字信号那可能采用光纤、火线等其他数字输出方式
6	INS插口输出	采用TRS立体声接头进行连接，方法是：从TRS大三芯立体声插头头端输出信号，接到要插入的设备的输入端，再从此设备的输出端送出信号接到TRS大三芯立体声插头的环端，然后再流入到调音台里。例如，可以利用此方法给调音台1、2路话筒插入一台均衡器，然后再输入到调音台，这样调整音色效果会更好

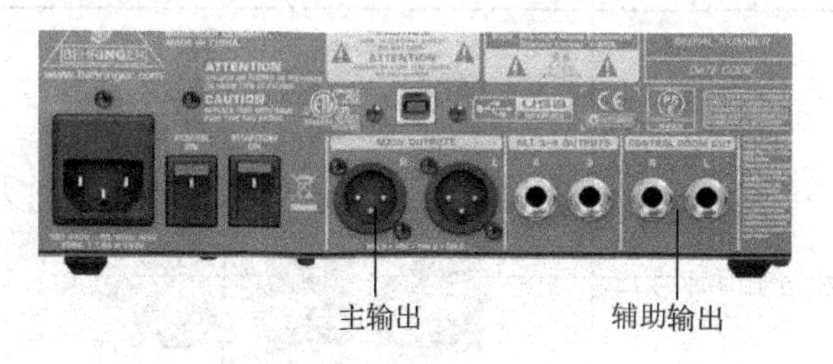

图6-29　主输出插口

活动4　调音台的使用

1. 开、关机

按照由前到后的顺序开机，即音源设备（CD机、LD机、DVD机、录音机、录像机）→音频处理设备（压限器、激励器、效果器、分频器、均衡器等）→音频功率放大器→电视机、投影机、监视器。

关机时顺序相反，应先关功放。这样操作可以防止开关机对设备的冲击，防止烧毁功放和扬声器。

2. 一般使用方法及步骤

下面以用计算机作为音源设备，介绍使用百灵达UB1622FX调音台的一般方法和步骤，见表6-16。

表 6-16　使用百灵达 UB1622FX 调音台的一般方法和步骤

<table>
<tr><th>步　骤</th><th colspan="2">图　示</th></tr>
<tr><td>第 1 步：打开调音台背面的电源开关和传声器开关</td><td colspan="2">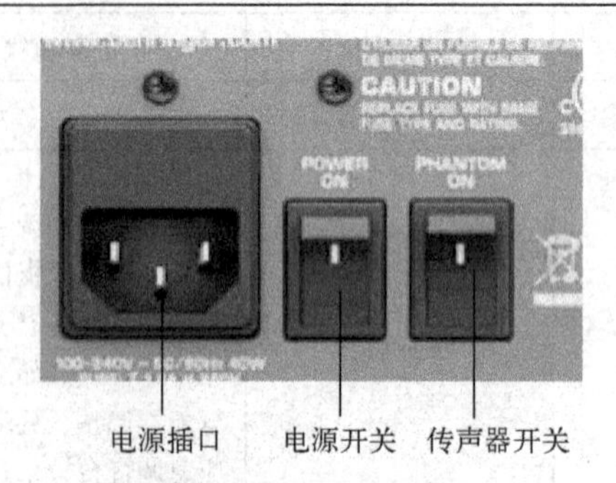
</td></tr>
<tr><td>第 2 步：电源开关和传声器开关打开后，可看到调音台面板上的 Power 灯（蓝色）和 +48 V 指示灯（红色）应该亮起。此时，将 AUX SENDS 下面两个旋钮和 STEREO AUX RETURNS 的三个旋钮转到 -∞，以关闭数字混响效果</td><td colspan="2">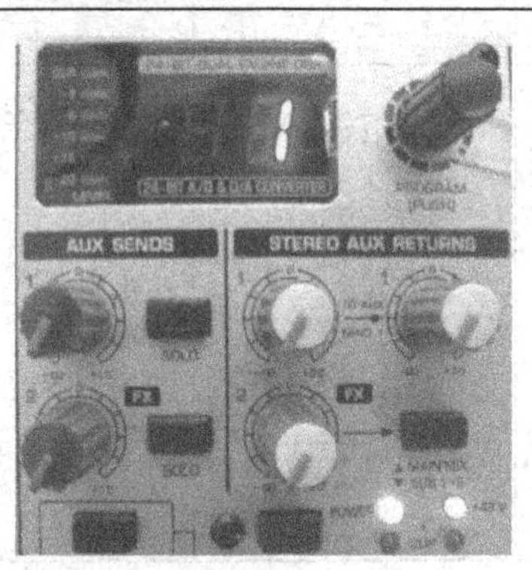
</td></tr>
<tr><td>第 3 步：将输入 11/12 的音调和音量控制旋钮旋转到中间位置（相当于时钟的 12 点位置）</td><td>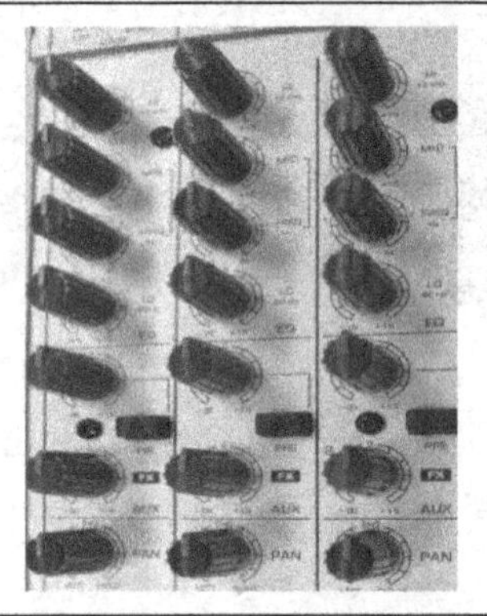</td><td rowspan="2">此时，可调整 11/12 输入旋钮，将输入 11/12 的 SUB 按键按下，将声卡信号（主讲人语音信号）送给辅助输出，供监听用</td></tr>
<tr><td>第 4 步：将输入 1 的 MAIN 按键按下，将传声器信号输出至主输出（计算机采集卡）</td><td>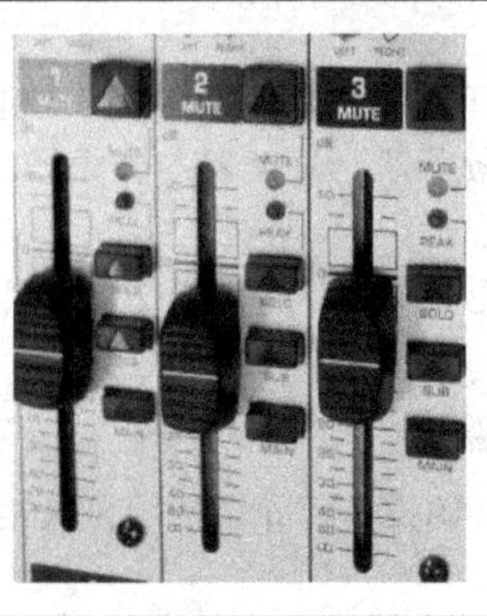</td></tr>
</table>

续表

步　骤	图　示
第5步：将监听耳机插入PHONE插孔，监听输出信号，通过MAIN，SUB选择单独或同时监听主输出信号和辅助输出信号	
第6步：根据现场情况，分别调节输入音量控制和输出音量控制推子，使声音效果达到最佳	

活动5　调音台常见简单故障的排除

请同学们参考表6-17，完成调音台常见简单故障原因的分析。

表6-17　调音台常见简单故障的排除

故障现象	故障原因	排除方法
对同一声源，单路话筒的音量比两路时大	两只话筒信号反相，进入调音台后信号反相叠加，互相抵消，因为两路信号幅度并非完全一样，所以抵消之后还会残余一些声音，但音量要比单路时小	若调音台的每一输入通道装有倒相键，按一下其中一路上的倒相键，使两路话筒信号同相进入调音台，声音就会增大。若调音台上没有倒相键的话，将其中一路的两根话筒信号线对调焊接即可
调音台上插入的话筒数量增多时容易引发啸叫声	由于话筒增多，其拾音增益变大，接收各个方向的反射面积也增大，由此引发声反馈的可能性加大，容易出现啸叫声	采用智能话筒控制器，它能接纳40～80个话筒，控制发言话筒的个数（16），确保每只话筒扩声的音量。还可采用有线话筒与无线话筒相结合的来增加拾音话筒的数量
同一输入通道上两只话筒拾音的声音相差较大	主要是由于两只话筒的灵敏度差别较大，同时其频响曲线不同，各种频率增益不一样，产生的声音信号并不一致，音箱放出的声音也就存在差异	通过操作调音台输入通道上的有关功能键，进行补偿。例如，使用增益旋钮以及参量均衡器作一定的补偿

续表

故障现象	故障原因	排除方法
无线话筒的调谐器输出插在调音台的话筒输入端，调音台的通道推子拉下后出现串音现象	调谐器的输出应接在调音台输入通道的线路输入端（Line），此端口是高阻抗端（Hi－Z），即信号从此端进入调音台输入通道的前置放大器需要经过两个高阻值电阻，它起一定的隔离作用；若信号直接进入低阻（Low－Z）的话筒接口，会出现隔离度下降、阻抗不匹配的情况	改接线路输入接口（Line），串音问题便能得到解决
左右声道的音箱放声不平衡	（1）左右声道音箱扬声器的灵敏度不一致； （2）左右声道输出功率信号不平衡； （3）声源左右声道的音量电平不同	（1）通过调整左右声道各路输出电平的办法，使音箱放声接近一致； （2）将左右声道上各设备的输入、输出增益调在近似相同的指示值上； （3）通过调节调音台输入通道的增益旋钮或通道推子，使双路音箱放声平均音量大体相同
音源左右声道有输出，进入调音台后无声音信号输出	（1）输入通道的接通键未被按下或输入通道的输入信号选择键被放错； （2）输入调音台的连接线脱焊或接触不良； （3）输入的通道信号未编入相应母线输出； （4）输入的通道声像调节旋钮的调节与输入信号的声像正好相反； （5）输入通道的推子未被推起或调音台输出主控未被推起	（1）按下接通键或正确放置选择键； （2）用万用表检查连接线，使接线牢靠； （3）按下通道上的相应分配键； （4）更正相反的调节； （5）检查并将推子推起
扩声系统静音时交流声很大	（1）各通道的设备之间连接线的屏蔽线接触不良或虚焊； （2）电源插座接线由单相三眼插座转接成单相二眼插座时，中性线与火线对调； （3）有些音响设备的电源线插头是3脚的，中间为地线，左边为火线，右边为中性线。将其连接到插座上，插座应采用规范的，否则容易引起交流声。有些音响设备的电源线插头是2脚送往，虽然可以随便插在单相的火线与中性线上，工作不受影响，但对调后可能引起交流声； （4）有的调音台以平衡对平衡形式输出，会产生交流声； （5）话筒线与交流电源线捆在一起时会引起交流感应，从而产生交流声； （6）信号屏蔽地线与输出端地线短接起来或彼此通机架形成地环路时会引起交流声和干扰噪声	（1）仔细检查，使其焊接牢固； （2）将单相二眼插座的插头再次进行对调即可； （3）可对调插头试试，看能否减弱交流声； （4）这调音台输出必须从平衡连接转换成非平衡连接，这种办法尤其适合不能用压限器上的噪声门切除交流声的情况； （5）将话筒线与电源线分离开，最好远离一些； （6）避免多点式接地，使地线开环，将机架用粗导线接在大地地线上
工作时声音断断续续	音量推子接触不好	用无水酒精擦洗音量推子的碳膜片和接触片，或更换音量推子

任务评价

学用调音设备学习评价表见表6–18。

表6–18 学用调音设备学习评价表

姓名		日　期		自　评	互　评	师　评
理论知识（30分）						
序号	评 价 内 容					
1	调音台有何作用，调音台有哪些种类					
2	声反馈是怎样产生的，如何消除声反馈					
3	如何调节传声器的输入信号					
4	如何调节混响时间					
技能操作（60分）						
序号	评 价 内 容	技能考核要求	评 价 标 准			
1	调音台与周边设备的连接	接线正确，安装后能正常使用	在规定时间完成任务得满分			
2	模拟举办卡拉OK音乐会，进行调音训练	能正确使用音响设备，调音效果较好	音质主观评价（用耳朵听来鉴别音响效果）； 设备使用熟练程度			
学生素养（10分）						
序号	评 价 内 容	专业素养要求	评 价 标 准			
1	基本素养	参与度； 团队协作； 自我约束能力	参与度好； 团队协作精神好； 纪律好； 无迟到、早退； 服从实训安排			
综 合 评 价						

参 考 文 献

[1] 杨清德，林红. 音响设备维修技术［M］. 北京：科学出版社，2011.
[2] 孙立群，贺学金. 音响设备原理与维修［M］. 北京：高等教育出版社，2012.
[3] 张新德，刘淑华. 图说液晶电视原理与快修［M］. 北京：机械工业出版社，2011.
[4] 聂广林. 音响技术与设备［M］. 重庆：重庆大学出版社，2004.